化学工业出版社“十四五”普通高等教育规划教材

湖北师范大学资助出版

# 无机化学实验

孙 娟　闵 辉　杜叶双　主编

化学工业出版社

·北 京·

## 内 容 简 介

《无机化学实验》全书共六章，主要内容包括无机化学实验室基本常识、基本知识及操作技能、基本原理实验、元素的化学性质实验、无机化合物的制备与表征、综合设计与研究性实验等，共计55个实验。实验内容按照循序渐进的原则进行编写，不仅有利于学生提升实验技能，还有助于培养学生科学的思维方式和创新能力。

本教材可作为高等院校的化学及相关专业的无机化学实验、普通化学实验或者大学化学实验等课程教材，也可作为广大化学、化工相关工作者和中学化学教师的参考书。

**图书在版编目（CIP）数据**

无机化学实验 / 孙娟，闵辉，杜叶双主编. -- 北京 ：化学工业出版社，2025. 9. --（化学工业出版社“十四五”普通高等教育规划教材）. -- ISBN 978-7-122-48868-8

Ⅰ. O61-33

中国国家版本馆 CIP 数据核字第 2025DN1561 号

责任编辑：尤彩霞　王　琪　甘九林　文字编辑：孙云艳　刘　璐
责任校对：李露洁　装帧设计：韩　飞

出版发行：化学工业出版社
（北京市东城区青年湖南街 13 号　邮政编码 100011）
印　　装：北京科印技术咨询服务有限公司数码印刷分部
787mm×1092mm　1/16　印张 11¾　字数 284 千字
2026 年 3 月北京第 1 版第 1 次印刷

购书咨询：010-64518888　售后服务：010-64518899
网　　址：http://www.cip.com.cn
凡购买本书，如有缺损质量问题，本社销售中心负责调换。

定　　价：45.00 元

# 《无机化学实验》编写人员名单


| | | |
|---|---|---|
| 主　　　　编 | 孙　娟 | 湖北师范大学 |
| | 闵　辉 | 湖北师范大学 |
| | 杜叶双 | 湖北师范大学 |
| 副　主　编 | 滕春霖 | 湖北师范大学 |
| | 丁　鑫 | 湖北师范大学 |
| | 白爱民 | 湖北师范大学 |
| 其他参加编写人员 | 韩德艳 | 湖北师范大学 |
| | 姚彬玲 | 湖北师范大学 |
| | 赵　念 | 湖北师范大学 |
| | 张　权 | 湖北师范大学 |
| | 黄　婧 | 湖北师范大学 |
| | 陶骏楠 | 湖北师范大学 |
| | 江寒梅 | 湖北师范大学 |
| | 李鹏艳 | 湖北师范大学 |

# 前言

无机化学实验是化学及相关专业的重要基础课程，是培养学生动手能力、科学思维和创新意识的关键环节。党的二十大报告指出，“教育、科技、人才是全面建设社会主义现代化国家的基础性、战略性支撑”，并强调“加强基础学科、新兴学科、交叉学科建设”。本教材的编写立足于新时代高等教育的发展需求，旨在为培养具有创新能力和实践能力的化学人才提供理论支撑，助力实现高水平科技自立自强。

本教材是湖北师范大学化学化工学院无机化学教研室的教师们在长期的教学实践基础上编写的。自 1978 年以来，无机化学教研室的教师们对无机化学实验进行了认真的探讨和研究，秉持着基础与创新并重、安全与环保优先的理念，并在教材中有机融入思政元素，充分做到与时俱进。

本教材的特色与创新点：

(1) 体现普通师范院校的特点，注重基础实验、基本操作训练。

(2) 教材编写在内容上既保持无机化学学科实验教学的完整性，同时也注意内容和形式的多样性和趣味性。在基础实验部分训练基本操作技能，如称量、过滤、结晶等，夯实实验基本功。在综合实验部分结合理论课程内容，设计多步骤实验，培养学生的综合分析能力。在设计实验部分鼓励学生查阅文献、优化方案，初步体验科研创新过程。

(3) 实验设计贯彻“绿色化学”理念，强调规范操作、废物处理及实验室安全，培养学生的社会责任感和可持续发展意识。

(4) 本教材与课程思政有效融合，比如通过介绍我国科学家在无机化学领域的贡献，增强学生的科技自信和家国情怀。

特别感谢胡艳军教授的大力支持和宝贵意见。全书由孙娟、闵辉、杜叶双任主编，滕春霖、丁鑫、白爱民任副主编，韩德艳、姚彬玲、赵念、张权、黄婧、陶骏楠、江寒梅、李鹏艳参加教材编写工作。

教材在出版过程中，得到了湖北师范大学教务处和化学化工学院领导的热情关怀与支持，谨向他们表示衷心的感谢。

由于编者水平有限，虽然作了很大努力，但书中仍难免有疏漏之处，恳请读者批评指正。

编　者

2025 年 5 月

# 目录

# 第1章 无机化学实验室基本常识

化学是在原子、分子及其凝聚态的层次上研究物质的组成、结构、性质及物质变化规律和变化过程中能量问题的一门科学，更是一门创造新物质、探索新应用的承上启下的学科，与数学、物理学和生物学等学科构成了自然科学的核心基础。化学理论与规律的形成与发展是建立在实验的基础上的。无机化学实验是高等院校各化学专业以及相关专业学生学习大学化学实验的入门课，也是连接高中与大学化学实验课程的桥梁。因此，无机化学实验对于化学专业学生的学习和成长具有重要意义，它不仅是理论知识与实践操作的结合体，更是培养学生科学的思维方式和创新能力的重要途径。

## 1.1 无机化学实验的目的

无机化学是建立在实验基础上的一门学科。无机化学实验在化学课程的学习过程中占有重要地位，对于提升学生的专业素养和综合能力具有不可替代的作用。它与无机化学理论课一起对后续化学课程的学习起到了承前启后、打好基础的作用。无机化学实验的目的主要包括以下几点：

① 学生通过无机化学实验加深对无机化学基本理论、元素及其化合物的重要性质和反应的理解，掌握重要化合物的一般制备、提纯、分离和鉴定方法。

② 学生掌握无机化学实验的基本操作，学会使用一些常用仪器，具备安装实验装置的初步能力。

③ 培养学生独立思考、独立进行实验的能力，包括观察与记录实验现象，正确测试与处理实验数据，正确归纳、阐述实验结果及初步的科学研究和创新的能力等。

④ 培养学生严谨的科学态度，准确、细致、整洁的实验作风和科学的思维方法，为后续课程学习和科学研究打下良好的基础。

## 1.2 无机化学实验的学习方法

为了达到无机化学实验课程的以上四个教学目的，学生不仅要有积极向上的学习态度，还要掌握科学合理的学习方法。根据本课程的特点，学习方法大致分为以下四个步骤：

（1）预习

实验课前做好预习是实验成功的前提和保证，能大幅提升实验效果和安全性。预习需要做到以下几点：

① 阅读实验教材及有关参考资料和数据　通过预习，可以清晰地了解实验要达成什么目标，了解实验原理，熟悉实验步骤，明确实验所需仪器和试剂，能更好地把握实验的核心和注意事项，确保实验顺利进行。

② 撰写实验预习报告　实验预习报告不是简单地抄写实验教材上的内容，而是在熟悉实验内容的基础上对整个实验进行提炼和总结。实验预习报告要求写在固定的笔记本上。内容包括：a. 实验日期、实验时的天气情况、实验题目等；b. 实验目的和基本原理；c. 实验内容（步骤），可以用反应式或者流程图表示，并且要预留出位置记录实验现象和实验数据；d. 注意事项，比如实验试剂的毒性以及实验过程中的个人防护等。指导教师若发现学生预习不够充分，应要求其暂停实验并重补预习，达到预习基本要求后再做实验。

（2）讨论

实验讨论一般在做实验之前和实验完成之后进行。通过讨论，可以加深学生对实验目的和原理、实验操作步骤及实验现象等的理解，有助于形成更系统的知识体系。在讨论过程中，可以发现实验过程中存在的问题或不足，为后续改进提供依据。实验讨论能激发学生对实验现象和结果的思考，培养学生分析问题和解决问题的能力。实验讨论有助于加强学生之间的交流与合作，分享实验经验和心得，集思广益，共同进步。

（3）实验

① 认真、准确地进行操作，独立完成实验内容，实验过程要做到胆大心细。

② 实验过程中应勤于思考，若遇到疑难问题，可与教师或者同学进行讨论。仔细观察实验现象，并及时、严谨地做好实验记录。如果实验现象与理论不符，应首先尊重实验事实，然后加以分析得出正确结论。

③ 在实验过程中应保持安静，遵守实验室规则，确保实验安全，遵循操作规程。

④ 实验原则上应按教材上所提示的步骤、方法和试剂用量进行，不可随意更改实验。对于研究性实验，学生应先提出实验方案，经教师同意后方可进行实验。

⑤ 按规定方法分类、包装、标识实验废弃物，避免环境污染。实验结束后清理实验台面，整理仪器设备，保持实验室整洁。

（4）实验报告

① 实验目的、原理简介和实验步骤。

② 实验记录（含实验现象和原始数据）。

③ 实验结果，包括分析、归纳总结实验现象；对原始数据进行处理，对实验结果进行总结和讨论；分析实验过程中的成功与不足，提出改进意见等。

书写实验报告时应字迹端正，保持整洁。及时、实事求是地完成实验报告，不得抄袭或篡改实验现象、原始数据等。不同类型实验的报告格式可以不同，本书列出三种以供参考（参考附录1）。

附录1　无机化学实验报告的书写格式

## 1.3　无机化学实验室规则

遵守实验室规则是非常重要且必要的。实验室规则是从各种经验和教训中总结出来的，是为了确保实验的安全性、准确性和可重复性而制定的。它可以保障实验者的人身安全，预防实验事故的发生，同时保证实验结果的可靠性。因此，在进行实验之前，应仔细阅读并严格遵守实验规则。

① 进入实验室之前首先要熟悉实验室及其周围的环境，熟悉实验室电闸、水阀、灭火器、洗眼器和紧急喷淋等的位置，严禁把水和食物带入实验室内。

② 开始实验前一定要做好预习，写好预习报告。提前10分钟进入实验室，做好实验准备工作，清点实验所需要的试剂、药品、仪器是否齐全。

③ 实验过程中要集中精力，认真操作，仔细观察实验现象，积极思考，如实、详细地做好实验记录。

④ 认真完成规定实验，如果需要对实验做出改动或做规定以外的实验，应与指导教师讨论，得到允许才可以进行。

⑤ 实验时应保持安静，不得大声喧哗，不得影响他人实验。

⑥ 不得无故缺席实验，因故缺席未做的实验需补做。

⑦ 爱护公共财产，按操作规程使用仪器和实验室设备。节约水、电和煤气。按规定的量取用药品，并将药品瓶归还至原处。

⑧ 实验时应取用自己仪器柜内的仪器，不得使用他人的仪器；公用仪器使用完应洗净归还至原处。仪器如有损坏，必须及时登记补领。使用精密仪器时，应严格按照操作规程使用，避免损坏仪器。若发现仪器有故障，应立即停止使用并报告指导教师，及时排除故障，使用后填写仪器使用登记本。

⑨ 实验时应保持台面整洁。废纸、火柴梗和碎玻璃等应放入指定的固体垃圾桶内，废液应倒入专用废液桶内，切勿倒入水槽，以防污染环境、堵塞或锈蚀下水管道。

⑩ 实验结束后，将实验记录交指导教师检查、签字，按时提交实验报告。

⑪ 离开实验室前，应将所用仪器清洗干净并整齐地放回柜内。做好实验台面卫生，整理好实验柜内仪器。归还实验柜钥匙至钥匙柜，不得将钥匙带离实验室。

⑫ 学生轮流值日，负责打扫和整理实验室内公共卫生，关好水龙头、门、窗和电闸，检查钥匙归还情况。

## 1.4 无机化学实验中的安全守则和事故处理

进行化学实验时，不可避免地要使用水、电，以及各种仪器、试剂、药品。而许多化学药品是易燃、易爆、有腐蚀性和有毒的。为了防止实验过程中发生火灾、爆炸、中毒、触电等事故，在实验过程中要遵守操作规程，熟悉实验室安全规则。

(1) 安全守则

① 遵守实验室着装要求，进入实验室必须穿长款实验服，不允许穿短裤或者露脚背、脚趾的鞋子进入实验室。长头发的同学必须将头发绾起。

② 使用电器时谨防触电，不要用湿的手、物接触电源。实验结束后，立即关闭水阀和电闸。酒精灯或者火柴用后立即盖上灯罩或熄灭。

③ 严禁在实验室内饮食、吸烟，或把餐具带进实验室。离开实验室前必须洗净双手。

④ 禁止随意混合各种化学试剂，以免发生意外事故。

⑤ 活泼金属钾、钠等在空气中易自燃，应保存在煤油中，使用时按需用镊子取用。白

磷有剧毒且在空气中易自燃，应保存在水中，使用时在水下进行切割，用镊子取用。易燃的有机溶剂（如乙醚、乙醇、丙酮、苯等）在使用时必须远离明火，使用完立即盖紧瓶塞，置于阴凉处保存。

⑥ 氢气、CO 等与空气混合后，遇火易爆炸，操作时必须远离明火。在点燃氢气、CO 等气体前，必须先检查气体的纯度。银氨配合物久置后会转化为 $Ag_3N$ 和 $Ag_2NH$，这两种物质极其不稳定，易引起爆炸，可加盐酸，破坏溶液中的银氨配离子，使其转化为 AgCl 回收。强氧化剂（如氯酸钾、硝酸钾、高锰酸钾等）或其混合物不能研磨，否则将引起爆炸。

⑦ 进行实验操作时应戴上护目镜。试管加热时，试管口不得对着自己或者别人。倾注试剂或加热溶液时，不能俯视容器，以防溅出。浓酸、浓碱具有强腐蚀性，使用时要小心，不要溅到眼睛、皮肤或衣服上。稀释浓硫酸时，应把酸注入水中并不断搅拌，不可把水注入酸中。

⑧ 一些实验产生有刺激性或有毒气体（如 $H_2S$、$Cl_2$、$Br_2$、$NH_3$、HF、CO、$NO_2$ 等），必须在通风橱内进行。苯、四氯化碳、乙醚等蒸气也会引起中毒，也应在通风良好的情况下使用。闻气味时，不要俯向容器去嗅，应该是面部远离容器，用手轻轻地在瓶口扇动，使极少量的气体进入鼻孔。

⑨ 使用有毒药品（如汞盐、重铬酸钾、钡盐、砷化物、氰化物等）时，要特别小心，不得进入口内或接触伤口。废液或者废物要集中回收处理，不能随便倒入下水道。

⑩ 金属汞易挥发（保存时在汞面上加盖一层水或其他液体以减少蒸发），会在人体内逐渐积累引起慢性中毒。若有汞洒落在桌上或地面上，应尽可能将汞珠收集起来，再用硫黄粉覆盖，使汞转变成不挥发的硫化汞。

⑪ 禁止将实验室任何药品带出室外。

⑫ 洗涤的玻璃仪器应放在指定的地方干燥，严禁用手甩干，避免未洗净的残余废液伤害他人身体或衣物。

⑬ 发生意外事故时应保持镇静，不要惊慌失措；遇有烧伤、烫伤、割伤时应立即报告指导教师，及时急救和治疗。

（2）事故处理

① 割伤　应先取出伤口内的异物，轻伤可涂以紫药水（或碘酒），必要时撒上消炎粉或敷些消炎膏，并用绷带包扎。若伤口过大，则先用酒精在伤口周围清洗消毒，再用纱布按住伤口压迫止血，立即到医院治疗。

② 烫伤　先用大量冷水冲洗伤处，再涂上烫伤膏或万花油。

③ 受酸腐蚀　先用大量流动清水冲洗，再用饱和碳酸氢钠溶液或稀氨水、肥皂水洗，最后再用水冲洗。如果是浓硫酸，应先用洁净的毛巾或者面巾纸将酸轻轻拭去，再用大量流动清水冲洗。如果酸溅入眼睛，用大量水冲洗后，送医院诊治。

④ 受碱腐蚀　先用大量流动清水冲洗，再用 2%醋酸溶液或饱和硼酸溶液洗，最后再用大量流动清水冲洗。

⑤ 受溴腐蚀　立即用酒精洗涤，再涂上甘油。

⑥ 受磷灼伤　先用大量流动清水冲洗，再用 1%硝酸银、5%硫酸铜或浓高锰酸钾溶液冲洗创口，然后包扎。

⑦ 吸入刺激性或有毒气体　吸入 $Cl_2$、HCl 气体时，可吸入少量乙醇和乙醚的混合蒸气解毒。吸入 $H_2S$ 或 CO 气体而感到不适（头晕、胸闷、呕吐）时，应立即转移至室外，解

开衣领和纽扣，呼吸新鲜空气。注意 $Cl_2$、$Br_2$ 中毒时不能进行人工呼吸，CO 中毒时不能使用兴奋剂。

⑧ 毒物进入口内　以2%～4%的淡盐水或淡肥皂水内服，催吐；将5～10mL 1%硫酸铜溶液加入温水中内服，催吐并立即送往医院。

⑨ 触电　立即切断电源，必要时对伤者进行人工呼吸。

⑩ 起火　起火后不要慌乱，要根据起火原因及火场周围情况，一边立即灭火，一边防止火势蔓延（如切断电源、移走易燃物等）。可燃液体着火时，应立即移走着火区域内的一切可燃物质，关闭通风器，防止火势蔓延。金属钾、钠、镁以及白磷等着火时，可用干沙扑灭，不能用水、泡沫灭火器、四氯化碳等灭火。电器设备、导线等着火时，应先切断电源，再用二氧化碳或四氯化碳灭火器灭火，不能用水及泡沫灭火器，以免触电。衣服着火时，千万不要惊慌奔跑，应立即用石棉布或厚外衣盖熄，或者迅速脱下衣服，火势较大时，可卧地打滚以扑灭火焰。发现烘箱有异味或冒烟时，应立即切断电源，使其慢慢降温，并准备好灭火器备用，切勿急于打开烘箱门。实验室常用的灭火器及其适用范围见表1-1。

**表1-1　实验室常用的灭火器及其适用范围**

| 灭火器类型 | 药液成分 | 适用范围 |
|---|---|---|
| 酸碱式灭火器 | 筒体内：装有碳酸氢钠水溶液；硫酸瓶胆内：装有65%的工业硫酸 | 适用于扑救竹、木、纸、棉、毛、麻等一般可燃物质的初起火灾，但不宜用于扑救油类、忌水和忌酸物质及电器设备的火灾 |
| 泡沫灭火器 | $Al_2(SO_4)_3$ 和 $NaHCO_3$ | 适宜扑救油类火灾，如汽油、柴油等；也可扑灭木材、棉布等固体物质火灾。但不能扑救带电火灾和水溶性可燃、易燃液体的火灾，如醇、酯、醚、酮等物质火灾 |
| 二氧化碳灭火器 | 液态 $CO_2$ | 用来扑灭图书、档案、贵重设备、精密仪器、600伏以下电器设备及油类的初起火灾 |
| 四氯化碳灭火器 | 液态 $CCl_4$ | 适用于扑灭电器和精密仪器火灾，小范围的汽油、丙酮等失火。不能用于活泼金属钾、钠的失火，因 $CCl_4$ 会强烈分解，甚至爆炸。电石、$CS_2$ 的失火，也不能使用它，因为会产生光气一类的毒气 |
| 干粉灭火器 | 主要成分是碳酸氢钠等盐类物质与适量的润滑剂和防潮剂 | 扑救油类、可燃性气体、电器设备、精密仪器、图书文件和遇水易燃烧物品的初起火灾 |
| 1211灭火剂 | $CF_2ClBr$ 液化气体 | 适用于扑救易燃液体、可燃气体火灾，以及精密机械、电子仪器设备及仪表、文物、图书、档案等贵重物品的火灾。也可用于纸张、木材、织物的初起火灾和塑料、橡胶等可燃固体的表面火灾 |

⑪ 伤势较重者，应立即送往医院。

为了及时处理实验室意外事故，实验室均需配备急救药箱。常备实验室急救药箱的药品清单如下：红药水、碘酒（3%）、烫伤膏、饱和碳酸氢钠溶液、饱和硼酸溶液、醋酸溶液（2%）、氨水（5%）、硫酸铜溶液（5%）、氯化铁溶液（止血剂）、高锰酸钾固体、甘油、消炎粉。

另外，还需配备卫生酒精棉球、医用创可贴、脱脂棉签、消毒纱布、医用双氧水、剪刀、镊子、医用手套和口罩、氧化锌橡皮膏、手电筒等。

## 1.5 无机化学实验的“三废”处理

实验室“三废”指在化学实验过程中产生的废气、废液、废渣等有害物质。为了保证实验人员的健康、实验的安全进行，同时减少对环境的污染，实验室“三废”需要得到妥善处理。

（1）废气处理

产生少量有毒气体的实验需在通风橱内进行。排风设备将少量毒气排到室外，排出的气体在外面大量空气中稀释，降低了毒害的同时还避免了污染室内空气。产生大量有毒气体的实验必须配备吸收或处理装置。例如，氮的氧化物、二氧化硫和硫化氢等酸性气体，可以用碱液来吸收；CO 等气体可在燃烧炉中通入氧气使其完全燃烧。

（2）废液处理

一般酸碱废液可中和至 pH＝6～8 后排放。重金属离子的废液，最有效、最经济的方法是加碱或加 $Na_2S$ 将重金属离子转变成难溶的氢氧化物或硫化物，过滤分离，残渣可埋于地下，清液达环保排放标准后排放。废铬酸洗液，将溶液调至酸性后加入 $FeSO_4$，使六价铬还原为无毒的三价铬，再加碱将 pH 调至 6～8。加热废液，通入空气，将铬和铁以氢氧化物沉淀的形式除去。少量含氰废液可先加 NaOH 调至 pH＞10，再加适量 $KMnO_4$ 使 $CN^-$ 氧化；量多时，则在碱性介质中加 NaClO，使 $CN^-$ 氧化分解成 $CO_2$ 和 $N_2$。

（3）废渣处理

碎玻璃及空的试剂瓶等不要丢入废纸篓中，应放入指定废物箱统一处理。实验室中少量有毒废渣应集中后统一处理。有回收价值的废渣应回收利用。

## 1.6 养成良好的实验室工作习惯

良好的实验室工作习惯是确保实验安全、高效进行的基础，同时也是一个人的科学素养、责任心、自我管理能力、团队协作精神和持续学习能力等多方面品质的综合体现。通过无机化学实验的培养和训练，学生要逐步养成以下几项实验室工作的良好习惯。

① 初步养成具有安全意识、实验准备充分、操作规范、观察细致、记录准确、勤于思考的习惯。

② 养成爱护公共财产，节约药品、耗材、水、电的习惯。

③ 养成保持良好的实验室环境的习惯，比如桌面整洁、仪器存放有序、合理处理“三废”等。

# 第2章 基本知识及操作技能

## 2.1 常用的玻璃仪器、加热仪器和分离仪器

### 2.1.1 无机化学实验常用仪器

（1）常用的玻璃仪器

化学实验常用的仪器大部分是用玻璃制造的，按照使用目的可分为宜加热类和不宜加热类；也可按照用途分为容器类、量具类以及其它特殊用途类。

图 2-1 是无机化学实验中常用的一些仪器示意图。

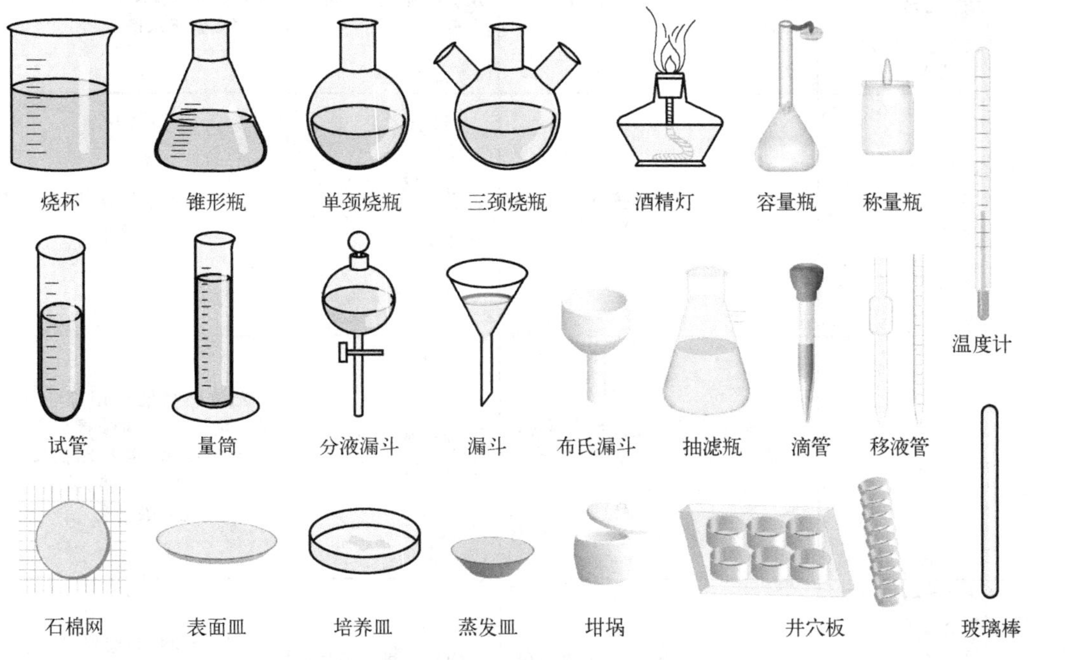


图 2-1　无机化学实验常用仪器汇总

表 2-1 汇总了无机化学实验中常用玻璃仪器的规格、主要用途、使用方法以及注意事项。

**表 2-1　无机化学实验常用玻璃仪器汇总表**

| 仪器 | 规格 | 主要用途 | 使用方法及注意事项 |
| --- | --- | --- | --- |
| 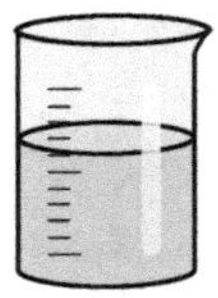 烧杯 | 有硬质和软质之分，按照容积大小可分为 500mL、250mL、50mL 和 25mL 等 | 一般用作常温和加热下大规模反应的容器，使得反应物均匀混合 | 为防液体溅出，正常使用和加热时反应液分别不应超过 2/3 和 1/2；为防受热不均，加热时外壁需擦干并垫石棉网 |
|  试管 | 有硬质和软质之分，按照容积大小可分为 25mL、10mL 和 5mL 等；也可按有刻度和无刻度区分，无刻度时常以管外径×管长区分，例如 15mm × 150mm；也可按照有无支管进行区分 | 一般用作常温和加热下小规模反应的容器，以便于操作和观察；带支管试管可用于收集、检验少量气体产物 | 为防液体溅出，正常使用和加热时反应液分别不应超过 1/2 和 1/3；为防受热不均，加热时管外水应擦干；为防烫手可结合试管夹使用；加热液体时应倾斜 45°并保证管口不对人；加热固体时管口略下倾，增大受热面的同时防止管内冷凝水回流 |
|  离心试管 | 一般下端较细，可搭配离心机使用，按照容积的大小可分为 10mL 和 5mL 等 | 用于沉淀的固液分离 | 为防液体溅出，使用时反应液不应超过 1/2，不可直接加热 |
|  锥形瓶 | 有硬质、软质、广口、细口之分，按照容积的大小可分为 200mL、100mL 和 50mL 等 | 可作需要振荡的反应容器，例如滴定反应 | 为防止液体溅出，盛液不宜过多；为防受热不均，加热时应垫石棉网或置于水槽中 |
|  洗瓶 | 一般为挤出型，按容积分为 100mL 和 250mL 等 | 用于器皿的清洗、溶液的定容和沉淀的洗涤 | 洗瓶多在常温使用，若需热水洗涤，温度不应太高 |
|  滴瓶 | 玻璃材质，分棕色、无色两种，滴管上带橡胶头。按容积分为 15mL、30mL 和 60mL 等 | 盛放需要少量取用的液体试剂 | 光敏感物质需用棕色滴瓶盛放。为防试剂腐蚀橡胶头，不宜取太多试剂，也不能倒置滴头。为防试剂交叉污染，滴管需要专用，且不能弄脏弄乱 |
| 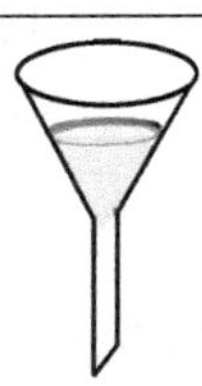 漏斗 | 有长颈和短颈之分，规格一般按照斗径区分，如 100mm；热漏斗常用于热过滤 | 倾注及过滤液体；长颈漏斗也可用于装配气体发生装置 | 过滤时尖端须紧靠承接滤液的容器壁。加液时漏斗底部应插入液面内防止溅出。不能直接对其进行加热 |

续表

| 仪器 | 规格 | 主要用途 | 使用方法及注意事项 |
| --- | --- | --- | --- |
|  称量瓶 | 有高型和矮型之分；按容量可分为 20mL 和 10mL 等 | 用于精准称量固体药品 | 盖子磨口且配套，不得丢失弄混。洗净后在磨口处需垫纸条以防止粘连。不能加热 |
| 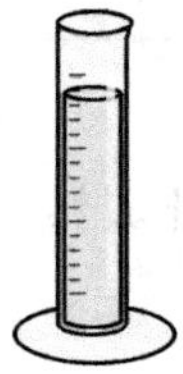 量筒 | 按材质分为玻璃量筒和塑料量筒；按容量可分为 10mL、25mL 和 50mL 等；上部大，下部小的称作量杯 | 用于量取一定体积的液体 | 不可加热、不可量热的液体、不可用作反应容器；读数时保持竖直，视线与凹液面最低处相平 |
| 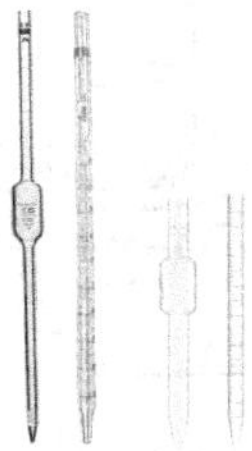 移液管 | 有刻度管型和单刻度胖肚型之分；按容量分为 10mL、25mL 等；此外还有 0.1mL、0.25mL 等小体积的微量移液管 | 用于精准量取一定体积的液体 | 用前需用待移液润洗三次；吸入液体时液面需超过刻度；最后一滴残留液根据移液管类型考虑要不要吹出 |
|  容量瓶 | 有玻璃和塑料材质之分；按照容积分为 100mL、50mL 和 25mL 等 | 用于配制标准溶液 | 不能加热，不能烘干，不能用刷子刷，不能用于存放溶液。配溶液时需先在烧杯中溶解再转入容量瓶 |
| 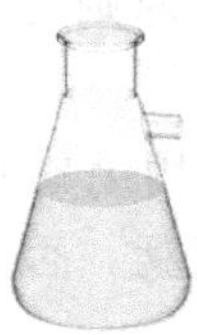 抽滤瓶 | 玻璃制品，规格常以容量大小表示，如 250mL、500mL 等 | 两者配套用于减压过滤，可分离液体与固体 | 不能直接加热。使用时先抽气，再过滤，停止过滤时，要先拔管，后关泵 |
|  布氏漏斗 | 瓷质制品，规格以口径大小表示，如 4cm | | 滤纸要略小于漏斗内径，又要将小孔全部盖住，以免漏滤 |
|  蒸发皿 | 有平底和圆底之分，按上口径规格分为 30mm、50mm 和 80mm 等 | 用于蒸发和浓缩溶液 | 能耐高温，但不宜骤冷，一般放在石棉网上加热 |

续表

| 仪器 | 规格 | 主要用途 | 使用方法及注意事项 |
|---|---|---|---|
|  坩埚 | 一般为瓷质，也有石墨、石英、铁、镍、铂等材质；规格以容量区分，如 10mL、15mL 和 20mL 等 | 按固体性质选不同质地的坩埚，用于强热下煅烧固体 | 放在泥三角上可直接强热或煅烧；加热或反应完毕后用坩埚钳取下时，坩埚钳应预热，取下后应放置在石棉网上 |

（2）加热器具

加热装置包括外加热型装置和内加热型装置。实验室较为常用的一般是外加热型设备，主要包括烘箱、电热套、恒温水浴锅和磁力加热搅拌器等（图 2-2）。

(a) 烘箱　(b) 电热套　(c) 恒温水浴锅　(d) 磁力加热搅拌器

图 2-2　模型示意图

## 2.1.2　玻璃仪器的洗涤和干燥方法

玻璃仪器的洗涤方法很多，应根据实验的要求、污物的性质、沾污的程度来选用合适的方法进行洗涤。

（1）一般仪器的洗涤

一般玻璃仪器的清洗可以用水、洗涤剂或有机溶剂进行。冲洗玻璃仪器的原则是“少量多次”，即每次用少量的水或洗涤剂等顺着内壁冲洗多次。

① 水洗　一般的玻璃仪器，如烧杯、锥形瓶、试剂瓶、表面皿等，直接用毛刷蘸水洗就可以去除其附着的尘土、可溶性物质以及易脱落的物质。注意，不可用力过猛，否则毛刷会将玻璃仪器戳破。

② 洗液洗　有些情况下用水洗后，无法将玻璃仪器洗净。这时可以用去污粉、肥皂或洗涤剂等洗液来洗涤玻璃仪器。先沥干水分，再用毛刷蘸取合适的洗涤剂直接刷洗其内外壁，最后用水冲洗干净。注意，为了增强洗涤效果，可以将洗涤剂加热后使用。

③ 特殊试剂洗　对于仪器洁净程度要求高的实验，有时需要根据污渍的化学性质进一步选用特殊试剂来洗涤。可使用铬酸洗液处理还原性污渍，将其倒入待洗容器后反复浸润内壁，使污渍被氧化溶解。注意用完后需将洗液倒回原瓶重复使用；为防洗液失效，洗液瓶的瓶塞要塞紧。可使用浓 HCl 来洗涤附着在器壁上的氧化剂，如二氧化锰。对于一些特殊的污渍，例如 AgCl 沉淀，可采用形成配合物的方法加以洗涤。

（2）精密度量仪器的洗涤

度量仪器如容量瓶、移液管和滴定管等，在使用时既需要保证较高的洁净程度，又需要保证洗涤过程中不会对度量过程造成影响。因此不能用毛刷刷洗，以免因出现刷痕而影响容量的准确性。一般可使用 1%～3%的洗液对其进行浸泡，如仍不能洗净，再采取特殊方法洗涤。在使用度量仪器之前，需要对仪器进行润洗。

(3) 洗净的标准

玻璃仪器洗净的标准包括：①器壁上出现均匀水膜；②器壁上的水不聚成水滴；③器壁上的水不成股流下。

(4) 仪器的干燥方法

常用仪器的干燥方法主要有以下几种：

① 晾干　将洗净的玻璃仪器先沥干水分，倒挂在干净的实验柜内或器皿架上，自然放置一段时间。注意细口径的玻璃仪器一般不要直接倒放，以免打翻。

② 烘干　将洗净的玻璃仪器先沥干水分后使仪器口朝下放入 110℃烘箱内，并在烘箱最下层放一个瓷盘接滴下来的水，以免水滴到电热丝上。烘箱降温到 50℃以下方可将仪器取出，避免烫伤。

③ 烤干　常用的烧杯、蒸发皿等可放在石棉网上用小火烤干，试管可用试管夹夹住在火焰上来回移动直至烤干。烤干过程中必须使管口低于管底，以免水珠倒流使试管炸裂。

④ 吹干　试管、量筒等适合在吹风机或气流干燥器上烘干。

⑤ 快干　用少量乙醇或者丙酮等有机试剂湿润内壁后，将溶剂倾倒出来再吹干。

### 2.1.3　加热仪器的使用方法

实验室中的加热仪器可以分类为燃料加热器、电加热器和微波加热器。在无机化学实验中，主要涉及燃料加热器和电加热器。

(1) 燃料加热器的介绍

实验室的燃料加热器是最传统的加热器具，主要包括酒精灯和酒精喷灯，使用的燃料一般为酒精。实验室最常见的加热设备是酒精灯，如图 2-3 (a) 所示。酒精灯由灯罩、灯芯和灯壶等三部分组成，在使用前先要加酒精，这时需在酒精灯熄灭的情况下牵出灯芯，借助漏斗将酒精注入，最多加入量为灯壶容积的 2/3。熄灭酒精灯时要用灯罩盖灭，片刻后，将灯罩再打开一次，然后再盖上，以免冷却后盖内产生负压使得以后打开困难。注意不可用嘴吹灭酒精灯。酒精灯的加热温度通常为 400～500℃，适用于不需太高加热温度的实验。酒精灯加热试管如图 2-3 (b) 所示。

(a) 酒精灯　(b) 酒精灯对试管的加热

图 2-3　酒精灯及对试管的加热示意图

燃料加热器使用明火加热，不适宜在有较高蒸气压、易燃或易爆的有机气氛中使用。酒精是易燃品，使用时一定要按规范操作，切勿洒溢在容器外面，以免引起火灾。点燃酒精灯时应用火柴点燃，绝不能用另一个燃着的酒精灯去点燃，以免洒落酒精引起火灾。使用酒精喷灯时注意灯管必须灼热后再点燃，否则易造成液体酒精喷出引起火灾。座式喷灯最多使用半小时，挂式喷灯不可将罐里的酒精一次用完。若需继续使用，应先将喷灯熄灭，冷却后添加酒精后再次点燃。

(2) 电加热器的使用

电加热器是现代实验室常用的加热设备，主要通过电子调压实现恒温加热。下面分别讲述烘箱、电热套、恒温水浴锅以及磁力加热搅拌器的使用方法和注意事项。

① 烘箱　实验室用的烘箱是鼓风干燥箱，采取电加热方式，一般用于烘干玻璃仪器和一些无挥发性、无腐蚀性的药品。例如，一般烘干样品中的水分时，可在110～120℃下烘1～2h。

注意：烘箱不能用于烘烤橡胶和塑料制品。

② 电热套　电热套是实验室最常用的加热仪器之一，是由玻璃纤维包裹电热丝组成的碗状加热器，可紧密贴合烧瓶，并对其均匀加热。电热套加热安全性高于明火加热，并可以精确控制加热温度。在使用时若不小心将液体洒入电热套内，应迅速关闭电源，待晾干后方可继续使用。

③ 恒温水浴锅　恒温水浴锅是实验室用于干燥、浓缩、蒸馏以及水浴恒温加热的设备。其表面常采用静电喷涂工艺，并带有数显控温装置［图2-4 (a)］。在使用时，需向水箱中注入适量的洁净自来水，再放置所需加热的容器。在未加水之前，不能开电源，以防电热管的热丝烧毁。水浴锅的盖子由一组大小不同的同心金属圆环组成。根据要加热的器皿大小去掉部分圆环，原则是尽可能增大容器的受热面积而又不使器皿掉进水浴锅里。水浴锅内水量不要超过其容积的2/3。在水浴加热操作中，应尽可能使水浴中水的表面略高于被加热容器内反应物的液面。

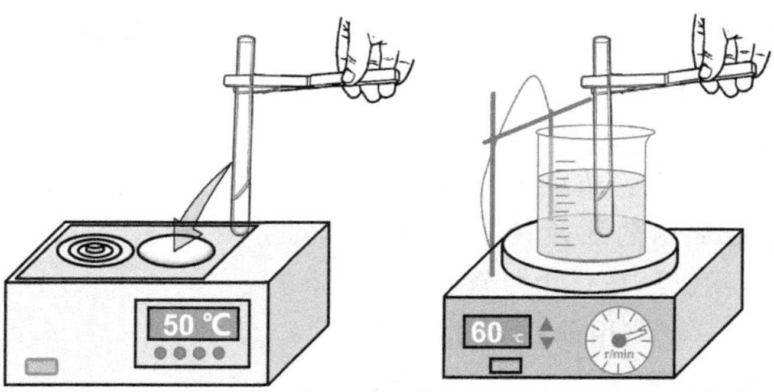


(a) 使用恒温水浴锅进行水浴加热　(b) 大烧杯代替水浴锅进行水浴加热

图2-4　水浴加热示意图

实验室常用大烧杯代替水浴锅加热（水量占烧杯容积的2/3）。在烧杯中放一支架，将试管放在支架上，进行试管的水浴加热，见图2-4 (b)。在烧杯上放一个蒸发皿，可作为简易的蒸汽浴加热装置，进行蒸发浓缩。较先进的水浴加热装置是恒温水浴槽，它采用电加热并带有自动控温装置，控温精度更高。

④ 磁力加热搅拌器　磁力加热搅拌器集成了加热控温装置以及磁力搅拌装置，可以在控温加热的同时利用磁子的搅拌使反应更加充分。在使用时，先开启电源开关，待指示灯亮后，按顺时针方向旋转调速按钮，调整搅拌转速到要求转速为止。要加热时，连接温度传感器探头，并将探头夹在支架上，移动支架使温度传感器探头插入溶液中不少于5cm，但不能影响搅拌。注意搅拌时如发现搅拌子不同步、跳动或不运转时应切断电源，加热时间一般不宜过长。

（3）加热方法及注意事项

被加热物质的性质决定了加热设备及加热方法。加热方法一般分为直接加热和间接加热。

① 直接加热　顾名思义，直接加热是使用加热设备对需要加热的物质进行直接加热。例如在酒精灯上加热试管。按照加热对象的不同，可分为液体加热和固体加热。

当被加热的液体在较高的温度下稳定而不分解，又无着火危险时，可以把盛有液体的器皿放在石棉网上用酒精灯直接加热。取下加热器皿时，应放在实验台桌面上的石棉网上。对于少量液体可以放在试管中加热［图 2-3（b）］。加热试管时，应该用试管夹夹住试管的中上部，试管与水平面约成 45°倾斜，试管口不能对着人。先加热液体的中上部，然后慢慢移动试管到下部，不时移动或振荡试管，从而使液体各部分受热均匀，避免试管内液体因局部沸腾而迸溅，引起烫伤。

需要在高温下加热固体物质时，可以把固体物质放在坩埚中，将坩埚置于泥三角上，用氧化焰进行灼烧。不要让还原焰接触坩埚底部，以免其底部结上炭黑。灼烧开始时，先用小火烘烧坩埚，使坩埚受热均匀。然后加大火焰，根据实验要求控制灼烧温度和时间。停止加热时，要首先熄灭酒精灯。要夹取高温下的坩埚时，必须用干净的坩埚钳。使用前先在火焰上预热钳的尖端，再去夹取。坩埚钳用后应平放在石棉网上，尖端向上，保证坩埚钳尖端洁净。

② 间接加热　间接加热是先用热源将某些介质（水、油和沙等）加热，然后通过介质将热量传递给需加热物质的一种加热方式。常见的间接加热方式包括水浴、油浴和沙浴。

## 2.1.4　分离仪器

（1）离心机

离心机是利用离心力加快液体中颗粒的沉降速度，把样品中不同沉降系数和浮力密度的物质分离开的装置［图 2-5（a）］，常在实验室中用于分离液体与固体混合物。实验室常用的是电动离心机，其转动速度快，使用时需要注意安全，特别要防止在离心机运转期间，因不平衡或试管垫老化，而使离心机边工作边移动，以致从实验台上掉下来；或因盖子未盖，离心管因振动而破裂后，玻璃碎片旋转飞出，造成事故。

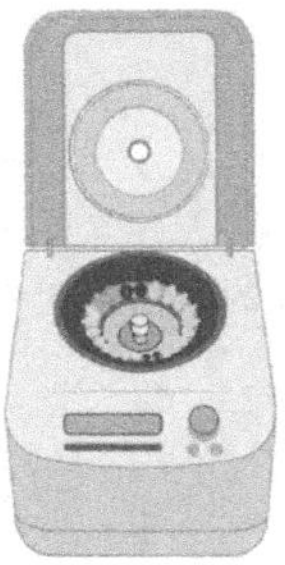

(a) 离心机的模型图

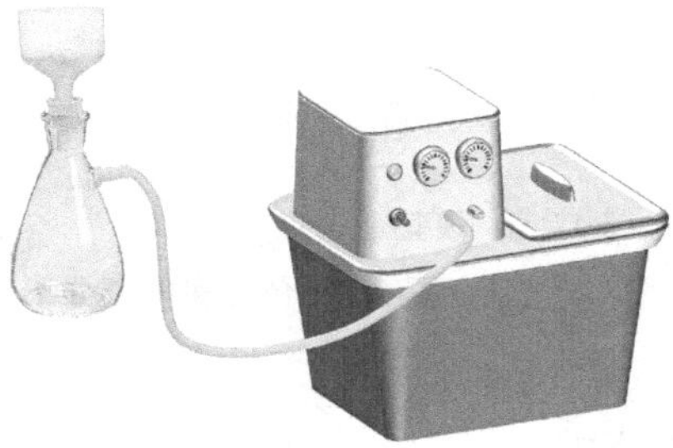

(b) 循环水真空泵及抽滤装置示意图

图 2-5　离心机、循环水真空泵及抽滤装置示意图

在使用离心机时，必须注意以下的一些操作：

① 离心时间一般为 1～2min，在此期间，实验者不得离开去做别的事；

② 电动离心机如有噪声或机身振动时，应立即切断电源，及时排除故障；

③ 离心管必须对称放入套管中，防止机身振动，若只有一支样品管，另外一支要用等

质量的水代替；

④ 启动离心机时，应盖上离心机顶盖后，方可慢慢启动；

⑤ 分离结束后，先关闭离心机，在离心机停止转动后，方可打开离心机盖，取出样品，不可用外力强制其停止运动。

(2) 循环水真空泵

循环水真空泵是实验室中一种提供负压的设备。首次使用时，打开水箱上盖，注入清洁的凉水（亦可经放水软管加水），当水面即将升至水箱后面的溢水嘴下高度时停止加水。重复开机时可不再加水，但需保持水箱中的水质清洁。接通电源，打开电源开关，将需要抽真空的设备的抽气套管紧密套接于真空泵抽气嘴上，即会发现真空度逐渐变大。实验室常用该设备与布氏漏斗和抽滤瓶一起组成减压过滤装置［图 2-5（b）］，实现固液分离。

## 2.2 度量仪器的使用

### 2.2.1 天平的使用

#### 2.2.1.1 台秤

台秤［图 2-6（a）］是一种常见的称重设备，可快速准确地测量物品的质量而广泛应用于商业、家庭、科研等领域。在使用前，用干净的布擦拭台面和秤体，确保没有水滴或湿气影响测量结果。在使用时，首先需要将台秤平稳地放置在坚固的台面上，确保秤盘水平，避免倾斜或摇晃；轻按台秤电源开关启动台秤；将需要称重的物品放置在秤盘上，注意不要超出台秤的称重范围；记录称重结果。台秤对湿度较敏感，应避免潮湿或在潮湿的环境中使用。

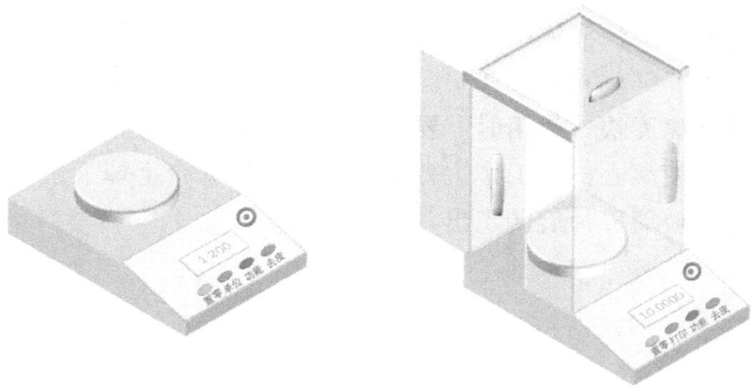

(a) 台秤的模型图　　(b) 电子分析天平的模型图

图 2-6　台秤和电子分析天平的模型图

#### 2.2.1.2 电子分析天平

电子分析天平［图 2-6（b）］是一种常见的称重设备，可快速准确地测量物品的质量而广泛应用于商业、家庭、科研等领域。常见的电子分析天平的称量范围为 0～210g，称量精度为 0.0001g。在使用前，用干净的布擦拭台面和秤体，确保没有水滴或湿气影响测量结果。在使用时，首先需要将电子分析天平平稳地放置在坚固的台面上，避免倾斜或摇晃；轻按电源开关启动电子分析天平；将需要称重的物品放置在秤盘上，注意不要超出电子分析天平的称重范围；记录称重结果。

(1) 电子分析天平的使用注意事项及其维护方法

正确的使用方法和注意事项对于保证电子分析天平的准确性和稳定性具有重要意义。电子分析天平在使用时有以下一些事项需要加以注意：

① 避免空气流动或者震动；

② 称量时不能超过最大量程；

③ 天平对温度较为敏感，避免将其放置在直接受热或者阳光直射的地方；

④ 避免尘埃或污物残留在仪器中；

⑤ 定期对电子分析天平进行校准；

⑥ 按照使用规则进行称量操作。

(2) 电子分析天平的使用规则

① 开机前的准备工作如下。

a. 取下天平罩并叠好，整齐地放在天平背后。

b. 通过右上角水珠观察天平是否水平。若不水平，可通过前下方的两只水平调节脚进行调节。

c. 接通电源，天平即开始自检。当显示屏出现“OFF”时，自检结束。

d. 单击“ON”键，天平处于稳定状态后即可称量（为了获得准确的称量结果，天平必须先通电 20～30min 以获得稳定的工作温度）。

② 调校（校准）　为了确保获得准确的称量结果，天平必须调校使之符合当地的重力加速度。注意：并不是每次开机后都要进行调校，但在首次使用前、定期称量服务时、改变放置位置后必须调校。

(3) 称量

① 直接称量法　(a) 打开天平的侧门，将装有样品的称量瓶放在秤盘上，然后关上侧门。等待直到显示屏左下方的稳定指示符“O”消失。(b) 读取称量结果。

② 减量称量法　(a) 打开天平左门，将装有样品的称量瓶放在秤盘中央，同时关上左门。(b) 等待，直到显示屏左下方的稳定指示符“O”消失，单击“O/T”键，显示“0.0000g”。(c) 取出称量瓶，小心倾出一定质量的待称量物品，再将称量瓶放回秤盘上，然后关上左门。(d) 天平稳定后，负值显示即为所放入的待称量物品的质量。(e) 当电子分析天平显示的负值不在称量质量范围之内时，则继续装入待称量物品，直至电子分析天平显示的负值在要求的称量范围之内则减量法称量结束，记下准确质量。

③ 去皮（固定质量称量法）　将空容器放在天平秤盘上显示其质量值，单击“O/T”键，显示“0.0000g”。向空容器中加入待称量物品，并显示净重值。如果将容器从天平上移去，去皮质量值会以负值显示。去皮质量值将一直保留到再次按“O/T”键或天平关机。

④ 关机　按住“OFF”键直到显示“OFF”字样，松开该键天平即关机；称量完毕，拔下电源插头，关好天平门，罩好天平罩，做好登记。

⑤ 补充材料　具体内容如下。

a. 直接称量法　此法是将称量物直接放在电子分析天平的盘上称量物体的质量，一般要求物体的质量在称量环境中较为稳定。例如，称量硬币的质量，称量烧杯的质量。该方法也可用于容量器皿校正过程中称量某容量瓶的质量以及重量分析实验中称量坩埚的质量等。

b. 减量称量法　此法又称减量法，可用于称量一定质量范围的样品或试剂。常用于样品在称量过程中易吸水、易氧化或易发生反应的称量。由于实际称得的样品质量是两次称量之差，故也称差减法。

称量步骤：从干燥器中用纸带（或纸片）夹住称量瓶后取出称量瓶（注意：不要让手指直接触及称量瓶和瓶盖），用纸片夹住称量瓶盖柄，打开瓶盖，用牛角匙加入适量试样（一般为称一份试样量的整数倍），盖上瓶盖。称出称量瓶加试样后的准确质量。使用去皮操作将该质量变为“0.0000g”。将称量瓶从天平上取出，在接收容器的上方倾斜瓶身，用称量瓶盖轻敲瓶口上部，使试样慢慢落入容器中，瓶盖始终不离开接收器上方。当倾倒出的试样接近所需量（可从体积上估计或试重得知）时，一边继续用瓶盖轻敲瓶口，一边逐渐将瓶身竖直，使黏附在瓶口上的试样落回称量瓶，然后盖好瓶盖，准确称其质量。天平上显示的负值，即为所称取试样的质量。按上述方法连续递减，可称量多份试样。有时一次很难得到合乎质量范围要求的试样，可重复上述称量操作 1～2 次。

c. 固定质量称量法　此法又称增量法，常用于称量某一固定质量的试剂（如基准物质）或试样。由于该称量操作的速度很慢，因此不能称量易吸潮、在空气中不能稳定存在的粉末状或小颗粒（最小颗粒应小于 0.1mg，以便容易调节其质量）样品。先称出容器的质量，使用去皮操作将该质量变为“0.0000g”。然后半开天平侧门，用牛角勺将试样慢慢加入盛放试样的容器中，当所加试样与指定质量相差不到 10mg 时，完全打开天平，极其小心地将盛有试样的牛角勺伸向左秤盘的容器上方 2～3cm 处，勺的另一端顶在掌心上，用拇指、中指及掌心拿稳牛角勺，并用食指轻弹勺柄，将试样慢慢抖入容器中，直至天平显示为所需质量为止。

## 2.2.2　常用玻璃度量仪器的使用

（1）量筒

量筒是化学实验室中最常用的量取一定液体体积的仪器（图 2-7），其规格以所能度量的最大容积表示。实验室常见的量筒有 10mL、25mL 和 50mL 等。应注意量筒外壁刻度都是以 mL 为单位，量筒越大，则管径越粗，精确度越小，由视线的偏差所造成的读数误差也越大。例如，10mL 量筒每小格表示 0.2mL，而 50mL 量筒每小格表示 1mL。实验中应根据所取溶液的体积，尽量选用能一次量取的最小规格的量筒。例如，需量取 15mL 液体，应选用 25mL 量筒。读数时，视线需要与量筒凹液面的最低处相平。量筒一般只能用于精度要求不很严格时，通常应用于定性分析方面，一般不用于定量分析，因为量筒的误差较大。

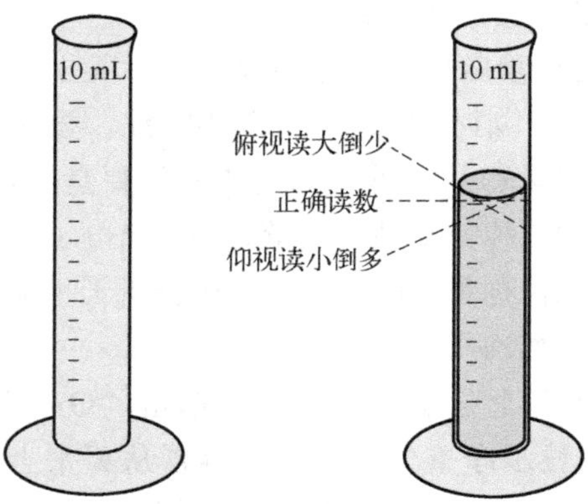


图 2-7　量筒的模型及读数示意图

向量筒内部注入液体时，应用左手拿住量筒并使其略倾斜，右手拿试剂瓶使瓶口紧挨着量筒口，使液体缓缓流入。为防读数偏小，在注入液体后需等 1～2min，使附着在内壁上的液体流下来，再读出刻度值。应注意：量筒不能加热，也不能量取过热液体，更不能在量筒中进行化学反应或配制溶液。

（2）移液管

移液管是一种用来准确移取一定体积液体的精密量器，只用来测量它所放出溶液的体积。它是一根中间有一膨大部分的细长玻璃管，其下端为尖嘴状，上端管颈处刻有一条标线。常用的移液管有 10mL、25mL 和 50mL 等规格。通常又把具有刻度的直形玻璃管称为吸量管。常用的吸量管有 2mL、5mL 和 10mL 等规格。移液管和吸量管所移取的体积通常可准确到 0.01～0.05mL。

移液管（或吸量管）的使用方法如下：

① 洗涤　在洗涤移液管前先检查它两端是否有缺损，看清刻度是否符合要求，然后依次用洗涤液、自来水、蒸馏水洗净，用滤纸将移液管下端内外的水吸去，最后用少量被移取的液体润洗三次。

② 吸液　吸取液体时，右手拇指及中指拿住移液管上端标线以上部位，使管下端伸入液面下约 1cm（不能伸入太深或太浅）。左手拿洗耳球，先将球内空气挤出，再将它的尖嘴塞住移液管上口，慢慢放松洗耳球，管内液面随之上升，注意将移液管相应地往下伸，见图 2-8。当液体上升到标线以上时，迅速移开洗耳球，用右手的食指按住管口，移液管提离液面，垂直地拿着，稍微放松食指，或用拇指和中指轻轻转动移液管，使液面缓慢、平稳地下降，直到液体凹液面与标线相切，立即按紧管口，使液体不再流出。如果移液管悬挂着液滴，可使移液管尖端与器壁接触，使液滴落下。

③ 放液　取出移液管，将它的尖端靠在接收容器的内壁上，让容器壁倾斜而移液管垂直，抬起食指，让液体自然顺壁流下，见图 2-9。液体不再流出时，稍等片刻（约 15s），再将移液管拿开。若移液管上标有“吹”字，使用时需将残留在管尖的液滴吹出。

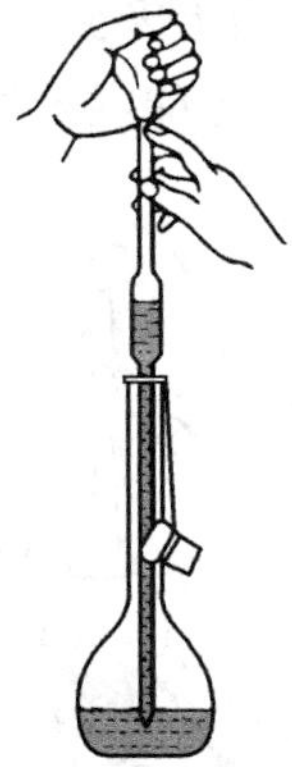

图 2-8　用移液管吸取液体

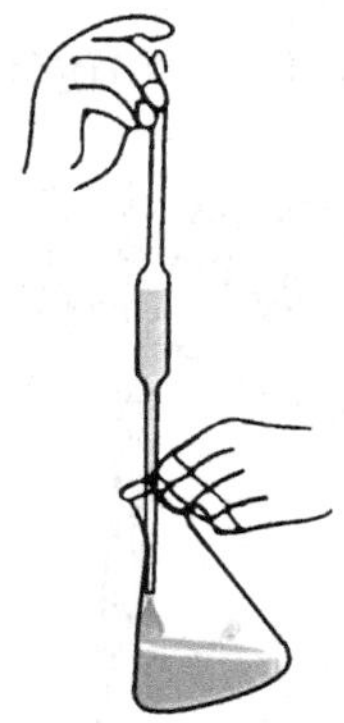

图 2-9　由移液管放出液体

④ 移液管使用后，应用水洗净，放回移液管架上。

（3）滴定管

滴定管是一种用于精确测量液体体积的实验室仪器，主要用于滴定分析。它通常由玻璃或塑料制成，具有细长的管身和精确的刻度。滴定管的主要部分包括管身、活塞和尖嘴。其管身细长且均匀，刻有精确的刻度用于测量液体体积，刻度通常以毫升（mL）为单位，最小分度为 0.1mL；活塞位于滴定管底部，用于控制液体的流出；尖嘴位于滴定管底部，液体通过尖嘴流出。

在使用滴定管前，需检查滴定管是否干净，必要时用适当的溶剂清洗并干燥；确保活塞润滑良好，操作顺畅。在装液时，需使用漏斗将待测液体倒入滴定管，液面需略高于零刻度。然后缓慢打开活塞，使液体充满尖嘴部分，确保无气泡。调整液面至零刻度（确保视线与液面平行）后将滴定管固定在滴定管架上，尖嘴对准接收容器，缓慢打开活塞，控制液体流速，接近终点时逐滴加入，观察指示剂颜色变化或其他终点指示方法。滴定结束后，关闭活塞，记录液面位置，读数时视线与液面平行，读取刻度值，精确到小数点后两位。使用后立即清洗滴定管以防止残留物固化，并倒置晾干。

（4）容量瓶

容量瓶是一种用于精确配制特定体积溶液的实验室仪器，通常由硼硅酸盐玻璃或塑料制成。它具有一个细长的颈部和单一的刻度线，用于指示特定体积（如 100mL、250mL 等）。在使用容量瓶前，需检查容量瓶是否干净，其容积与所要求的是否一致。为检查瓶塞是否严密，需在瓶中放水到标线附近，塞紧瓶塞，使其倒立 2min，用干滤纸片沿瓶口缝处检查，看是否有水珠渗出。如果不漏，需再把塞子旋转 180°，塞紧，倒置，进行二次检漏。合用的瓶塞必须妥善保护，并用绳把它系在瓶颈上，以防跌碎或与其他容量瓶搞混。

用容量瓶配制标准溶液时，先将称量的试样放在小烧杯中，加入少量溶剂，搅拌使其溶解（若难溶可盖上表面皿稍加热，但必须放冷后才能转移）。沿玻璃棒用转移沉淀的操作将溶液定量地移入洗净的容量瓶中，然后用洗瓶吹洗烧杯壁 3～4 次，按同法转入容量瓶中（图 2-10）。当溶液加到瓶中 3/4 处以后，将容量瓶水平方向摇转几周（勿倒转），使溶液大体混匀。然后，把容量瓶平放在桌子上，慢慢加水到距标线 1cm 左右，等待 1～2min，使黏附在瓶颈内壁的溶液流下，用滴管伸入瓶颈接近液面处，眼睛平视标线，加水至凹液面下部与标线相切。立即盖好瓶塞，用一只手的食指按住瓶塞，另一只手的手指托住瓶底（图 2-11），注意不要用手掌握住瓶身，以免体温使液体膨胀，影响容积的准确性（对于容积小于 100mL 的容量瓶，不必托住瓶底）。随后将容量瓶倒转，使气泡上升到顶，此时可将瓶振荡数次，再倒转过来，仍使气泡上升到顶。如此反复 10 次以上，才能混合均匀。

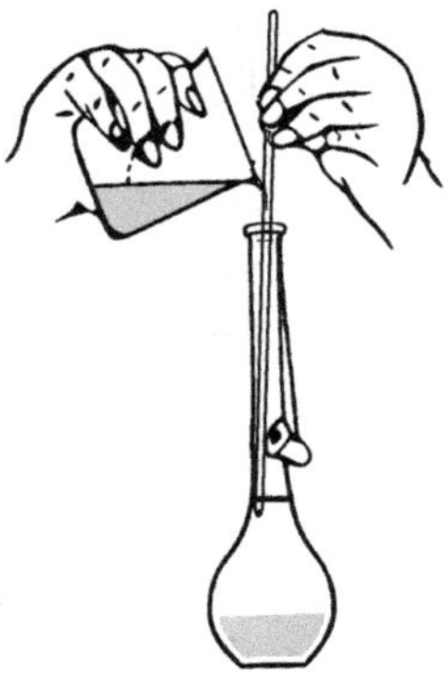

图 2-10　溶液转移到容量瓶中

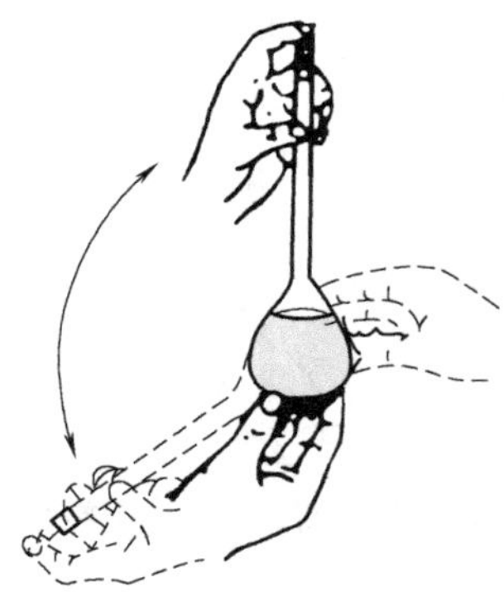

图 2-11　容量瓶的拿法

容量瓶是量器而不是容器，不能久贮溶液，尤其是碱性溶液会侵蚀瓶壁，并使瓶塞黏住，无法打开。如果溶液需要使用一段时间，应将溶液转移至试剂瓶中存放，试剂瓶应先用该溶液润洗 2～3 次，以保证浓度不变。容量瓶作为精密量具，也不能加热。如果固体是加热溶解的，或溶解时热效应较大，要待溶液冷至室温才能转移到容量瓶中。容量瓶用毕应及时洗涤干净，塞上瓶塞，并在塞子与瓶口之间夹一条纸条，防止瓶塞与瓶口粘连。

## 2.3　分析测定仪器的使用

### 2.3.1　酸度计（以 PHS-25 为例）

酸度计又称 pH 计（pH meter），如图 2-12 所示，是利用 pH 指示电极以电位法测定溶液 pH 值的仪器。由于 pH 指示电极的电位随溶液 pH 值的变化而变化，所以当 pH 指示电极（如 pH 玻璃电极）和参比电极（如饱和甘汞电极）浸在溶液中构成测量电池时，所产生的电动势与溶液的 pH 值有关。

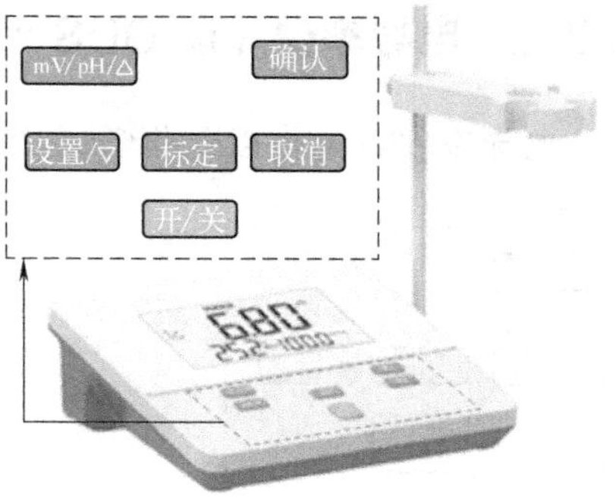


图 2-12　酸度计示意图

（1）使用方法

① 准备工作：

a. 安装好仪器和电极；

b. 准备标准缓冲溶液，如 pH 4.00、pH 9.18 标液进行标定；

c. 将电极下端的保护瓶取下，拉下电极上端橡胶套，使其露出上端小孔，用蒸馏水清洗电极；

d. 开机。

② 标定：

a. 按“标定”键进入标定状态。

b. 将洗净后的电极放入标准缓冲溶液 1（如 pH 4.00 标液）中，同时用温度计测量溶液温度。

c. 按“设置”键，通过“▲”或“▼”设置当前温度，按“确认”键回到标定状态。

d. 待读数稳定后，按“确认”完成 1 点标定，此时仪器识别标液 1 并显示当前温度下的标准 pH 值。

e. 若需多点标定，更换其他标准缓冲溶液，重复 a、b、c 标定操作过程。仪器支持最多 2 点标定，标定完 2 个标液时，仪器会自动结束标定，返回测量状态。

③ 测量：

a. 将电极清洗干净，放入被测溶液中，同时用温度计测量溶液温度；

b. 按“设置”键，通过“▲”或“▼”选择温度设置“1”，按“确认”后进入温度值设置；

c. 通过“▲”或“▼”设置当前温度，按“确认”键回到测量状态；

d. 待数据稳定标志满格，即可读数；

e. 按“mV/pH”键可以切换 pH 和 mV 显示。

（2）维护与注意事项

① 酸度计维护与注意事项：

a. 每次开机前，请检查仪器后面的电极插口，必须保证它们已连接测量电极或者 Q9 短路插头，否则有可能损坏仪器的高阻器件。

b. Q9 短路插头需放置在干燥、洁净的环境中，防止短路插头被腐蚀影响短路效果。

c. 仪器的电极插座须保持清洁、干燥，切忌与酸、碱、盐溶液接触。

d. 如果仪器长期不用，请注意断开电源。

② pH 复合电极维护与注意事项：

a. 测量结束后应及时将电极保护瓶套上，保护瓶内应放少量外参比补充液，保持电极球泡湿润，切忌将电极长期浸泡在蒸馏水中。

b. 电极的 Q9 短路插头应保持清洁干燥，防止被锈蚀短路，否则将导致测量失准或失效。

## 2.3.2 电导率仪（以 DDS-11A 为例）

电导率仪，是指以电化学测量方法测定电解质溶液的电导率的仪器（图 2-13）。它的测定原理是将两块平行的极板放到被测溶液中，在极板的两端加上一定的电势（通常为正弦波电压），然后测量极板间流过的电流。根据欧姆定律，当已知电极常数，并测出溶液电阻（$R$）或电导（$G$）时，即可求出电导率。

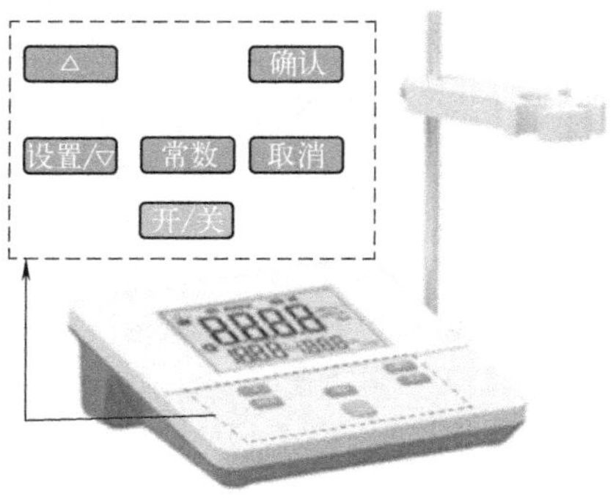

图 2-13 电导率仪示意图

（1）使用方法

① 准备工作：

a. 安装好仪器和电极；

b. 准备标准溶液如 $1408\mu S \cdot cm^{-1}$ 标液，放入 25℃恒温水浴中，控制溶液温度为 25.0℃；

c. 将电极下端的保护瓶取下，用蒸馏水清洗电极；

d. 开机。

② 设置电极常数：

a. 按“常数”键进入常数设置，继续按“常数”键，切换类型，直至显示为 1.0；按“▲”或者“▼”调整电极常数为 1.000 后，按“确认”键，保存设置；

b. 按“设置”键，通过“▲”或“▼”选择温度设置“1”，按“确认”后进入设置；

c. 通过“▲”或“▼”设置当前温度为 25.0℃，按“确认”键回到测量状态；

d. 将清洗后的电极擦干，用标准溶液润洗后放入电导率为 $C_s$ 的标液（如 $C_s$ 为 $1408\mu S \cdot cm^{-1}$ 标液）中，仪器显示当前测量的电导率值，等待读数稳定，记录当前的电导率值 $C_t$；

e. 根据常数 $k = C_s/C_t$ 的关系，计算该电导电极的电极常数，然后进入常数设置，将计算的常数输入仪器内，按“确认”键保存设置。例如：$k = 1408/1421 = 0.991$，即将常数设置为 0.991。

③ 测量：

a. 将清洗后的电极擦干，用被测溶液润洗后放入测量溶液中，同时用温度计测量溶液温度；

b. 按“设置”键，通过“▲”或“▼”选择温度设置“1”，按“确认”键后进入设置；

c. 通过“▲”或“▼”设置当前温度，按“确认”键完成温度值设置，仪器回到测量状态；

d. 待数据稳定标志满格，即可读数；

e. 仪器显示当前溶液的电导率值。

（2）电导率仪的仪器维护与注意事项

① 仪器维护与注意事项：

a. 如果仪器长期不用，请注意断开电源。

b. 仪器的电极插座须保持清洁、干燥，切忌与酸、碱、盐溶液接触。

② 电极维护与注意事项：

a. 电导电极在第一次使用前或者长时间未使用时，必须放入蒸馏水中浸泡数小时，去除电极片上面的杂质。

b. 为确保测量精度，测量前，建议用去离子水（或蒸馏水）冲洗，然后用被测溶液冲洗。

c. 为确保测量精度，可以用标准电导溶液重新校正电极常数。

d. 防止电极插头受潮，以免造成不必要的测量误差。

e. 使用完毕，将电极清洗干净，套上电极保护套后放入电极包装盒内。

### 2.3.3 分光光度计（以 MACY UV-722 为例）

分光光度计能在近紫外、可见、近红外光谱区域对样品物质作定性和定量分析而广泛应用于高校基础教学、医疗卫生、临床检验、石油化工、环境保护、冶金和电力等各大领域，是理化实验室常用的分析类仪器。MACY UV-722 型分光光度计（图 2-14）结构简单、稳定可靠、读数准确，下面以其为例进行说明。

(1) 工作环境

① 仪器应安放在干燥的房间内，使用温度为 5～35℃，相对湿度不超过 85%。

② 使用时放置在坚固平稳的工作台上，且避免强烈的震动或持续的震动。

③ 在测量过程中，尽量避免强光照射。

④ 空调和电风扇尽量不要直接对着仪器吹，避免影响仪器内部的热平衡，从而影响测量结果。

⑤ 远离高强度的磁场、电场及发生高频波的电器设备，以免受干扰。

⑥ 供给仪器的电源电压为 AC220V±22V 或 AC110V±11V，频率为 50Hz±1Hz，并装有良好的接地线，建议使用 1000W 以上的电子交流稳压器或交流稳压器，以加强仪器的抗干扰性能。

⑦ 尽量不要在具有腐蚀性气体的环境中长期使用仪器，不利于仪器的保养。

⑧ 放置仪器的房间内应保持洁净，仪器外表面也应经常保持清洁。

(2) 仪器的工作原理

分光光度计的工作原理主要是基于朗伯-比尔定律：物质对光的吸收程度与光通过的溶液厚度和溶液的浓度成正比，其数学表达式为：

$$A=\lg(I_0/I)=k\times b\times c$$

式中，$A$ 为吸光度；$I_0$ 为入射光强度；$I$ 为透射光强度；$c$ 为溶液的浓度；$b$ 为液层厚度（即光程）；$k$ 为比例常数。

朗伯-比尔定律是光度分析中定量分析的最基础、最根本的依据，也是紫外可见分光光度计的基本原理。

(3) 仪器的功能键

① T 表示透过率（transmittance）；A 表示吸光度（absorbance）；C 表示浓度（concentration）；F 表示斜率（factor）。当处于某种状态时，右边的小圆圈表示为红色。

② 显示窗口　显示当前状态下的数值。

③ 功能键：

a. MODE 键用于切换 T、A、C、F 状态。

b. 0%T 键有两种功能：

a) 在 T 状态下校 0%，用 MODE 键切换到 T 状态下，打开样品室盖，放进黑体，再盖上样品室盖，若显示器显示的不是 0.0，按此键后，应显示为 0.0。

b）数字上升键，在 F 和 C 状态下，按此键 F（C）值会自动加 1，若按住不放，自动加 1 的速度会加快，到设置的值时，按 ENTER 键确认生效。

c. 0ABS/100%T 键有两种功能：

a）在 T（A）状态下，按此键后，应显示 100.0（0.000），即在 T 状态下调 100%T，在 A 状态下调 0.000A；

b）数字下降键，在 F 和 C 状态下，按此键 F（C）值会自动减 1，若按住不放，自动减 1 的速度会加快，到设置的值时，按 ENTER 键确认生效。

d. ENTER 键有两种功能：

a）在 F 和 C 状态下具有确认功能，即设置好 F 值或 C 值后，按 ENTER 键确认生效；

b）打印功能，在 T、A 状态下，按 ENTER 键，即可打印当前数值；在 C 状态下，按 ENTER 键，即可打印当前 C 值，同时也可打印 F 值。

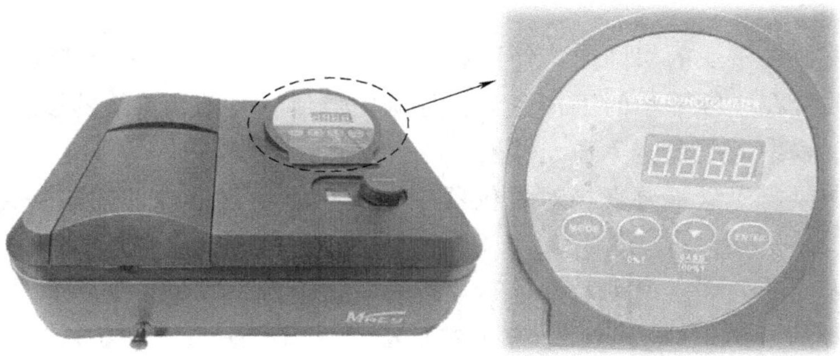

图 2-14　MACY UV-722 型分光光度计示意图

（4）仪器使用前的注意事项

① 确认仪器的使用环境是否符合仪器要求的使用环境。

② 仪器在连接电源时，应检查电源电压是否正常、接地线是否可靠，在得到确认后方可接通电源使用。

③ 在开机之前，需先确认仪器样品室内是否有物品挡在光路上，样品架是否定位好（一般是移动过样品架后需要注意的）。

④ 仪器的预热：

a. 接通电源后，最好预热 30min 后使用，这样可以确保读出的数据更可靠。

b. 若是刚开机的新仪器，预热 30min 后，在 T 或 A 状态下观察仪器是否稳定，若稳定可正常使用。一般在 T（A）状态下出现 99.9（0.001）、100.0（0.000）、100.1（−0.001）来回跳动或很小幅度的末位数字上下连续跳动，属于正常现象，因为此款仪器显示的是真值，灵敏度相对较高。

c. 若仪器出现大幅度跳动，须与厂家取得联系，确定原因或解决问题后，方可正常使用。

d. 若仪器长期未用，预热时间应相对长一些，同时在使用前，也要观察其稳定性，和上述的新仪器一样。

e. 仪器使用之前应对所用的比色皿进行配对处理，因为它能直接影响到测试结果。同时比色皿的透光表面，不能有指印或未洗净的残留痕迹。

f. 注意待测溶液的浓度是否在仪器的测量范围内，建议将溶液配制成吸光度在 0.09～

0.9 范围内，因为这样测出的数据更准确。

（5）透过率（$T$）的测定方法

① 将仪器电源线的一端插入电源插座，另一端接上仪器的插座。

② 打开仪器的开关。

③ 仪器预热 30min（一般情况下 15min 即可，若已开机数分钟，则无须预热，可直接测试）。

④ 配好溶液，将参比液和待测液分别倒入已经配对好的比色皿中。

⑤ 打开样品室盖，将 0%T 校具（黑体）放入比色槽中，同时将装有参比液和待测液的比色皿分别放进其它的比色槽中。建议将黑体放进第一个槽中，将装有参比液的比色皿放入第二个槽中（若第一个槽中不放黑体，建议将装有参比液的比色皿放入第一个槽中），盖上样品室盖。

⑥ 旋转波长旋钮设置波长，观察波长显示窗口中的波长移动，直至达到指定波长。

⑦ 按 MODE 键，切换到 T 状态下，将黑体拉（推）到光路中，按 0%T 键，直至显示 0.0。建议每次波长值改变时都要重新校 0%T。

⑧ 测透过率（$T$）：将参比液拉（推）到光路中，按 100%T 键，直至显示 100.0，再将待测液拉（推）到光路中，即可得出待测液的透过率值。

（6）吸光度（$A$）的测试方法

① 将仪器电源线的一端插入电源插座，另一端接上仪器的插座。

② 打开仪器的开关。

③ 仪器预热 30min（一般情况下 15min 即可，若已开机数分钟，则无须预热，可直接测试）。

④ 配好溶液，将参比液和待测液分别倒入已经配对好的比色皿中。

⑤ 打开样品室盖，将 0%T 校具（黑体）放入比色槽中，同时将装有参比液和待测液的比色皿分别放进其它的比色槽中。建议将黑体放进第一个槽中，将装有参比液的比色皿放入第二个槽中（若第一个槽中不放黑体，建议将装有参比液的比色皿放入第一个槽中），盖上样品室盖。

⑥ 旋转波长旋钮设置波长，观察波长显示窗口中的波长移动，直至指定波长。

⑦ 按 MODE 键，切换到 T 状态下，将黑体拉（推）到光路中，按 0%T 键，直至显示 0.0。建议每次波长数值改变时都要重新校正 0%T。

⑧ 测吸光度（$A$）：再按 MODE 键切换到 A 状态下，将参比液拉（推）到光路中，按 0ABS/100%T 键，直至显示 0.000，再将待测液拉（推）到光路中，即可得出待测液的吸光度。

注意事项：校 0% T 与调 0.000A 是完全不同的两回事，校 0%T 是用来校准仪器的暗电流，在暗电流有漂移的情况下，用校 0%T 的方式将暗电流重新置 0.0，以避免影响测试结果；调 0.000A（相当于调 100%T）是针对参比液的，实际上就是扣除配制溶液（即参比液）的吸光度，以方便测出溶于配制溶液的待测物质的真实吸光度。

## 2.3.4　伏特计和稳压器

伏特计是实验室测量电路两端电压的设备，图 2-15 展示了实验室使用的一种伏特计模型。它有两个量程：一个最大可以测量到 3V，另一个可以测量到 15V。两个量程共用一个

“－”接线柱。使用前先检查指针是否对准零位，如有偏移，可调节机械零位调节器，使指针指向零位。在读取数据时，要先确认所用伏特计的量程，然后根据量程确认刻度盘上每个大格和每个小格表示的电压值。

注意：

① 被测电压不能超过伏特计的最大测量值，若事先不知被测电压的值，可先选用大的量程档即 15V 档；

② 如实测电压不超过 3V 时，为提高读数的准确性，可改用小的量程档即 3V 档进行测量；

③“＋”、“－”接线柱的接法要正确，连接伏特计时，必须使电流从“＋”接线柱流入伏特计，若反接，指针偏向负值。

直流稳压器是将交流电转化为直流电的一种仪器，如图 2-16 所示。电解时应在直流稳压电流下进行，“＋”“－”接线柱应与电解池的“＋”“－”极对接，根据电解时反应的快慢调节电压大小。绝对不能将稳压器的“＋”“－”相接，这样容易烧坏稳压器。

注意：

① 使用中发生异常噪声、气味、烟雾时，应立即切断电源，停止使用，检查原因；

② 应避免撞击和震动，以防损坏内部结构；

③ 附近不能有强大的磁场存在，以免损坏测量机器构造，影响读数。

图 2-15　伏特计示意图

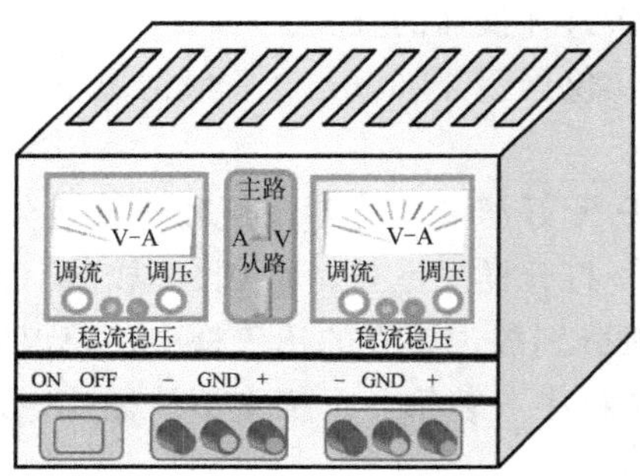

图 2-16　直流稳压器示意图

## 2.3.5　光学显微镜

光学显微镜（图 2-17）可以将物体放大，使人类看到之前肉眼看不到的细小微粒。使用时需对光源进行镜检（不能阳光直射）。镜检时采取端正的姿势，左眼观察标本，同时左手调节焦距，使物象清晰并移动标本视野，右手加以记录。镜检完成后对光，用拇指和中指移动旋转器，使低倍镜对准镜台的通光孔。打开光圈，上升集光器，并将反光镜转向光源，以左眼在目镜上观察（右眼睁开），同时调节反光镜方向，直到视野内的光线均匀明亮为止。在镜台上放置玻片标本，用推片器弹簧夹夹住，然

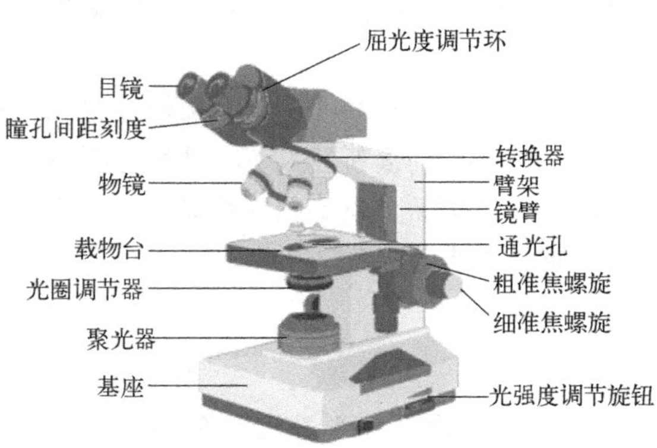

图 2-17　光学显微镜示意图

后旋转推片器螺旋，将所要观察的部位调到通光孔的正中。调节焦距，以左手按逆时针方向转动粗调节器，使镜台缓慢地上升至物镜距标本片约 5mm 处，应注意在上升镜台时，切勿在目镜上观察。一定要从右侧看着镜台上升，以免上升过多，造成镜头或标本片的损坏。然后，两眼同时睁开，用左眼在目镜上观察，左手顺时针方向缓慢转动粗调节器，使镜台缓慢下降，直到视野中出现清晰的物像为止。

## 2.4 化学基础实验基本操作

### 2.4.1 化学试剂的分类、保存及取用

试剂的纯度在很大程度上会影响实验结果，不同实验对试剂纯度的要求也不同。根据国际纯粹与应用化学联合会（IUPAC）规定，化学试剂可分为 A、B、C、D、E 等 5 个不同的等级，其中 A 级和 B 级分别为原子量标准和与 A 级接近的基准物质，C 级和 D 级则为含量为 100%±0.02%或 100%±0.05%的标准试剂，而 E 级一般为相当于 C 级或 D 级标准的试剂。

化学试剂按照杂质含量的多少也可分为不同的等级，表 2-2 总结了我国化学试剂等级标志、对应的标签颜色和符号以及适用范围。此外，还存在符合不同标准的特殊试剂，其包装上一般会注明对应标签，例如写有 HG（化学工业标准）和 HGB（化工部暂行标准）等。按照用途不同，有时也会存在用于色谱或光谱分析的色谱纯或光谱纯试剂。在化学实验中所选试剂的级别并非越高越好，要和所用的方法和实验的目的相匹配。

表 2-2 化学试剂等级对照表

| 级别 | 名称 | 标签颜色 | 符号 | 适用范围 |
|---|---|---|---|---|
| — | 基准试剂 | 绿色 | PT | 制备标准溶液 |
| 一级 | 优级纯 | 绿色 | GR | 用于精准分析和研究 |
| 二级 | 分析纯 | 红色 | AR | 化学实验 |
| 三级 | 化学纯 | 蓝色 | CP | 合成实验 |
| 四级 | 实验纯 | 黄色 | LR | 一般化学实验 |
| 生化 | 生化试剂 | 咖啡色 | BR | 生物化学实验 |

试剂的保存或保管方法要视具体情况而定。一般来说，固体试剂应保存在广口瓶内，而液体试剂应保存在细口瓶或滴瓶内。易相互发生反应的试剂需分开存放。易燃、易爆和易挥发的试剂应低温保存，放在不受阳光直射、带有通风设备的地方。见光易分解的试剂应保存在棕色瓶中并置于阴暗处。易腐蚀玻璃的试剂应保存在塑料瓶中，盛碱液的试剂瓶应使用木头塞或者橡胶塞防止粘连。

取化学试剂前，要先注意试剂瓶上的标签是否完好，无标签的试剂不能随意取用。取用试剂时需注意“安全”“不污染试剂”和“节约”这三个原则。取试剂时需要了解试剂的理化性质，并做好一定的防护措施。为防止药品污染，取下的试剂瓶盖或瓶塞应倒放在桌上，多倒出的液体或固体试剂不能再倒回原试剂瓶中。为避免浪费，多取的试剂可以收集在专门的容器内供他人使用。取用后，要将试剂瓶盖或瓶塞盖严并放回原处。遵照这些原则，可按以下方法取用液体试剂和固体试剂。

（1）液体试剂的取用

从滴瓶中取用液体试剂时，应保持滴管垂直，不可倾斜或倒立以防试剂流入滴管橡胶帽

内而污染试剂。先提起滴管至液面外，用手捏橡胶帽排气后，再将滴管伸入液体中取液。滴加液体时，应在容器口上方将试剂滴入，滴管口应垂直距离容器 1～2cm，尖端不可接触容器内壁，也不能把滴管放在原滴瓶以外的任何地方，以免滴管在放回时污染滴瓶中的试剂。如需取出较多试剂，可直接从滴瓶倾倒。先将滴管内的液体排出，然后将滴管夹持在食指和中指之间，倒出所需试剂。

用倾注法取用液体试剂时，右手握住瓶子，使试剂瓶标签对准手心（有双面标签的试剂瓶，则应手握标签处），以免试剂流到标签上。瓶口紧靠容器上沿，让液体沿容器内壁流下。可使用玻璃棒引流将所需试剂导入容器，避免遗留在瓶口的试剂流到试剂瓶的外壁。万一试剂流到瓶外，务必立即擦干净。自用滴管不能直接取用试剂瓶中的试剂，以防试剂污染，可将试剂瓶中液体试剂倒入小试管中，再用自用滴管进行取用。

（2）固体试剂的使用

要用干净的药匙取固体试剂，用过的药匙要洗净擦干后才能再用。如果只取少量的粉末试剂，使用药匙末端的小凹处挑取。

如果要将粉末试剂放进小口容器底部，避免容器其余内壁沾有试剂，需使用干燥的容器或者先将试剂放在平滑干净的纸片上，再将纸片卷成小筒，送进平放的容器中，然后竖立容器用手轻弹纸卷，让试剂全部落下（注意：纸条不能重复使用）。

取用粒状固体或其它坚硬且密度较大的固体时，应将容器斜放，然后慢慢竖立容器，使固体沿着容器内壁滑到底部，以免击破容器底部。

## 2.4.2 溶液的配制

在化学实验中，常常需要配制各种溶液来满足不同实验的要求。如果实验对溶液浓度的准确性要求不高，一般利用托盘天平、量筒、带刻度的烧杯等低准确度的仪器配制就能满足需要。如果实验对溶液浓度的准确性要求较高，如定量分析实验，就必须使用电子分析天平、移液管、容量瓶等高准确度的仪器来配制溶液。对于易水解的物质，在配制溶液时还要考虑先以相应的酸溶解易水解的物质，再加水稀释。无论是粗配还是准确配制一定体积、一定浓度的溶液，首先要计算所需试剂的用量，包括固体试剂的质量或液体试剂的体积，然后再进行配制。溶液配制方法通过实验 2 和实验 3 进行详细说明。

## 2.4.3 固体与液体分离的方法

溶液与沉淀分离的方法主要包括倾析法、过滤法和离心分离法。

（1）倾析法

图 2-18 倾析法

当沉淀的密度较大或结晶的颗粒较大时，静置后沉降至容器底部后，小心地将上层清液沿玻璃棒倾入另一容器中（图 2-18），然后往盛有沉淀的容器内加入少量洗涤液（如蒸馏水），充分搅拌后，静置、沉降，倾去洗涤液，如此重复操作几次即可。

（2）过滤法

常用的过滤方法如下。

① 常压过滤　按图 2-19 将滤纸折叠好放在漏斗中，按照一贴（滤纸紧贴漏斗内壁）、二低（滤纸边缘比漏斗口稍低，液面比滤纸

边缘稍低)、三靠(玻璃棒靠在有三层滤纸的一边，烧杯靠在玻璃棒上，漏斗的下端靠在烧杯内壁上)进行过滤。

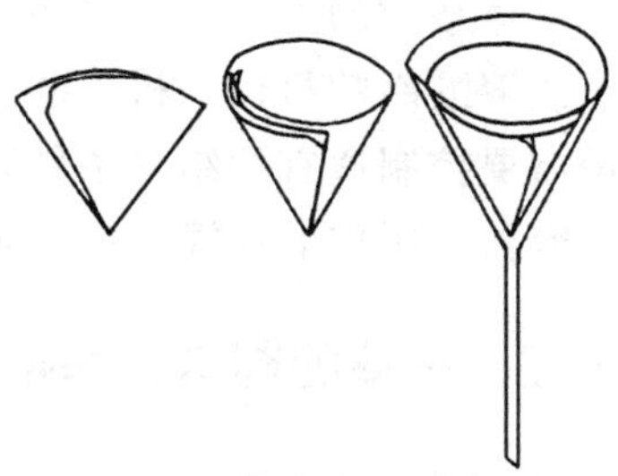

图 2-19　滤纸的折叠及放置方法

常压过滤时需注意：a. 过滤时，先用清液润湿滤纸，然后将沉淀转移到滤纸上，溶液及沉淀顺着玻璃棒流入漏斗；b. 如果需要洗涤沉淀，等溶液转移完后，向盛沉淀的容器中加入少量洗涤剂，充分搅拌，静置，待沉淀下沉后，再把上层清液倾至漏斗中。洗涤时，先冲洗滤纸上方，然后螺旋向下移动，遵照“少量多次”原则，以提高洗涤效率。

② 减压过滤　又称吸滤法过滤(或称抽吸过滤，简称抽滤)，减压过滤用的仪器装置如图 2-5 (b)。减压过滤所用的滤纸应比布氏漏斗的内径略小，以将瓷孔全部盖没为准，用少量蒸馏水润湿滤纸，将漏斗装在吸滤瓶上，使漏斗颈部的斜口对着吸滤瓶支管，开启水泵，减压，使滤纸贴紧，再将溶液沿着玻璃棒倒入漏斗中，加入溶液的量不要超过容积的 2/3，等溶液全部流完后，将沉淀转移至漏斗中，洗涤方法与常压过滤相同。过滤完毕后，先拔掉连接吸滤瓶的橡胶管，后关水泵。取下布氏漏斗倒扣在表面皿上，轻轻拍打漏斗，以取下滤纸和沉淀。

③ 热过滤　有些溶质在温度下降时很容易析出，而留在滤纸上，这时就需要趁热过滤。

(3) 离心分离法

离心分离法主要用于沉淀量较少的情况，常与电动离心机配套使用，详见本章 2.1.4 部分。

## 2.4.4　加热及冷却

在室温下难以进行或进行很慢的化学反应，常需要采用加热的方法加快其反应速率。一般温度每升高 10℃，反应速率增加约 2 倍。在本章 2.1.3 部分已经介绍了实验室中常用的热源及其使用方法。

对于放热的化学反应、反应中间体在室温下不够稳定的化学反应，都必须在低温下进行。通过冷却可延缓反应的进行，把反应温度控制在一定的范围内。另外，重结晶时使固体溶质析出、蒸馏时使蒸气冷凝都需要进行冷却操作。

冷却可采用空气冷却，冷水、冰水、冰-盐混合物、干冰、液氮等媒介进行热交换达到目的。水和碎冰的混合物是实验室中一种较好的冷却剂，常用于须在低于室温时进行的反应，其冷却效果比单用冰块好。如果化学反应要求在 0℃以下进行操作，常用碎冰和无机盐以不同比例混合作为冷却剂。制备冰-盐冷却剂时，应把盐研细，然后与碎冰均匀混合。

## 2.4.5　重结晶

结晶是提纯固态物质的重要方法之一。

① 蒸发法　主要用于溶解度随温度改变而变化不大的物质(如氯化钠)，通过蒸发或汽化减少一部分溶剂使溶液达到过饱和而析出晶体。

② 冷却法　主要用于溶解度随温度下降而明显减小的物质(如硝酸钾)，通过降低温度使溶液冷却达到过饱和而析出晶体。

晶体颗粒的大小与结晶条件有关，如果溶质的溶解度小或溶液的浓度高或溶剂的蒸发速度快或溶液冷却得快，析出的晶粒就细小；反之，就可得到较大的晶体颗粒。实际操作中常根据需要控制适宜的结晶条件以得到大小合适的晶体颗粒。当溶液发生过饱和现象时，可以振荡容器，用玻璃棒搅动或轻轻地摩擦器壁或投入几粒晶体（晶种）促使晶体析出。

## 2.4.6 气体的制备、净化与收集

（1）气体的发生

实验室常用气体主要包括 $N_2$、$O_2$、$CO_2$、$H_2$、$H_2S$、$SO_2$、$NH_3$、HCl、$NO_2$ 和 NO 等。按照类型的不同，可将气体的制备方法总结如表 2-3 所示。

表 2-3　气体的制备方法

| 气体制备的方法 | 实验装置图 | 适用气体 | 注意事项 |
| --- | --- | --- | --- |
| 加热试管中的固体制备气体 | 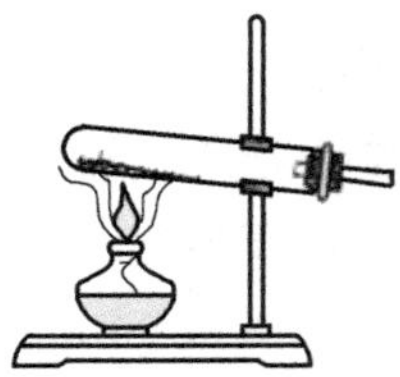 | $O_2$、$NH_3$、$N_2$、NO 等 | ①固体试剂加热；<br>②试管口向下倾斜 15°；<br>③检查气密性 |
| 利用启普气体发生器制备气体 | 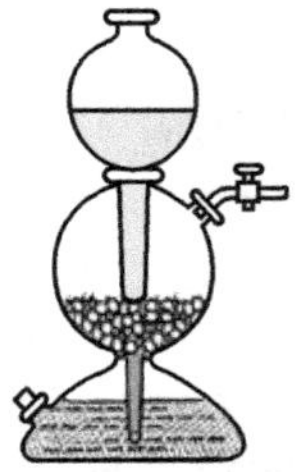 | $H_2$、$CO_2$、$H_2S$ 等 | ①启普气体发生器不能加热；<br>②装在发生器内的固体必须颗粒较大或为块状；<br>③检查气密性；<br>④更换废液或废渣时必须按操作规则进行 |
| 利用蒸馏烧瓶和分液漏斗制备气体 | 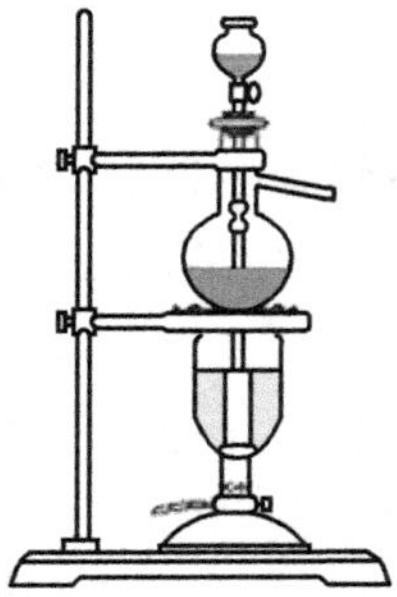 | CO、$SO_2$、$Cl_2$、HCl 等 | ①分液漏斗管应插入液体(1 个小试管)内，否则漏斗中液体不易流下；<br>②必要时可加热；<br>③必要时可加回流装置 |
| 从钢瓶直接获得气体 |  | $N_2$、$O_2$、$H_2$、$NH_3$、$CO_2$、$Cl_2$、$C_2H_4$ 等 | ①钢瓶应存放在阴凉、干燥、远离热源的地方；<br>②绝对不可使油或其它易燃物、有机物沾在钢瓶上；<br>③使用钢瓶中的气体时，要用减压阀；<br>④钢瓶内的气体绝对不能用完，一定要保留 0.05MPa 以上的残留压力(表压) |

(2) 气体的收集

气体的收集方法总结如表 2-4 所示。

**表 2-4　气体的收集方法**

<table>
<tr><th colspan="2">收集方法</th><th>实验装置</th><th>适宜气体</th><th>注意事项</th></tr>
<tr><td colspan="2">排水集气法</td><td>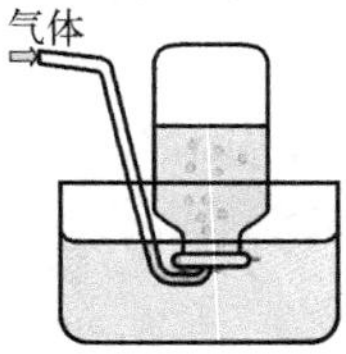</td><td>难溶于水的气体，如 $H_2$、$O_2$、$N_2$、NO、CO、$CH_4$、$C_2H_4$、$C_2H_2$</td><td>①集气瓶装满水，不留气泡；<br>②停止收集时，应先拔出导管(或移走水槽)后，再停止加热</td></tr>
<tr><td rowspan="2">排气集气法</td><td>向上排气法</td><td>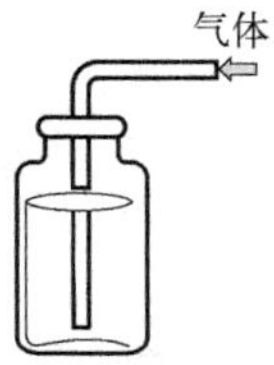</td><td>易溶于水，密度比空气大的气体，如 $SO_2$、$Cl_2$、HCl、$CO_2$ 等</td><td rowspan="2">①集气导管应尽量接近集气瓶底；<br>②密度与空气接近或在空气中易氧化的气体不宜用排气法，如 CO 等</td></tr>
<tr><td>向下排气法</td><td>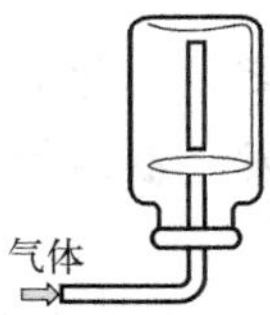</td><td>易溶于水，密度比空气小的气体，如 $NH_3$</td></tr>
</table>

(3) 气体的干燥

实验室制备的气体常常带有酸雾和水汽。为了得到比较纯净的气体，酸雾可用水除去；水汽可用浓硫酸、无水氯化钙或硅胶吸收。一般情况下使用洗气瓶（图 2-20）、干燥塔（图 2-21）、U 形管（图 2-22）或干燥管（图 2-23）等仪器进行净化或干燥。液体（如水、浓硫酸等）装在洗气瓶内；无水氯化钙或硅胶装在干燥塔或 U 形管内；玻璃棉装在 U 形管或干燥管内。

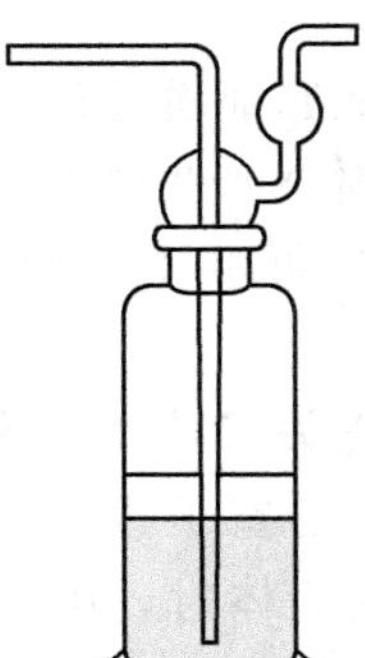

图 2-20　洗气瓶

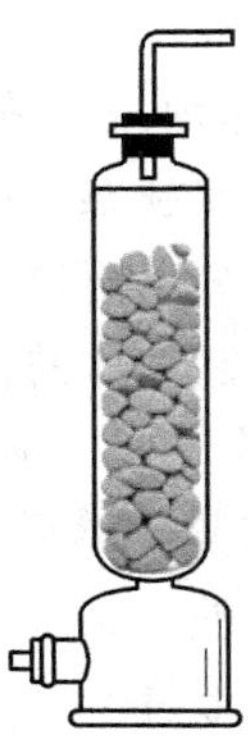

图 2-21　干燥塔

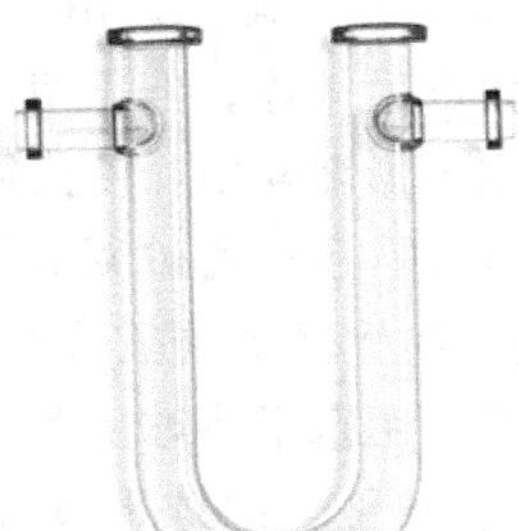

图 2-22　U 形管

图 2-23　干燥管

由于制备气体的反应物中常含有硫、砷等杂质，所以在气体发生过程中常夹杂有硫化氢、砷化氢等气体。硫化氢、砷化氢和酸雾可通过高锰酸钾溶液、醋酸铅溶液或硫酸铜溶液、碳酸氢钠溶液除去，再通过装有无水氯化钙的干燥管进行干燥。

不同性质的气体应根据具体情况，分别采用不同的洗涤剂和干燥剂进行处理。

(4) 启普气体发生器的构造、原理和使用注意事项

启普气体发生器是由一个葫芦状的玻璃容器和一个球形漏斗组成的（图 2-24）。葫芦状的容器由球体和半球体构成，底部有一液体出口，用塞子塞紧。球体的上部有一气体出口，与带有玻璃旋塞的导气管相连（图 2-25）。

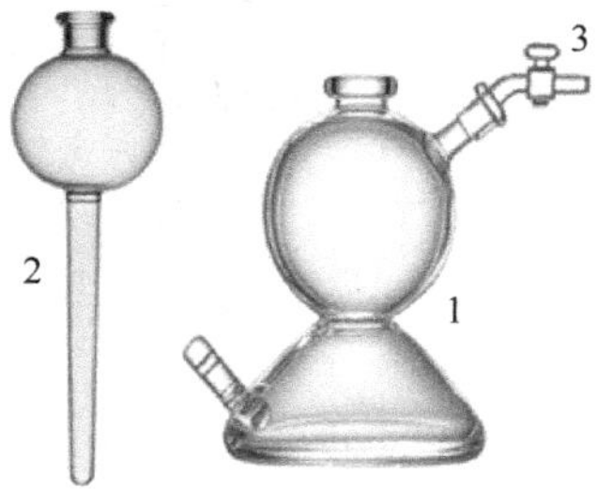


图 2-24 启普气体发生器构造图

1—葫芦状的容器；2—球形漏斗；3—旋塞导管

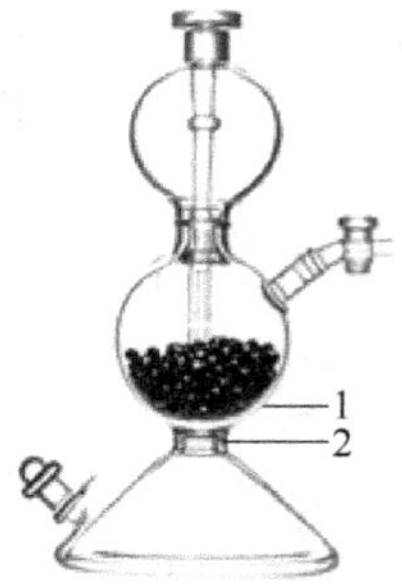


图 2-25 启普气体发生器装置图

1—固体药品；2—玻璃棉（或橡胶垫圈）

移动启普气体发生器时，应用两手握住球体下部，切勿只握住球形漏斗，以免葫芦状的容器落下而打碎。启普气体发生器不能加热，装在发生器内的必须是块状或颗粒较大的固体试剂。

① 装配　在球形漏斗颈和玻璃旋塞磨口处涂一薄层凡士林油，插好球形漏斗和玻璃旋塞，转动几次，使装配严密。

② 检查气密性　开启旋塞，从球形漏斗口注水至充满半球体时，关闭旋塞。继续加水，待水从漏斗管上升到漏斗球体内，停止加水。在水面处做一个记号，静置片刻，如水面不下降，证明不漏气，可以使用。

③ 加试剂　在葫芦状容器的球体下部先垫上玻璃棉（或橡胶垫圈），然后由气体出口加入固体药品，再从球形漏斗加入适量酸。加入固体的量不宜过多，以不超过中间球体的 1/3 为宜，否则固液反应激烈，酸液很容易被气体从导管带出。玻璃棉（或橡胶垫圈）的作用是避免固体掉入半球体底部。

④ 产生气体　使用时，打开旋塞，由于中间球体内压力降低，酸即从底部通过狭缝进入中间球体与固体接触而产生气体。停止使用时，关闭旋塞，由于中间球体内产生的气体压力增大，会将酸液压回到球形漏斗中，使固体与酸液分离而停止反应。下次再用时，只要打开旋塞即可，使用非常方便，还可通过调节旋塞来控制气体的流速。

⑤ 添加或更换试剂　发生器中的酸液长久使用会变稀。换酸时，可先关闭导气管的活塞，待酸液与固体分离后，用塞子将球形漏斗上口塞紧，然后将液体出口的塞子拔下，让废酸缓缓流出后，再塞紧塞子，向球形漏斗中加入酸。需要更换或添加固体时，可先将导气管旋塞关好，让酸压入半球体后，用塞子将球形漏斗上口塞紧，从气体出口更换或添加固体。

实验结束后，将废液倒入废液缸内，剩余固体倒出洗净回收。仪器洗涤后，在球形漏斗与球形容器连接处以及在液体出口和玻璃塞之间垫上纸条，以免时间过久，磨口黏结而拔不出来。

# 实验 1　试剂的认领、洗涤与干燥

## 一、实验目的

1. 领取无机化学实验常用仪器，熟悉其名称、规格及使用注意事项。
2. 学习常用仪器的洗涤和干燥方法。

## 二、实验内容

### （一）仪器的认领

认识和正确选择并使用仪器开展实验是培养学生实践能力的基本要求。请按照无机化学实验仪器清单（表 2-5）中的仪器数量、规格逐个领取仪器（根据实际情况可适当调整）。

表 2-5　无机化学实验仪器清单

| 仪器名称 | 规格 | 数量 | 仪器名称 | 规格 | 数量 |
|---|---|---|---|---|---|
| 烧杯 | 500mL | 1 | 药品箱 | 个 | 1 |
| | 250mL | 1 | 比色管 | 5mL | 3 |
| | 100mL | 2 | 表面皿 | 6cm | 1 |
| | 50mL | 2 | 蒸发皿 | 100mL | 1 |
| 容量瓶 | 100mL | 1 | 坩埚 | 30mL | 1 |
| 洗瓶 | 250mL | 1 | 玻璃棒 | 小 | 1 |
| 锥形瓶 | 100mL | 1 | 井穴板 | 6 孔 | 1 |
| | 50mL | 2 | | 9 孔 | 2 |
| 硬质试管 | $\phi$10mm×150mm | 2 | 酒精灯 | 150mL | 1 |
| 离心试管 | 10mL | 10 | 微量滴头 | — | 2 |
| 微型试管 | $\phi$12mm×100mm | 6 | 多用滴管 | — | 4 |
| 量筒 | 50mL | 1 | 洗耳球 | 中号 | 1 |
| | 25mL | 1 | 试管夹 | 木制 | 1 |
| | 10mL | 1 | 试管架 | 30 孔 | 1 |
| 石棉网 | 中号 | 1 | 微型试管刷 | — | 1 |
| 镊子 | 15cm | 1 | 玻璃漏斗 | 4cm | 1 |
| 三脚架 | 小 | 1 | 布氏漏斗 | 6cm | 1 |
| 泥三角 | 小 | 1 | 抽滤瓶 | 100mL | 1 |
| 移液管 | 10mL | 1 | | | |

### （二）仪器的洗涤

玻璃仪器的洗涤方法很多，应根据实验的要求以及污染物的性质选用不同的洗涤方法，参见本章 2.1.2 部分。简单清洗的玻璃仪器壁上往往会残留一些去离子水，其中可能存在 $Ca^{2+}$、$Mg^{2+}$、$Cl^-$ 和 $Na^+$ 等离子，如果实验中不允许这些离子的存在，应遵循少量多次的原则，再用去离子水润洗 2～3 遍，达到去除附着杂质的目的。

选择合适的方法将领到的玻璃仪器洗涤干净，抽取 2～3 件交由教师检查，再将洗净的仪器合理放入仪器柜内。

（三）仪器的干燥

玻璃仪器的干燥方法也有很多，应根据实际情况参见本章 2.1.2 部分选用最为合适的干燥方法。

## 三、注意事项

1. 洗净的仪器不能再用布或纸进行擦拭，防止残留的纤维污染仪器。
2. 刷洗时需要注意力度，不能一手同时握住多个试管。
3. 若需使用王水，必须现配现用。
4. 铬酸洗液常放置在通风橱，用后需加以回收。

## 四、实验习题

1. 什么情况下需要用到铬酸洗液？请结合其组成和原理进行回答。
2. 对试管进行烤干操作时为何需要让管口略微向下倾斜？
3. 哪类仪器不能使用加热的方法进行干燥？请举 1～2 个例子加以说明。
4. 请根据学习的内容，画出主要仪器的平视图和立体图。

## 五、知识拓展——科学家精神

王大珩院士（1915 年 2 月 26 日—2011 年 7 月 21 日）是中国现代光学的奠基人之一，被誉为“中国光学之父”。他出生于日本东京，原籍江苏吴县（今苏州市吴中区），1936 年毕业于清华大学物理系，后赴英国留学。1948 年回国后，他投身于新中国光学事业的创建与发展。1952 年，他参与创办了中国科学院仪器馆（现长春光学精密机械研究所），并担任首任所长，为中国光学研究和仪器制造奠定了坚实基础。王大珩院士的贡献涵盖多个领域。他领导研制了中国第一台激光器、第一台电子显微镜等高精度光学设备，填补了当时的国内空白。在国防和航天领域，他参与了中国第一颗原子弹、氢弹试验的光学测量工作，并为卫星遥感技术的发展提供了重要支持。此外，他还积极推动国家科技政策的制定，倡导“863 计划”，为中国高科技领域的快速发展指明了方向。王大珩院士不仅是一位杰出的科学家，也是一位卓越的教育家。他培养了大批光学领域的人才，为中国光学事业的持续发展注入了活力。他的精神和成就将永远激励后人，为中国科技事业的进步贡献力量。

# 实验 2　$Na_2CO_3$ 标准溶液的配制

## 一、实验目的

1. 了解电子分析天平的基本构造、正确使用和称量方法。
2. 掌握电子分析天平的使用规则。
3. 初步掌握溶液的配制（以 $Na_2CO_3$ 标准溶液为例）。
4. 掌握有关浓度的计算，练习容量瓶的使用，掌握有效数字的概念。

## 二、实验原理

由固体试剂配制物质的量浓度的溶液时，先需要计算所要称量的固体试剂用量：

$$m_{溶质}=cVM_r$$

式中，$c$ 为所需配制溶液的物质的量浓度，$mol \cdot L^{-1}$；$V$ 为溶液体积，L；$M_r$ 为所要称量的固体试剂的摩尔质量，$g \cdot mol^{-1}$。在电子分析天平准确称量出试剂的质量后，将其放在烧杯中加入适量溶剂缓慢溶解，然后转移到容量瓶（容积与所计算体积一致）中定容。

## 三、实验仪器与试剂

仪器与材料：电子分析天平、称量瓶、烧杯（50mL）、容量瓶（100mL）、滴管、玻璃棒、标签纸。

试剂：无水 $Na_2CO_3(s)$。

## 四、实验内容

配制 100mL 约 $0.01mol \cdot L^{-1}$ 碳酸钠标准溶液：

(1) 计算并采用减量称量法称量配制 100mL $0.01mol \cdot L^{-1} Na_2CO_3$ 标准溶液所需无水碳酸钠的质量 $m$。

(2) 按照本章 2.2.1 部分减量称量法的操作，用电子分析天平准确称量 0.1040～0.1080g 无水碳酸钠于 50mL 烧杯中。

(3) 用适量蒸馏水溶解，并转入 100mL 容量瓶中，再用蒸馏水洗涤烧杯三次，洗液转入容量瓶，最后定容，摇匀。

(4) 转入试剂瓶中，计算其准确浓度，贴上标签备用。

## 五、实验习题

1. 在什么情况下需用直接法称量？什么情况下则需用减量称量法？

2. 减量称量法成功的关键是什么？用减量称量法称取试样时，若称量瓶内的试样吸湿，将对称量结果造成什么误差？若试样倾倒入烧杯后再吸湿，对称量结果是否有影响？

3. 用容量瓶配制溶液时，容量瓶是否需要干燥？

## 六、知识拓展——科学家精神

黄子卿院士（1900 年 1 月 2 日—1982 年 7 月 23 日）是中国物理化学的奠基人之一，他出生于广东梅县，1921 年毕业于清华学堂（清华大学前身），后赴美国留学，先后在威斯康星大学、康奈尔大学和麻省理工学院深造，获博士学位。1927 年回国后，他致力于中国物理化学学科的建设与发展。黄子卿院士的主要研究领域包括溶液理论、热力学和电化学。他在溶液理论方面的研究尤为突出，为电解质溶液理论的发展做出了重要贡献。他的研究成果不仅填补了当时国内空白，还得到了国际学术界的广泛认可。此外，他还编写了《物理化学》等经典教材，为中国物理化学教育奠定了基础。黄子卿院士在教育和科研领域都做出了卓越贡献。他长期担任清华大学教授，培养了大批物理化学领域的优秀人才。他的学生和同事在中国化学研究和工业发展中发挥了重要作用。黄子卿院士的一生为中国物理化学学科的发展和国家科技进步做出了不可磨灭的贡献。

# 实验 3 试剂的取用及溶液的配制

## 一、实验目的

1. 掌握一般溶液的配制方法和基本操作。
2. 掌握有关浓度的计算方法。
3. 练习量筒、移液管、吸量管和容量瓶的使用。
4. 配制几份备用溶液。

## 二、实验原理

(1) 用高浓度溶液配制一定物质的量浓度的溶液时，先需要计算所要取用的液体试剂用量，根据稀释前后溶质的物质的量不变（稀释定律）有：

$$c_{原} V_{原} = c_{新} V_{新}$$

式中，$c_{原}$和$c_{新}$是稀释前后溶液的物质的量浓度，$mol \cdot L^{-1}$；$V_{原}$和$V_{新}$为需要取用的溶液体积和稀释后的溶液体积，L。

(2) 用已知质量分数（$w$）的浓溶液配制一定物质的量浓度的溶液时，先需要利用质量分数和密度（$\rho$）算出其浓度，根据稀释前后溶质的质量不变有：

$$m = \rho V_{原} w = c_{新} V_{新} M_r$$

$$V_{原} = \frac{c_{新} V_{新} M_r}{\rho w}$$

式中，$c_{新}$是稀释后溶液的物质的量浓度，$mol \cdot L^{-1}$；$V_{原}$和$V_{新}$为需要取用的溶液体积和稀释后的溶液体积，L；$M_r$为所要称量的固体试剂的摩尔质量，$g \cdot mol^{-1}$。

## 三、实验仪器与试剂

仪器与材料：台秤、量筒（25mL、10mL）、烧杯（50mL，2 个）、吸量管（10mL）、洗耳球、容量瓶（100mL）、滴管、玻璃棒、标签纸、试剂瓶。

试剂：HCl（浓）、$H_2SO_4$（浓）、HAc 标准溶液（约 $0.1mol \cdot L^{-1}$）、醋酸（36%）、NaOH（s）。

## 四、实验内容

### （一）一般溶液的粗略配制

**1. 配制 20mL $6mol \cdot L^{-1}$ $H_2SO_4$**

(1) 计算配制 20mL $6mol \cdot L^{-1}$ $H_2SO_4$ 溶液所需浓 $H_2SO_4$（$\rho = 1.84g \cdot cm^{-3}$，$w = 98\%$）的用量 $V$。

(2) 用量筒量取一定量的蒸馏水倒入 50mL 烧杯中，再将所需取用的浓 $H_2SO_4$ 在不断搅拌下分次缓慢地加入水中，以防因溶液局部过热而使容器炸裂，混匀。

(3) 待溶液冷却后转移至试剂瓶中，贴上标签备用。

(4) 测 6mol・$L^{-1}$ $H_2SO_4$ 溶液的密度。

**2. 配制 20mL 6mol・$L^{-1}$ NaOH 溶液**

(1) 计算所需 NaOH 固体的质量 $m$。

(2) 在 50mL 的烧杯中用台秤快速称取所需 NaOH 后，加 20mL 蒸馏水，搅拌使固体完全溶解。

(3) 待溶液冷却后转入试剂瓶中，贴上标签备用。

**3. 配制 20mL 6mol・$L^{-1}$ 的 HCl 溶液**

(1) 计算配制 20mL 6mol・$L^{-1}$ 溶液所需浓 HCl 的用量 $V$。

(2) 用量筒量取一定量的蒸馏水倒入 50mL 烧杯中，在通风柜中将所取浓 HCl 在不断搅拌下加入水中，混匀。

(3) 待溶液冷却后转移至试剂瓶中，贴上标签备用。

**（二） HAc 标准溶液的配制**

用约 0.1mol・$L^{-1}$ HAc 标准溶液配制 100mL 约 0.01mol・$L^{-1}$ HAc 标准溶液：

(1) 计算配制 100mL 0.01mol・$L^{-1}$ HAc 标准溶液所需 0.1mol・$L^{-1}$ HAc 标准溶液的用量 $V$。

(2) 用吸量管移取所需 0.1mol・$L^{-1}$ HAc 标准溶液至 100mL 容量瓶里，用蒸馏水稀释至刻度，定容，摇匀。

(3) 转入试剂瓶中，计算其准确浓度，贴上标签备用。

**（三）缓冲溶液的配制**

配制 20mL 盐的浓度控制在 1mol・$L^{-1}$，pH=4.8 的缓冲溶液：

(1) 选择 $pK_a$ 值与 4.8 相接近的弱酸 HAc 及其盐 NaAc，并计算所需用量 $V$ 和 $m$。

(2) 在台秤上于 50mL 的烧杯中称取所需 NaAc，加入约 10mL 的蒸馏水，不断搅拌溶解后缓慢加入 36% 醋酸。

(3) 待溶液冷却后，加蒸馏水稀释至刻度，混匀，转入试剂瓶中，贴上标签备用。

## 五、注意事项

1. 用浓硫酸配制稀硫酸时注意，将浓硫酸缓慢加入水中，边加边搅拌。千万不能将水加至浓硫酸中，否则会因强放热而使溶液沸腾，造成酸液喷溅。

2. 使用移液管移取溶液时应先用蒸馏水润洗移液管，再用待取溶液润洗移液管。

3. 在配制标准溶液时，一定要用容量瓶和电子分析天平；在配制一般浓度溶液时，可以直接用量筒和台秤。

4. NaOH 需快速称取，以防其吸收空气中的水发生潮解或吸收空气中的 $CO_2$ 而变质。

## 六、实验习题

1. 用浓 $H_2SO_4$ 配制稀 $H_2SO_4$ 溶液的过程中应注意哪些问题？

2. 配制标准溶液时能否用量筒量取 0.1mol・$L^{-1}$ HAc 标准溶液？

3. 怎样洗涤吸量管？洗净后的吸量管在移取溶液前为什么还要用待吸取的溶液来洗涤？

### 七、知识拓展——科学家精神

徐光宪院士（1920 年 11 月 7 日—2015 年 4 月 28 日），浙江省上虞县（今绍兴市上虞区）人，物理化学家、无机化学家、教育家，2008 年度“国家最高科学技术奖”获得者，被誉为“中国稀土之父”“稀土界的袁隆平”。他长期从事物理化学和无机化学的教学和研究，涉及量子化学、化学键理论、配位化学、萃取化学、核燃料化学和稀土科学等领域。他在稀土分离与提纯领域取得突破性成果，提出的“串级萃取理论”解决了稀土工业中的关键技术难题，使中国从稀土资源大国转变为生产强国，推动了全球稀土产业格局的重塑。他带领团队研发的工艺技术成本低、效率高，为中国稀土工业赢得国际竞争优势。徐光宪院士秉持“立足基础研究，面向国家目标”的理念，将论文写在祖国大地上，诠释了科学家淡泊名利、严谨治学的精神。

## 实验 4　二氧化碳相对分子质量的测定

### 一、实验目的

1. 学习相对密度法测定气体相对分子质量的原理和方法。
2. 加深理解理想气体状态方程和阿伏伽德罗定律。
3. 学习启普气体发生器的使用，了解气体净化、干燥技术，掌握气压计的使用。
4. 了解误差的概念，初步学习实验数据处理结果误差的分析。

### 二、实验原理

根据理想气体状态方程（$pV=nRT$），同温（$T$）同压（$p$）下，同体积（$V$）的任何气体的物质的量（$n$）相同。对于两种不同的气体分子 A 和 B 而言，若以 $m_A$ 和 $m_B$ 分别表示气体质量，$M_A$ 和 $M_B$ 表示气体的相对分子质量，同温同压同体积时，两者的物质的量相等，即 $n_A=n_B$，而 $n=m/M_r$，于是有：

$$\frac{m_A}{M_A}=\frac{m_B}{M_B}$$

所以，在相同温度和压力下，可以通过测定相同体积的两种气体的质量，结合其中一种已知气体的摩尔质量，即可求得另一种气体的摩尔质量。

若将二氧化碳与空气均看作理想气体，那么在同温同压下相同体积的二氧化碳和空气：

$$M_{CO_2}=\frac{m_{CO_2}}{m_{空气}}\times M_{空气}$$

式中，$m_{CO_2}$ 为二氧化碳气体的质量，可通过电子分析天平称量测得；$M_{空气}$是空气的摩尔质量，$29.0g\cdot mol^{-1}$。

方法如下：将瓶盖视作小瓶的一部分，先称出装满 $CO_2$ 的小瓶的质量 $m_1$，再称出装满空气的小瓶的质量 $m_2$；设$m_{空气}$为空气的质量，则有 $m_1-m_2$ 的值应该与$m_{CO_2}-m_{空气}$的值相等，均为空瓶质量。于是有$m_{CO_2}=m_{空气}+m_1-m_2$；$m_{空气}$可通过实验时测得的大气压（$p$）和温度（$T$），利用理想气体状态方程求出：$m_{空气}=\frac{pVM_{空气}}{RT}$，式中$V$为盛装$CO_2$容器的容积。可通过测量装满水的小瓶的质量$m_3$后计算得出：

$$m_{水}=m_3-m_1+m_{空气}\approx\frac{m_3-m_1}{\rho_{水}}$$

$$V=\frac{m_{水}}{\rho_{水}}$$

为了提高测得的二氧化碳气体质量的准确性，要求测试用的二氧化碳气体纯净、干燥，所收集的二氧化碳气体体积必须与上式中的$V$相等。

## 三、实验仪器与试剂

仪器与材料：电子分析天平、台秤（分度值：100g）、锥形瓶（50mL、细口、带塞）、启普气体发生器（带洗气、干燥装置）、火柴。

试剂：HCl（$6mol\cdot L^{-1}$）、$H_2SO_4$（浓）、$NaHCO_3$（$1mol\cdot L^{-1}$）、$CuSO_4$（$1mol\cdot L^{-1}$）、$CaCO_3$或大理石（块状）、无水$CaCl_2(s)$。

## 四、实验内容

### （一）二氧化碳的制备、净化、干燥与收集

如图 2-26 装配好二氧化碳气体发生与净化装置，大理石与盐酸在启普气体发生器 1 中反应生成的$CO_2$气体，通过洗气瓶 2 的水（除去什么?）、洗气瓶 3 的浓$H_2SO_4$（除去什么?）的洗涤和干燥管 4 的无水$CaCl_2$干燥或者经过$1mol\cdot L^{-1}$ $CuSO_4$、$1mol\cdot L^{-1}$ $NaHCO_3$洗涤和无水$CaCl_2$干燥后，导入锥形瓶 5 的气体即为纯净的$CO_2$气体。

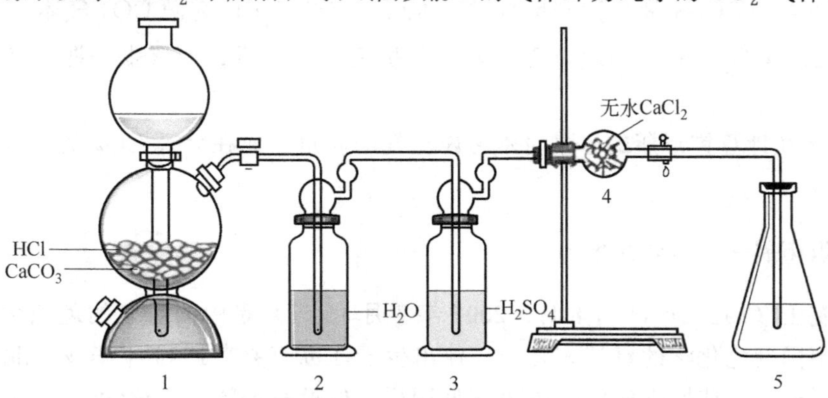


图 2-26　二氧化碳的制备、净化、干燥与收集装置示意图

### （二）称重

（1）质量$m_1$　取一个洁净而干燥的锥形瓶和合适的橡胶塞，用橡胶塞塞紧瓶口并用记号标出塞子塞入瓶内的位置，在电子分析天平上称量质量$m_1$。

（2）质量$m_2$　使用启普气体发生器经过洗气、干燥和收集等步骤制备纯净且干燥的二氧化碳气体。注意：在制备二氧化碳时导管插入瓶底，才能将瓶内的空气赶尽（原因?），气体收满后（如何检验?）缓慢取出导管，将塞子塞到记号处，在电子分析天平上称质量$m_2$。需要保持收集二氧化碳气体装置与前面相同（为什么?），重复三次操作，直至前后三次的质

量相差不超过 1mg 为止。

(3) 质量 $m_3$　最后在瓶内装满水，塞紧塞子，在台秤上称重（为什么?）。

(4) 记下室温和大气压。

**（三）数据记录与处理**

根据实验过程，将相关结果记录在表 2-6 中。

**表 2-6　二氧化碳摩尔质量的测定原始数据记录表**

| 实验项目 | | 数据记录与分析 |
| --- | --- | --- |
| 室温 $t$/℃ | | |
| 大气压 $p$/Pa | | |
| 质量 $m_1$/g | | |
| 质量 $\overline{m}_2$/g | 第一次 $m_2(1)$/g | |
| | 第二次 $m_2(2)$/g | |
| | 第三次 $m_2(3)$/g | |
| 质量 $m_3$/g | | |
| 瓶的容积 $V$/mL：<br>$V=(m_3-m_1+m_{空气})/\rho_{水}\approx(m_3-m_1)/\rho_{水}$ | | |
| 空气质量/g：$m_{空气}=pVM_{空气}/RT$ | | |
| $CO_2$ 气体质量/g：$m_{CO_2}=m_2-m_1+m_{空气}$ | | |
| 二氧化碳摩尔质量：$M_{CO_2}=\frac{m_{CO_2}}{m_{空气}}\times M_{空气}$<br>$M_{空气}=29.0g \cdot mol^{-1}$ | | |
| 相对误差/% | | |
| 误差产生的主要原因 | | |

## 五、实验习题

1. 为什么当（$CO_2$＋瓶）达到恒重时，可认为锥形瓶中已充满 $CO_2$ 气体？

2. 为什么（$CO_2$＋瓶）的质量要在电子分析天平上称量，而（水＋瓶）的质量则可以在台秤上称量？

3. 为什么在计算锥形瓶的容量时不考虑空气的质量，而在计算 $CO_2$ 的质量时却要考虑空气的质量？

## 六、知识拓展——科学家精神

唐敖庆院士（1915 年 11 月 8 日—2008 年 7 月 15 日）是中国著名的理论化学家、教育家，被誉为中国理论化学的奠基人之一。他出生于江苏宜兴，1936 年毕业于北京大学化学系，后赴美国留学，获博士学位。1950 年回国后，他投身于新中国化学学科的建设与发展。唐敖庆院士的主要研究领域包括量子化学、配位化学和分子光谱学。他在量子化学领域提出了“势能函数公式”，为复杂分子体系的理论计算提供了重要工具。他还系统研究了配位化合物的电子结构和性质，推动了我国配位化学的发展。此外，他编写的《量子化学》等教材成为中国化学教育的经典著作。唐敖庆院士在教育和科研领域都做出了卓越贡献。他长期担任吉林大学教授，培养了大批理论化学领域的优秀人才。他的学生和同事在中国化学研究和工业发展中发挥了重要作用。唐敖庆院士的一生为中国理论化学学科的发展和国家科技进步做出了不可磨灭的贡献。

# 第3章 无机化学基本原理实验

## 实验5 化学反应速率、反应级数和活化能的测定

### 一、实验目的

1. 了解浓度、温度和催化剂对反应速率的影响，加深对化学反应速率、反应级数和活化能等概念的理解。

2. 掌握过二硫酸铵与碘化钾反应的化学反应速率、反应级数和活化能的测定原理和方法。

3. 学习使用恒温水浴装置。

4. 练习数据处理及绘图技巧。

5. 树立并践行绿色化学理念，使用微量试剂，减少化学试剂的消耗与有毒有害废液的排放，培养安全与环保的实验习惯。

### 二、实验原理

在水溶液中，过二硫酸铵与碘化钾发生的反应如下：

$$(NH_4)_2S_2O_8+3KI = (NH_4)_2SO_4+K_2SO_4+KI_3$$

反应的离子方程式是：

$$S_2O_8^{2-}+3I^- = 2SO_4^{2-}+I_3^- \tag{3-1}$$

该反应的反应速率 $v$ 与反应物浓度之间的关系可表示为：

$$v=k\times[S_2O_8^{2-}]^m\times[I^-]^n \tag{3-2}$$

式中，$v$ 是在此条件下反应的瞬时反应速率，若 $[S_2O_8^{2-}]$、$[I^-]$ 是起始浓度，则 $v$ 表示起始反应速率；$k$ 是速率常数；$m+n$ 是总反应级数。

实验测定的速率是在一段时间（$\Delta t$）内反应的平均反应速率 $\bar{v}$。如果在 $\Delta t$ 时间内 $S_2O_8^{2-}$ 浓度改变为 $\Delta[S_2O_8^{2-}]$，则平均反应速率为：

$$\bar{v}=-\frac{\Delta[S_2O_8^{2-}]}{\Delta t} \tag{3-3}$$

若控制 $\Delta t$ 很小，则反应物浓度的变化很小，可以近似地用平均反应速率代替起始反应速率。

$$\Delta\lim_{t\to 0}\bar{v}=v=-\frac{\Delta[S_2O_8^{2-}]}{\Delta t}=k\times[S_2O_8^{2-}]^m\times[I^-]^n \tag{3-4}$$

为了能够测出反应在 $\Delta t$ 时间内 $S_2O_8^{2-}$ 浓度改变值 $\Delta[S_2O_8^{2-}]$，需要在混合 $(NH_4)_2S_2O_8$ 和 KI 溶液的同时，加入一定体积浓度已知的 $Na_2S_2O_3$ 和作为指示剂的淀粉溶液，在反应（3-1）进行的同时还会进行如下反应：

$$2S_2O_3^{2-}+I_3^- \xlongequal{} S_4O_6^{2-}+3I^- \tag{3-5}$$

反应（3-5）进行得非常快，几乎可以瞬间完成，而反应（3-1）慢得多，因此由反应（3-1）生成的 $I_3^-$ 立即与 $S_2O_3^{2-}$ 反应，生成无色的 $S_4O_6^{2-}$ 和 $I^-$。所以，在反应的开始阶段观察不到碘与淀粉作用而显示的蓝色特征。一旦 $Na_2S_2O_3$ 耗尽，反应（3-1）继续生成 $I_3^-$ 就与淀粉作用，立即呈现蓝色。

从反应（3-1）和反应（3-5）可以看出，$S_2O_8^{2-}$ 减少的物质的量是 $S_2O_3^{2-}$ 减少的物质的量的 1/2，由于在 $\Delta t$ 时间内 $S_2O_3^{2-}$ 差不多全部消耗，故有下列关系：

$$\Delta[S_2O_8^{2-}]=\frac{1}{2}\Delta[S_2O_3^{2-}]=-\frac{1}{2}[S_2O_3^{2-}]_{起始}$$

记下从反应开始到溶液变为蓝色所需时间 $\Delta t$，就可求出反应速率。

$$\bar{v}=-\frac{\Delta[S_2O_8^{2-}]}{\Delta t}=\frac{[S_2O_3^{2-}]_{起始}}{2\Delta t} \tag{3-6}$$

实验测定 $m$、$n$ 数值的方法如下：

当保持 $I^-$ 浓度不变，对式（3-2）两边取对数，则：

$$\lg v=m\lg[S_2O_8^{2-}]_{起始}+常数 \tag{3-7}$$

以 $\lg v$ 为纵坐标、$\lg[S_2O_8^{2-}]$ 为横坐标作图，斜率即为 $m$。

同样保持 $S_2O_8^{2-}$ 浓度不变，对式（3-2）两边取对数，则：

$$\lg v=n\lg[I^-]_{起始}+常数 \tag{3-8}$$

以 $\lg v$ 为纵坐标，$\lg[I^-]$ 为横坐标作图，所求斜率即为 $n$。

$m+n$ 即为过二硫酸根氧化碘离子的总反应级数。

求得反应级数，通过式（3-2）可求出反应速率常数 $k$。

反应的活化能 $E_a$ 和反应速率常数 $k$ 及温度 $T$ 的关系由阿伦尼乌斯公式可表示为：

$$\lg k=-\frac{E_a}{2.303RT}+A \tag{3-9}$$

式中，$R$ 为摩尔气体常数；$A$ 为指前因子；$E_a$ 的单位是 $J\cdot mol^{-1}$。

实验得到不同温度下反应（3-1）的反应速率常数，以 $\lg k$ 为纵坐标、$1/T$ 为横坐标作图，得一条直线，其斜率为 $-\frac{E_a}{2.303R}$，即可计算出反应的活化能 $E_a$。

### 三、实验仪器与试剂

仪器与材料：恒温水浴锅、秒表、多用滴管、微量滴头、5mL 井穴板、标签纸。

试剂：KI（$0.20mol\cdot L^{-1}$）、$(NH_4)_2S_2O_8$（$0.20mol\cdot L^{-1}$）、$Na_2S_2O_3$（$0.010mol\cdot L^{-1}$）、$KNO_3$（$0.20mol\cdot L^{-1}$）、$(NH_4)_2SO_4$（$0.20mol\cdot L^{-1}$）、$CuSO_4$（$0.01mol\cdot L^{-1}$）、淀粉溶液（0.5%）。

### 四、实验内容

本实验为微型实验，试剂的用量以滴数计，通过滴数的改变来调节反应体系物质的浓度变化，要求熟练掌握定量滴加试剂溶液这一微型实验的基本操作。

**（一）浓度对化学反应速率的影响**

在室温下，按表 3-1 顺序及用量，用 5 支洁净的带有微量滴头的多用滴管，逐一滴加 KI、$Na_2S_2O_3$、淀粉溶液、$KNO_3$ 和 $(NH_4)_2SO_4$ 到 5mL 井穴板指定的孔穴中，搅拌均匀。再用 1 支洁净的带有微量滴头的多用滴管迅速滴加 $(NH_4)_2S_2O_8$ 到搅拌均匀的溶液中，迅速按下秒表并不断搅拌，直到出现蓝色时停止计时，并将时间填入表 3-1（采用微量滴头的目的是什么？滴加试剂的正确操作如何?）。用同样的操作，逐一测出各孔穴中溶液的反应时间。

为了使每次实验中溶液的离子强度和总体积保持不变，在 2～5 号孔穴中，分别滴加适量的 $KNO_3$ 和 $(NH_4)_2SO_4$ 以平衡 KI、$(NH_4)_2S_2O_8$ 及 $Na_2S_2O_3$ 用量的变化。

**（二）温度对化学反应速率的影响**

按表 3-1 中 1 号孔穴溶液的用量，将 KI、$Na_2S_2O_3$ 和淀粉溶液分别加到井穴板的 6 号孔穴中，然后将井穴板和盛有 $(NH_4)_2S_2O_8$ 的多用滴管的吸泡小心放入恒温水浴中，并控制水浴温度为 0℃（冰水浴）。待井穴板中溶液温度与水浴温度一致时，迅速将 $(NH_4)_2S_2O_8$ 滴加到井穴中，同时计时并搅拌溶液。当溶液刚出现蓝色时，记录反应时间及水浴温度。

同样操作，在另一块 5mL 井穴板 7、8、9 号孔穴中逐一测出高于室温 5℃、10℃、15℃时溶液的反应时间。

将上述实验数据记入表 3-2 中。

**（三）催化剂对化学反应速率的影响**

按表 3-1 中 1 号孔穴试剂用量取 KI、$Na_2S_2O_3$、淀粉溶液于 10、11 号孔穴内，将已稀释的 0.01mol·$L^{-1}$ $CuSO_4$ 溶液加 1 滴到 10 号孔穴内，加 3 滴到 11 号孔穴内，搅拌均匀后迅速加入 $(NH_4)_2S_2O_8$ 溶液，将反应时间记入表 3-3 中。

通过实验结果，说明反应物浓度、温度和催化剂等因素对化学反应速率的影响。

**（四）数据记录与处理**

表 3-1　浓度对化学反应速率的影响　室温________℃

| 孔穴编号 | | 1 | 2 | 3 | 4 | 5 |
|---|---|---|---|---|---|---|
| 试剂用量/滴 | KI(0.20mol·$L^{-1}$) | 16 | 16 | 16 | 8 | 4 |
| | $Na_2S_2O_3$(0.010mol·$L^{-1}$) | 16 | 16 | 16 | 16 | 16 |
| | 淀粉溶液(0.5%) | 4 | 4 | 4 | 4 | 4 |
| | $KNO_3$(0.20mol·$L^{-1}$) | 0 | 0 | 0 | 8 | 12 |
| | $(NH_4)_2SO_4$(0.20mol·$L^{-1}$) | 0 | 8 | 12 | 0 | 0 |
| | $(NH_4)_2S_2O_8$(0.20mol·$L^{-1}$) | 16 | 8 | 4 | 16 | 16 |
| 起始浓度/(mol·$L^{-1}$) | KI | | | | | |
| | $(NH_4)_2S_2O_8$ | | | | | |
| | $Na_2S_2O_3$ | | | | | |
| 反应时间 $\Delta t$/s | | | | | | |
| 反应速率 $v$/(mol·$L^{-1}$·$s^{-1}$) | | | | | | |

表 3-2　温度对化学反应速率的影响

| 孔穴编号 | 1 | 6 | 7 | 8 | 9 |
|---|---|---|---|---|---|
| 反应温度 $T$/K | | | | | |
| 反应时间 $\Delta t$/s | | | | | |
| 反应速率 $v$/(mol·$L^{-1}$·$s^{-1}$) | | | | | |

表 3-3 催化剂对反应速率的影响

| 孔穴编号 | 1 | 10 | 11 |
|---|---|---|---|
| $CuSO_4$ 用量/滴 | | | |
| 反应时间 $\Delta t$/s | | | |

计算反应级数和速率常数。由表 3-1 的数据，算出 $\lg v$、$\lg[S_2O_8^{2-}]_{起始}$、$\lg[I^-]_{起始}$，按式（3-7）、式（3-8）关系作图，求出 $m$、$n$，并将 $m$、$n$ 和一定浓度时的 $v$ 代入式（3-2）求出 $k$。将数据填入表 3-4。

表 3-4 反应级数和速率常数

| 孔穴编号 | 1 | 2 | 3 | 4 | 5 |
|---|---|---|---|---|---|
| $\lg v$ | | | | | |
| $\lg[S_2O_8^{2-}]_{起始}$ | | | | | |
| $\lg[I^-]_{起始}$ | | | | | |
| $m$ | | | | | |
| $n$ | | | | | |
| 反应速率常数 $k$ | | | | | |

计算反应的活化能。由表 3-2 的数据，按式（3-2）求出各温度时的 $k$ 值，再按式（3-9）作图，由 $\lg k$-$1/T$ 求出活化能，将数据填入表 3-5。

表 3-5 反应的活化能

| 孔穴编号 | 1 | 6 | 7 | 8 | 9 |
|---|---|---|---|---|---|
| 反应速率常数 $k$ | | | | | |
| $\lg k$ | | | | | |
| $1/T$ | | | | | |
| 反应活化能 $E_a$ | | | | | |

本实验活化能测定值误差不超过 10%（文献值 $E_a=51.8\text{kJ}\cdot\text{mol}^{-1}$）。

## 五、注意事项

1. 多用滴管先编上号，按顺序排放在实验台上；每取一种试剂前，一定要先看清楚，多用滴管的编号与试剂瓶编号应一致。

2. 从加入第一滴 $(NH_4)_2S_2O_8$ 溶液开始计时到出现蓝色停止，反应过程中要不断搅拌，且要连续加入，加入速率要快而均匀。玻璃棒的搅动也应均匀、连续。

3. $(NH_4)_2S_2O_8$ 溶液和淀粉溶液必须新配制，试剂如混有少量 $Cu^{2+}$、$Fe^{2+}$ 等杂质，对反应有催化作用，必要时可加几滴 $0.01\text{mol}\cdot\text{L}^{-1}$ EDTA 溶液消除这些金属离子的影响。

4. 固体 $(NH_4)_2S_2O_8$ 容易变质，导致反应时间延长或缩短，可将 $(NH_4)_2S_2O_8$ 换成 $K_2S_2O_8$。

## 六、实验习题

1. 由化学反应方程式能否确定反应级数？用本实验的结果加以说明。

2. 实验中为什么可以由溶液中出现蓝色时间的长短来计算反应速率？反应溶液出现蓝色后，反应是否终止？

3. 加入 $(NH_4)_2S_2O_8$ 溶液时，先计时后搅拌或者先搅拌后计时，对实验结果各有什么影响？

### 七、思政之源——科学探索需要勇气和毅力

阿伦尼乌斯（Svante Arrhenius），瑞典杰出物理化学家，1903 年诺贝尔化学奖得主。其主要贡献涵盖电解质溶液解离理论与阿伦尼乌斯公式。1859 年，阿伦尼乌斯出生于瑞典，自幼便对自然科学满怀热忱。在乌普萨拉大学求学期间，他开创性地提出了电解质溶液解离理论。然而，该理论初问世时，未获学界认可，还遭到了诸多科学家质疑与反对。他的博士论文也仅以最低等级通过，险些令其学术生涯夭折。尽管遭遇了沉重挫折，阿伦尼乌斯并未一蹶不振。他将论文寄给奥斯特瓦尔德、范特霍夫等多位国际知名科学家，逐渐赢得支持。这些权威认可助力他在学术界站稳脚跟，其理论也终被广泛接纳。阿伦尼乌斯的不懈坚持终获回报。他不仅荣任斯德哥尔摩大学教授，更于 1903 年斩获诺贝尔化学奖，成为首位获此殊荣的瑞典科学家。他的电解质溶液理论和阿伦尼乌斯公式对电化学和化学动力学产生了深远影响。阿伦尼乌斯的故事告诉我们，科学探索需要勇气和毅力。面对质疑和否定，他坚持自己的理论，最终为科学界做出了重大贡献。他的经历激励着无数科学家在逆境中坚持追求真理。

闵恩泽，四川成都人，是我国杰出的石油化工催化剂专家，荣获国家最高科学技术奖，感动中国 2007 年度人物之一。在中国石油化工发展的史诗中，闵恩泽的名字如同一枚高效的催化剂，加速了中国炼油技术从依赖到自主的化学反应。闵恩泽在美国学成后毅然归国，将毕生精力奉献给了中国的催化剂研发事业。新中国成立初期，面对西方严苛的技术封锁，闵恩泽带领团队从零开始，在简陋的实验室里完成了“小球硅铝裂化催化剂”的自主研发，让中国跻身世界少数掌握该技术的国家行列。此后，他主导研发的一系列催化剂，不仅填补了国内需求缺口，更助力中国炼油技术实现跨越式发展。2007 年，闵恩泽荣获国家最高科学技术奖。如今，中国炼油技术已跻身世界前列，这正是对闵恩泽最好的纪念——他用自己的智慧催化了一个行业的崛起，用一生的坚守诠释了科学报国的真谛。闵恩泽热爱祖国、尊重科学、开拓创新、敬业奉献，具有强烈的责任感，这些精神值得我们学习。

## 实验 6　醋酸解离度和解离平衡常数的测定

### 一、实验目的

1. 掌握不同浓度醋酸标准溶液的配制方法，练习移液管的使用。
2. 掌握电导率法测定解离度和解离平衡常数的原理和方法。
3. 加深对弱酸解离度、解离平衡常数及溶液的浓度与电导关系的理解。

### 二、实验原理

醋酸［$CH_3COOH$（HAc）］是弱电解质，在水溶液中部分解离达到平衡时，其解离平衡常数 $K_a$ 与初始浓度 $c$ 和解离度 $\alpha$ 有下列关系：

$$HAc \rightleftharpoons H^+ + Ac^-$$

起始相对浓度　　$c$　　0　　0

平衡相对浓度　　　　　　$c-c\alpha$　$c\alpha$　$c\alpha$

$$K_a=\frac{c\alpha^2}{1-\alpha}\quad(\alpha<5\%) \tag{3-10}$$

在一定温度下，$K_a$ 是常数，测出不同浓度的醋酸所对应的解离度（$\alpha$），代入上式可求算 $K_a$ 值。

电解质溶液导电能力的大小常采用电阻（$R$，单位为 Ω）或电导（$G$，单位为 S）来描述，电导为电阻的倒数。

$$G=\frac{1}{R} \tag{3-11}$$

当温度一定时，两电极间溶液电导与电极面积 $A$ 成正比，与电极距离 $l$ 成反比，溶液电导又可写为：

$$G=\kappa\frac{A}{l}\quad 即\quad \kappa=G\frac{l}{A} \tag{3-12}$$

式中，比例系数 $\kappa$ 称为电导率或比电导，$S \cdot m^{-1}$。电解质溶液的电导率即为电极面积为 $1m^2$，相距为 1m 的两电极间溶液的电导，$A/l$ 为电极常数或电导池常数。对于一个给定电极而言，$A$ 与 $l$ 为固定值，即 $A/l$ 为常数。在一定温度时，电解质溶液的电导仅取决于电解质的性质及浓度，可用电导率仪测定。

为了比较不同电解质溶液的电导，引进摩尔电导率（$\Lambda_m$）。摩尔电导率的概念是含有 1mol 溶质的电解质溶液置于相距 1m、面积 $1m^2$ 的两个电极间的电导。如果溶液浓度为 $c$（单位为 $mol \cdot L^{-1}$），则含 1mol 电解质的溶液体积（$V$）为 $\frac{1}{c}\times10^{-3}m^3$，此时，摩尔电导率 $\Lambda_m$ 与电导率的关系为：

$$\Lambda_m=\kappa\times V=10^{-3}\ \frac{\kappa}{c} \tag{3-13}$$

式中，$\Lambda_m$ 的单位为 $S \cdot m^2 \cdot mol^{-1}$。

弱电解质溶液浓度越小，其解离度越大。因此，当弱电解质溶液无限稀释时，可看作完全解离（$\alpha\rightarrow100\%$），此时溶液的摩尔电导率叫极限摩尔电导率 $\Lambda_{m,\infty}$，当温度一定时，$\Lambda_{m,\infty}$ 也为一定值，即可由表 3-6 算出。

在一定温度下，弱电解质解离度 $\alpha$ 等于溶液在浓度为 $c$ 时的摩尔电导率 $\Lambda_m$ 与极限摩尔电导率 $\Lambda_{m,\infty}$ 之比。即：

$$\alpha=\frac{\Lambda_m}{\Lambda_{m,\infty}} \tag{3-14}$$

将上式代入式（3-10）得：

$$K_a=\frac{c\Lambda_m^2}{\Lambda_{m,\infty}(\Lambda_{m,\infty}-\Lambda_m)} \tag{3-15}$$

根据式（3-15）可求得解离平衡常数 $K_a$ 值。

## 三、实验仪器与试剂

仪器与材料：DDS-11A 型电导率仪、容量瓶（25mL）、移液管（10mL）、洗耳球、多用滴管、滤纸片、井穴板。

试剂：HAc 标准溶液。

## 四、实验内容

### （一）配制不同浓度的 HAc 标准溶液

取 4 个 25mL 容量瓶，依次编号为 1、2、3、4，用移液管移取已知浓度的 HAc 标准溶液 2.50mL、5.00mL、7.50mL、10.00mL 分别置于 1～4 号容量瓶中，用蒸馏水稀释至刻度，摇匀，计算相应 HAc 溶液的浓度。

### （二）测定 HAc 溶液的电导率 $\kappa$

将配制好的不同浓度的 HAc 溶液分别移至清洁干燥的 5mL 井穴板的对应 1～4 号的孔穴中，未经稀释的 HAc 标准溶液注入 5 号孔穴中。

将铂电极先用蒸馏水淋洗，用滤纸片吸干，再以待测 HAc 溶液淋洗电极 2～3 次，然后将电极小心浸入 HAc 溶液中，电极的金属部分要完全浸没在 HAc 溶液中，按照浓度从稀到浓的顺序逐一测出不同浓度 HAc 溶液的电导率 $\kappa$，记录实验数据。

### （三）数据记录与处理

#### 1. HAc 解离度的计算

(1) 根据测得的 HAc 溶液的电导率 $\kappa$，按式（3-13）计算该浓度时溶液的摩尔电导率 $\Lambda_m$。

(2) 根据表 3-6，计算出实验温度下 HAc 溶液的极限摩尔电导率 $\Lambda_{m,\infty}$。

**表 3-6　不同温度下 HAc 溶液的极限摩尔电导率**

| 温度/℃ | 0 | 18 | 25 | 30 |
|---|---|---|---|---|
| $\Lambda_{m,\infty}/(S\cdot m^2\cdot mol^{-1})$ | 0.0245 | 0.0349 | 0.03907 | 0.04218 |

若室温不同于表 3-6 中所列温度，可用内插法求得所需的 $\Lambda_{m,\infty}$ 值。假设室温 $T_x$，求温度为 $T_x$ 时 HAc 无限稀释的摩尔电导 $\Lambda_{m,\infty}$，取上述任意温度 $T_1$、$T_2$ 对应的 $\Lambda_{m,\infty 1}$、$\Lambda_{m,\infty 2}$，则有：

$$\frac{\Lambda_{m,\infty 2}-\Lambda_{m,\infty 1}}{\Lambda_{m,\infty}-\Lambda_{m,\infty 1}}=\frac{T_2-T_1}{T_x-T_1} \tag{3-16}$$

然后代入具体数值算出 $\Lambda_{m,\infty}$。

(3) 按式（3-14）计算不同浓度 HAc 溶液的解离度 $\alpha$ 值。

#### 2. HAc 解离平衡常数 $K_a$ 的计算

由 HAc 解离度 $\alpha$ 值，按式（3-10）计算 $K_a$ 值，或根据式（3-15）求得 $K_a$ 值。

将实验数据及计算结果填入下列空格和表 3-7 中。

实验温度（$T_x$）：____________℃。

对应的无限稀释的 HAc 极限摩尔电导率（$\Lambda_{m,\infty}$）________ $S\cdot m^2\cdot mol^{-1}$。

**表 3-7　HAc 的解离度和解离平衡常数测定实验数据记录和处理**

| 实验编号 | HAc 溶液浓度 $(c)/(mol\cdot L^{-1})$ | 电导率 $(\kappa)/(S\cdot m^{-1})$ | 摩尔电导率($\Lambda_m$) $/(S\cdot m^2\cdot mol^{-1})$ | 解离度 ($\alpha$) | 解离平衡常数 ($K_a$) |
|---|---|---|---|---|---|
| 1 | | | | | |
| 2 | | | | | |
| 3 | | | | | |
| 4 | | | | | |
| 5 | | | | | |

求出 $\overline{K}_a$ 的值，再根据表中数据画图，讨论 HAc 的浓度 $c$ 与 $\alpha$、$K_a$ 的关系。

### 五、实验习题

1. 稀释 HAc 溶液时，$\kappa$、$\Lambda_m$ 与 $K_a$ 值随着 HAc 浓度的变化是怎样变化的？
2. 你还能想到哪些方法可以用来测定 HAc 解离度和解离平衡常数？
3. 你认为本实验的注意事项有哪些？

### 六、思政之源——在生活和生产中积累的经验与智慧

相传，杜康发明酒之后，便将酿酒技术传给了儿子黑塔。黑塔生性豪爽，且嗜酒如命。一日，黑塔与朋友相聚豪饮，酩酊大醉，昏睡三天才醒。待他醒来，却发现错过了对发酵在窖的杜康酒进行蒸馏。眼瞅着父亲马上要来检查，黑塔虽懊悔不已，却也只能硬着头皮，将这些发酸的“酒”过滤装坛，企图蒙混过关。杜康检查时，发觉这坛酒毫无酒香，命人打开后，一股酸气扑鼻而来。杜康并未立刻斥责黑塔，而是好奇地用手蘸了一点尝味，竟觉别有风味，品尝后还胃口大开。杜康惊喜万分，将这坛“酒”命名为“酢”，也就是如今我们所说的醋。黑塔这一意外之举，歪打正着发明了醋，不仅没受训斥，反而被父亲大加赞赏，还被嘱托专门从事这一调味品的生产研制。此后，国内诸多地方都将黑塔奉为醋祖。黑塔发明醋的故事虽带有传说色彩，却反映出古代劳动人民在生活与生产中积累的经验和智慧。这一发明丰富了古代饮食文化，推动了酿造技术发展，是酿酒技术的意外突破，对后世饮食文化影响深远。

## 实验7 解离平衡

### 一、实验目的

1. 学习 pH 计的使用方法。
2. 理解解离平衡、水解平衡和同离子效应的基本原理。
3. 掌握配制缓冲溶液的方法并试验其性质。

### 二、实验原理

弱电解质在溶液中存在解离平衡，化学平衡移动规律同样适用于解离平衡体系。

在弱电解质的溶液中，加入含有相同离子的强电解质时，会降低弱电解质的解离度，这种现象称为同离子效应。

$$\left.\begin{array}{r}H_2O+HAc \rightleftharpoons H_3O^+ + \boxed{Ac^-} \\ NaAc = Na^+ + \boxed{Ac^-}\end{array}\right\} \longrightarrow \text{同离子效应}$$

盐类水解是盐解离出来的离子与水作用，使水的解离平衡发生移动，从而影响了溶液的酸碱性。水解后溶液的酸碱性取决于盐的类型。

$$H_2O+CO_3^{2-} \rightleftharpoons OH^- + HCO_3^- \quad \text{水解平衡常数} \quad K_{h1}=\frac{K_w}{K_{a2}}$$

$$H_2O+HCO_3^- \rightleftharpoons OH^- + H_2CO_3 \quad \text{水解平衡常数} \quad K_{h2}=\frac{K_w}{K_{a1}}$$

$$H_2O+NH_4^+ \rightleftharpoons H_3O^+ + NH_3 \quad \text{水解平衡常数} \quad K_h=\frac{K_w}{K_b}$$

$$NH_4^+ + Ac^- \rightleftharpoons NH_3 + HAc \quad \text{水解平衡常数} \quad K_h=\frac{K_w}{K_aK_b}$$

缓冲溶液一般是由弱酸和弱酸盐组成或由弱碱和弱碱盐组成的。能够抵抗外来少量酸碱的影响和较多水的稀释的影响，保持体系 pH 改变很小。缓冲溶液的缓冲能力与缓冲溶液的总浓度及其浓度配比有关。如：

$$H_2O+HAc \rightleftharpoons H_3O^+ + Ac^- \quad K_a=\frac{c_{H^+}c_{Ac^-}}{c_{HAc}}$$

在一元弱酸 HA 及其盐 $A^-$ 所组成的缓冲体系中，假设 $c_{HA}=c_{酸}$、$c_{A^-}=c_{盐}$，则有：

$$c_{H^+}=K_a\frac{c_{酸}}{c_{盐}} \quad pH=pK_a-\lg\frac{c_{酸}}{c_{盐}}$$

一元弱碱及其盐所组成的缓冲体系中：

$$c_{OH^-}=K_b\frac{c_{碱}}{c_{盐}} \quad pOH=pK_b-\lg\frac{c_{碱}}{c_{盐}}$$

## 三、实验仪器与试剂

仪器与材料：烧杯（500mL、50mL）、量筒（10mL）、多用滴管、微量滴头、井穴板、微型试管、pHS-25 型酸度计、pH 试纸、水浴锅。

试剂：$Al_2(SO_4)_3$（$0.1mol \cdot L^{-1}$）、$NH_4Cl$（$0.10mol \cdot L^{-1}$）、$NH_4Ac$（$0.1mol \cdot L^{-1}$、$1.0mol \cdot L^{-1}$）、$Na_2CO_3$（$0.1mol \cdot L^{-1}$）、NaAc（$0.10mol \cdot L^{-1}$、$1.0mol \cdot L^{-1}$）、$FeCl_3$（$0.1mol \cdot L^{-1}$）、$HNO_3$（$6mol \cdot L^{-1}$）、$NaHCO_3$（$1mol \cdot L^{-1}$）、HCl（$0.10mol \cdot L^{-1}$）、$NH_3 \cdot H_2O$（$0.1mol \cdot L^{-1}$、$2.0mol \cdot L^{-1}$）、HAc（$0.1mol \cdot L^{-1}$、$1.0mol \cdot L^{-1}$）、NaOH（$0.10mol \cdot L^{-1}$）、$Bi(NO_3)_3$（s）、食醋、食盐、糖、酒、酚酞指示剂、甲基橙指示剂。

## 四、实验内容

### （一）溶液的酸碱性

用 pH 试纸分别测定食醋、食盐、糖、酒等物质水溶液的 pH 值。

### （二）盐类的水解

（1）用 pH 试纸分别测出 $0.1mol \cdot L^{-1}$ $Al_2(SO_4)_3$、$0.1mol \cdot L^{-1}$ $NH_4Cl$、$0.1mol \cdot L^{-1}$ $NH_4Ac$、$0.1mol \cdot L^{-1}$ $Na_2CO_3$ 等盐溶液的 pH 值并与理论值相比较。解释溶液的酸碱性，并写出离子水解反应方程式。

（2）于洁净的微型试管中滴加 10 滴 $1mol \cdot L^{-1}$ NaAc 溶液和 1 滴酚酞指示剂，摇匀，溶液呈现什么颜色？将溶液加热至沸，溶液颜色有什么变化？说明原因。

(3) 于洁净的微型试管中滴加 10 滴蒸馏水和 3 滴 0.1mol·$L^{-1}$ $FeCl_3$ 溶液，摇匀，观察溶液颜色。水浴加热后，观察试管中溶液颜色变化，说明原因。

(4) 于干燥洁净的微型试管中加入少许 $Bi(NO_3)_3$ 固体，观察现象，滴加 10 滴蒸馏水，现象有什么变化？再滴加 6mol·$L^{-1}$ $HNO_3$ 溶液，边滴加边振荡，有何现象？解释原因。

(5) 用多用滴管吸取约 0.5mL 0.1mol·$L^{-1}$ $Al_2(SO_4)_3$ 溶液，使滴管的吸泡在下，弯曲径管吸取 0.5mL 1mol·$L^{-1}$ 的 $NaHCO_3$ 溶液，观察现象（由此你联想到了什么?）。用什么方法证明产物是 $Al(OH)_3$ 而不是 $Al(HCO_3)_3$？写出相应的离子反应方程式。

**（三）同离子效应**

(1) 于干燥洁净的 5mL 井穴板的两个孔穴内各滴加 10 滴 0.1mol·$L^{-1}$ 氨水和 1 滴酚酞指示剂，再在其中一孔穴内滴 2 滴 1mol·$L^{-1}$ $NH_4Ac$，比较两个孔穴中溶液颜色，试解释颜色变化的原因。

(2) 于干燥洁净的 5mL 井穴板两个孔穴内各滴加 10 滴 0.1mol·$L^{-1}$ HAc 和 1 滴甲基橙指示剂，再在其中一孔穴中加 2 滴 1mol·$L^{-1}$ $NH_4Ac$，比较两个孔穴中溶液颜色，试解释颜色变化的原因。

**（四）缓冲溶液**

(1) 缓冲溶液的配制　按表 3-8 中的试剂和用量配制三组溶液，混合均匀，每一组分成两份置于干燥的井穴板的孔穴中，编上编号。

(2) 缓冲溶液的 pH 值测定与计算　按表 3-9 说明进行操作，用酸度计测量各组溶液 pH 值，并与计算值相比较。注意：每次测量前一定要清洗电极。

将各组溶液的 pH 值进行比较，确定哪一组溶液 pH 值的变化较小。总结缓冲溶液的缓冲能力与哪些因素有关。

(3) 控制酸的浓度在 1mol·$L^{-1}$ 左右，配制 pH＝4.8 的缓冲溶液，并测量其 pH 值（选做）。

**（五）数据记录与处理**

**表 3-8　缓冲溶液的配制**

| 组号 | 配制溶液(各量取 4.0mL) |
|---|---|
| 1 | 0.1mol·$L^{-1}$氨水＋0.1mol·$L^{-1}$ $NH_4Cl$ |
| 2 | 1.0mol·$L^{-1}$ HAc＋1.0mol·$L^{-1}$ NaAc |
| 3 | 1.0mol·$L^{-1}$ HAc＋0.10mol·$L^{-1}$ NaAc |
| 4 | 蒸馏水 |

**表 3-9　缓冲溶液的 pH 值的测定与计算**

| ① 第一份溶液 | | | ② (向第一份溶液的井穴中加 2 滴 0.10mol·$L^{-1}$ 的 HCl,混匀) | | | ③ (向第二份溶液的井穴中加 2 滴 0.1mol·$L^{-1}$ 的 NaOH,混匀) | | |
|---|---|---|---|---|---|---|---|---|
| 孔穴号 | pH 测定值 | pH 计算值 | 孔穴号 | pH 测定值 | pH 计算值 | 孔穴号 | pH 测定值 | pH 计算值 |
| 1-1 | | | 1-1 | | | 1-2 | | |
| 2-1 | | | 2-1 | | | 2-2 | | |
| 3-1 | | | 3-1 | | | 3-2 | | |
| 4-1 | | | 4-1 | | | 4-2 | | |

## 五、实验习题

1. 总结影响盐类水解的因素。

2. 实验室如何配制 $CuSO_4$ 和 $FeCl_3$ 溶液?

3. 试用 $H_3PO_4$ 的 $K_{a1}$、$K_{a2}$ 与 $K_{a3}$ 数据解释 $H_3PO_4$、$NaH_2PO_4$、$Na_2HPO_4$、$Na_3PO_4$ 溶液的酸碱性。

### 六、思政之源——科学进步需要不断创新与求证

中国古代科学家就发现了可逆反应。东晋葛洪的《抱朴子》里记载“丹砂（HgS）烧之成水银，积变又还成丹砂”。硫化汞加热分解得到汞，汞与硫黄化合又生成硫化汞。葛洪（约 283 年—约 363 年），自号抱朴子，世称小仙翁，丹阳句容（今属江苏）人。东晋时期道士、道教学者、炼丹家、医学家、科学家。他是中国历史上重要的科学和文化人物，对道教、医学和化学等领域都有深远影响。葛洪的医学著作《肘后备急方》，书名寓意为可常置于肘后（随身携带）的应急之书，是实用的随身必备典籍。书中汇聚大量救急良方，皆为他在行医、游历途中收集筛选而来。我国科学家屠呦呦于 2015 年荣获“诺贝尔生理学或医学奖”，其创制新型抗疟药青蒿素和双氢青蒿素，便受《肘后备急方》启发。

葛洪在炼制水银的过程中，发现了化学反应的可逆性。他指出，加热丹砂可炼出水银，而水银与硫黄化合又能变回丹砂。在葛洪的著作中，还记载了雌黄（三硫化二砷）和雄黄（四硫化四砷）加热后升华，直接成为结晶的现象。葛洪孜孜不倦的创新探索精神与实证精神，值得我们学习与传承。

## 实验 8　$I_3^- \rightleftharpoons I_2 + I^-$ 体系平衡常数的测定

### 一、实验目的

1. 测定 $I_3^- \rightleftharpoons I_2 + I^-$ 的平衡常数，进一步加深对化学平衡和平衡常数的理解。

2. 学习滴定操作和滴定管、移液管的使用。

### 二、实验原理

$I_2$ 溶于 KI 溶液中形成 $I_3^-$，并建立下列平衡：

$$I_3^- \rightleftharpoons I_2 + I^-$$

在一定温度下，其平衡常数表达式为：

$$K = \frac{a_{I_2} a_{I^-}}{a_{I_3^-}} = \frac{f_{I_2} f_{I^-}}{f_{I_3^-}} \times \frac{c_{I_2} c_{I^-}}{c_{I_3^-}}$$

式中，$a$ 为各物质平衡时的活度；$f$ 为活度系数；$c$ 为各物质平衡时的物质的量浓度。在离子强度不大的溶液中，由于 $\frac{f_{I_2} f_{I^-}}{f_{I_3^-}} \approx 1$，因此：

$$K \approx \frac{c_{I_2} c_{I^-}}{c_{I_3^-}} \tag{3-17}$$

为了测定 $I_3^- \rightleftharpoons I_2 + I^-$ 达到平衡时的 $c_{I_2}$、$c_{I_3^-}$ 和 $c_{I^-}$，可用已知浓度 $c$ 的碘化钾溶液与过量固态碘一起振荡，待反应达到平衡后，取上层清液，用硫代硫酸钠标准溶液进行滴定，可得到平衡时 $I_2$ 和 $I_3^-$ 的总浓度 $c_{总}$ （$c_{I_3^-} + c_{I_2}$）。

$$2Na_2S_2O_3 + I_2 = 2NaI + Na_2S_4O_6$$

同一温度下，$c(I_2)$ 可用过量碘和水处于平衡体系时碘的浓度来代替。同样，取其上层清液，用硫代硫酸钠标准溶液进行滴定，就可以得到 $I_2$ 的浓度，同时也确定了 $I_3^-$ 的浓度，即：

$$c_{I_3^-} = c_{总} - c_{I_2}$$

形成一个 $I_3^-$ 需要消耗一个 $I^-$，所以反应达到平衡时 $I^-$ 的浓度为：

$$c_{I^-} = c - c_{I_3^-}$$

将 $c_{I_2}$、$c_{I_3^-}$ 和 $c_{I^-}$ 代入 $K$ 的表达式［式 (3-17)］中，即可求得此温度下反应的平衡常数 $K$。

## 三、实验仪器与试剂

仪器与材料：台秤、磁力搅拌器、量筒（50mL、200mL）、碘量瓶（100mL、250mL）、移液管（10mL、50mL）、碱式滴定管（50mL）、锥形瓶（250mL）、洗耳球。

试剂：固态碘、KI（0.0100mol·$L^{-1}$、0.0200mol·$L^{-1}$）、淀粉溶液（0.2%）、$Na_2S_2O_3$（0.0100mol·$L^{-1}$）。

## 四、实验内容

(1) 取 2 个干燥的 100mL 碘量瓶和 1 个 250mL 碘量瓶，分别标记为 1、2、3 号。用量筒量取 50mL 0.0100mol·$L^{-1}$ 的 KI 溶液于 1 号瓶，量取 50mL 0.0200mol·$L^{-1}$ 的 KI 溶液于 2 号瓶，量取 180mL 蒸馏水于 3 号瓶中。然后，在每个瓶中加入 0.2～0.3g 研磨后的固态碘，盖好瓶塞。

(2) 室温下，将三个碘量瓶置于磁力搅拌器上搅拌 20min，静置 10min，等到过量的固态碘完全沉于瓶底后，取上层清液进行滴定。

(3) 用移液管移取 10mL 1 号瓶中上层清液两份，分别置于 250mL 锥形瓶中，再加入 40mL 蒸馏水，用 0.0100mol·$L^{-1}$ $Na_2S_2O_3$ 标准溶液先滴定其中一份溶液至淡黄色，加入 2mL 0.2%的淀粉溶液，此时溶液呈现蓝色，继续滴定至蓝色刚好消失，记录所消耗 $Na_2S_2O_3$ 溶液的体积 $V_1$。重复滴定第二份溶液，记录所消耗 $Na_2S_2O_3$ 溶液的体积 $V_2$。重复同样操作，滴定 2 号瓶中上层清液。

(4) 根据上述方法，用 0.0100mol·$L^{-1}$ $Na_2S_2O_3$ 标准溶液对 3 号瓶中 50mL 的上层清液进行滴定。

(5) 数据记录与处理。将实验数据填入表 3-10。

表 3-10　数据记录与处理

| 瓶号 | | 1 | 2 | 3 |
|---|---|---|---|---|
| 取样体积/mL | | 10mL | 10mL | 50mL |
| $Na_2S_2O_3$ 溶液的体积 /mL | $V_1$ | | | |
| | $V_2$ | | | |
| | $V_平$ | | | |
| $Na_2S_2O_3$ 溶液的浓度/(mol·L$^{-1}$) | | | | |
| $c_{I_3^-}$ 和 $c_{I_2}$ 的总浓度 $c_总$/(mol·L$^{-1}$) | | | | / |
| 水溶液中碘的平衡浓度 $c_{I_2}$/(mol·L$^{-1}$) | | / | / | |
| 平衡时的 $I_3^-$ 浓度 $c_{I_3^-}$/(mol·L$^{-1}$) | | | | / |
| 平衡时的 $I^-$ 浓度 $c_{I^-}$/(mol·L$^{-1}$) | | | | / |
| $K$ | | | | / |
| $K_平$ | | | | |

用 $Na_2S_2O_3$ 标准溶液滴定时，溶液中碘的浓度计算方法如下：

$$c=\frac{c_{Na_2S_2O_3}V_{Na_2S_2O_3}}{2V_样}$$

式中，$c_{Na_2S_2O_3}$ 为 $Na_2S_2O_3$ 标准溶液的物质的量浓度；$V_{Na_2S_2O_3}$ 为消耗的 $Na_2S_2O_3$ 标准溶液的体积；$V_样$ 为移取待测溶液的体积。

本实验测定的 $K$ 值在 $1.0\times10^{-3}\sim2.0\times10^{-3}$ 范围内为合格（文献值 $K=1.5\times10^{-3}$）。

## 五、实验习题

1. 碘化钾溶液与固态碘反应时，如果加入碘的量不够，会有什么样的影响？碘的用量是否需要准确称量？

2. 试讨论造成测定的 $K$ 值与理论值存在误差的主要原因有哪些？

## 六、知识拓展

碘是合成甲状腺激素（T3 和 T4）的关键原料，这些激素调节新陈代谢、生长和发育。比如，在寒冷环境下，甲状腺激素分泌量会增加，促使机体产热增多，以维持体温稳定。在生长发育方面，碘尤为重要。胎儿和婴幼儿时期，甲状腺激素对大脑及神经系统的发育不可或缺，缺碘易导致智力低下、发育迟缓。儿童阶段，碘不足会干扰生长和骨骼发育；青春期时，碘有助于生殖系统发育成熟，保障性腺正常发育及性激素分泌。神经系统功能的维持也依赖碘。甲状腺激素可提升神经系统兴奋性，碘缺乏致甲状腺激素不足时，可能出现精神萎靡、反应迟钝等状况；碘过量引发甲状腺功能亢进，又会使人烦躁不安、失眠。此外，碘还能调节神经递质的合成、释放与代谢，影响神经信号传递和神经细胞功能。在其他系统方面，甲状腺激素对心血管系统和消化系统等正常功能有影响，能调节心率、心肌收缩力，也可促进胃肠蠕动、消化液分泌。并且，碘参与人体免疫调节，一定程度上可增强机体免疫力，助力抵御病原体入侵。

我国曾是全球碘缺乏病严重流行的国家之一，地方性甲状腺肿、地方性克汀病等疾病严重影响民众健康。1994 年正式立法推行全民食盐加碘政策。自此我国碘缺乏病发病率大幅下降，2000 年基本实现消除目标。食盐加碘政策有效改善了全民碘营养状况，近年来政策更加科学化、精准化，兼顾不同地区和个人需求。食盐加碘政策是中国特色公共卫生实践的典范，其背后是“科学精神、人民情怀、集体协作和动态治理”的结合，既保障了全民健康，也为全球碘缺乏病防治贡献了中国方案。

# 实验9 沉淀溶解平衡

## 一、实验目的

1. 掌握确定沉淀反应计量系数和测定难溶电解质 $K_{sp}$ 的方法。

2. 试验沉淀的生成、溶解和转化条件。

3. 钡盐、铬盐和铅盐有毒，使用微量试剂完成实验探究，同步实现其无害化处理与回收，践行绿色化学理念，并培养环保实验思维。

## 二、实验原理

在一定温度下，难溶性的强电解质 $A_aB_b$ 在溶液中达到下列平衡：

$$A_aB_b(s) \rightleftharpoons aA^{b+}(aq) + bB^{a-}(aq)$$

其平衡常数 $K_{sp}=[c_{A^{b+}}]^a[c_{B^{a-}}]^b$ 称为溶度积常数。在此溶液中，反应商 $Q=[c_{A^{b+}}]^a[c_{B^{a-}}]^b$，其中 $c_{A^{b+}}$ 和 $c_{B^{a-}}$ 是离子 $A^{b+}$ 和 $B^{a-}$ 在任意时刻的浓度。$Q$ 与 $K_{sp}$ 的关系如下：

当 $Q<K_{sp}$ 时，溶液不饱和，若体系中有 $A_aB_b$ 固体，则其会不断溶解，反应正向进行；

当 $Q>K_{sp}$ 时，溶液过饱和，反应向生成 $A_aB_b$ 沉淀方向进行；

当 $Q=K_{sp}$，反应达到动态平衡。

当溶液中同时存在几种离子，逐步向溶液中滴加某种试剂，产生几种不同的沉淀时，先达到 $K_{sp}$ 的难溶性强电解质先沉淀。随后，当第二种难溶性强电解质的 $Q$ 等于其 $K_{sp}$ 时，第二种沉淀开始析出。这种先后沉淀的过程称为分步沉淀。

若难溶性强电解质解离生成的离子，与溶液中存在的另一种沉淀剂结合而生成一种新的沉淀，我们称该过程为沉淀的转化。

## 三、实验仪器与试剂

仪器与材料：离心机、离心试管、多用滴管、井穴板、微量滴头、量筒。

试剂：$BaCl_2$（0.1mol·$L^{-1}$、0.5mol·$L^{-1}$）、$Na_2SO_4$（0.5mol·$L^{-1}$）、$Pb(NO_3)_2$（0.1mol·$L^{-1}$）、KCl（1.0mol·$L^{-1}$、0.1mol·$L^{-1}$）、$MgCl_2$（0.5mol·$L^{-1}$）、NaOH（2.0mol·$L^{-1}$）、$NH_4Cl$（饱和）、HCl（6.0mol·$L^{-1}$）、$(NH_4)_2C_2O_4$（饱和）、$CuSO_4$（0.1mol·$L^{-1}$）、$H_2S$（饱和）、$HNO_3$（6.0mol·$L^{-1}$）、$AgNO_3$（0.1mol·$L^{-1}$）、$NH_3\cdot H_2O$（6.0mol·$L^{-1}$）、$Na_2S$（0.1mol·$L^{-1}$）、$K_2CrO_4$（0.1mol·$L^{-1}$）、KI（0.1mol·$L^{-1}$）。

## 四、实验内容

### （一）沉淀反应计量系数的确定

（1）用两支洁净干燥的带有微量滴头的多用滴管分别吸取 0.5mol·$L^{-1}$ $BaCl_2$ 与

0.5mol·L$^{-1}$ $Na_2SO_4$ 溶液。

(2) 按表 3-11 的用量将 $BaCl_2$ 溶液和 $Na_2SO_4$ 溶液分别滴加到 0.7mL 井穴板的各孔穴中。

(3) 混合均匀，静置数分钟待沉淀聚沉。

(4) 观察实验现象：哪一孔穴中沉淀量最多？写出 $BaCl_2$ 和 $Na_2SO_4$ 反应的方程式，确定反应的计量系数。

**表 3-11　反应计量系数的确定**

| 孔穴序号 | 0.50mol·L$^{-1}$ $BaCl_2$ 滴数/滴 | $BaCl_2$ 物质的量/mol | 0.50mol·L$^{-1}$ $Na_2SO_4$ 滴数/滴 | $Na_2SO_4$ 物质的量/mol | 预期 $BaSO_4$ 物质的量/mol |
|---|---|---|---|---|---|
| 1 | 1 | | 9 | | |
| 2 | 2 | | 8 | | |
| 3 | 3 | | 7 | | |
| 4 | 4 | | 6 | | |
| 5 | 5 | | 5 | | |
| 6 | 6 | | 4 | | |
| 7 | 7 | | 3 | | |
| 8 | 8 | | 2 | | |
| 9 | 9 | | 1 | | |

### （二）测定 $PbCl_2$ 的溶度积常数

准备一个干燥、洁净的 5mL 井穴板，用量筒量取 2.5mL 0.10mol·L$^{-1}$ 的 $Pb(NO_3)_2$ 溶液于孔穴中。然后用多用滴管缓慢滴加 1.0mol·L$^{-1}$ KCl，每滴加一滴，充分搅拌，静置一段时间。观察是否有 $PbCl_2$ 沉淀的生成，记下沉淀刚生成时滴加的 KCl 溶液的滴数及溶液的温度（思考：计算 $c_{Cl^-}$ 时，如何确定 KCl 溶液的滴数）。

开始产生 $PbCl_2$ 沉淀时，溶液中 $c_{Pb^{2+}}=\dfrac{0.10\times 2.5}{V_{总}}$、$c_{Cl^-}=\dfrac{1.0\times V_{Cl^-}}{V_{总}}$。

$PbCl_2$ 溶度积常数 $K_{sp}=[c_{Pb^{2+}}][c_{Cl^-}]^2$。

### （三）沉淀的生成和溶解

(1) 在两支干净的离心试管中各加入 2 滴 0.5mol·L$^{-1}$ $MgCl_2$ 和 2 滴 2.0mol·L$^{-1}$ NaOH 溶液，观察实验现象。离心分离，向其中一支离心试管中滴加饱和 $NH_4Cl$ 溶液，向另一支离心试管中滴加 6mol·L$^{-1}$ HCl 溶液，继续观察实验现象，加以解释并写出反应方程式。

(2) 在两支干净的离心试管中各加入 2 滴 0.1mol·L$^{-1}$ $BaCl_2$ 和 2 滴饱和的 $(NH_4)_2C_2O_4$ 溶液，观察实验现象。离心分离，向其中一支离心试管滴加饱和 $NH_4Cl$ 溶液，向另一支离心试管中滴加 6mol·L$^{-1}$ HCl 溶液，继续观察实验现象，加以解释并写出反应方程式。

(3) 在两支干净的离心试管中各加入 2 滴 0.1mol·L$^{-1}$ $CuSO_4$ 和 3 滴新配制的饱和 $H_2S$ 溶液，充分振荡，观察实验现象。离心分离并洗涤沉淀两次，向其中一支离心试管中滴加 6mol·L$^{-1}$ HCl 溶液，向另一支离心试管中滴加 6mol·L$^{-1}$ $HNO_3$ 溶液，观察沉淀是否溶解，加以解释并写出反应方程式。

(4) 在两支干净的离心试管中各加入 2 滴 0.1mol·L$^{-1}$ $AgNO_3$ 和 2 滴 0.1mol·L$^{-1}$

KCl 溶液，观察实验现象。离心分离，向其中一支离心试管中滴加 6mol·$L^{-1}$ $HNO_3$ 溶液，向另一支离心试管中滴加 6mol·$L^{-1}$ 氨水溶液，继续观察实验现象，加以解释并写出反应方程式。

(5) 在干净的离心试管内加入 2 滴 0.1mol·$L^{-1}$ $Na_2S$ 和 2 滴 0.1mol·$L^{-1}$ $K_2CrO_4$ 溶液，接着加入 2mL 蒸馏水，然后加入 2 滴 0.1mol·$L^{-1}$ $Pb(NO_3)_2$ 溶液，观察生成沉淀的颜色。离心分离，再向上层清液滴加 0.1mol·$L^{-1}$ $Pb(NO_3)_2$，可以观察到什么现象？根据 $K_{sp}$ 大小加以解释。

(6) 在干净的离心试管内滴加 5 滴 0.1mol·$L^{-1}$ $Pb(NO_3)_2$ 和 3 滴 1mol·$L^{-1}$ KCl 溶液，观察生成沉淀的颜色。离心分离并洗涤沉淀，在沉淀上加 3 滴 0.1mol·$L^{-1}$ KI 溶液，观察生成沉淀的颜色。再次离心分离并洗涤沉淀，滴加 5 滴 0.1mol·$L^{-1}$ $Na_2S$ 溶液，逐次进行沉淀转化的操作，观察记录沉淀颜色的变化，并通过相应难溶性强电解质的 $K_{sp}$ 数据（参考附录 6）加以解释。

附录 6 溶度积 $K_{sp}$

## 五、实验习题

1. 设计实验确定 $Al_2(SO_4)_3$ 与 NaOH 反应的化学计量系数。
2. 洗涤 AgCl 沉淀选用下列哪种溶液最好（　　）？并简述理由。
①0.1mol·$L^{-1}$ HCl　②0.001mol·$L^{-1}$ HCl　③浓盐酸　④蒸馏水　⑤1mol·$L^{-1}$ 氨水
3. 使用离心机时应注意什么？

## 六、知识拓展

“冰花瀑雨耀斑斓，洞府幽深显大观；缕缕金光织锦绣，排排石乳展娇妍。”“钟岩滴乳蕴仙宫，异彩奇观显艳容；玉笋千寻凝靓影，银帘百丈展恢宏。”这种千姿百态、陡峭秀丽的奇异景观，称为溶洞奇观。例如，闻名于世的桂林溶洞、北京石花洞、杭州的瑶琳仙境等。

溶洞的形成与石灰岩地区地下水长期溶蚀有关，石灰岩里不溶性的 $CaCO_3$ 长期地沉浸在水中，受水和 $CO_2$ 的作用，能转化为微溶性的 $Ca(HCO_3)_2$ [$CaCO_3+CO_2+H_2O \Longrightarrow Ca(HCO_3)_2$]。时间长，就逐渐被溶解分割成奇异景观的溶洞。当溶有 $Ca(HCO_3)_2$ 的水从溶洞顶滴到洞底时，由于水分蒸发或压强减小以及温度的变化，会使二氧化碳溶解度减小而析出 $CaCO_3$ 沉淀 [$Ca(HCO_3)_2 \Longrightarrow CaCO_3+CO_2\uparrow+H_2O$]。这些沉淀经过长时间的积聚，渐渐形成形态各异的钟乳石、石笋等。

# 实验 10　氧化还原反应和电化学

## 一、实验目的

1. 理解氧化还原反应与电极电势的关系。
2. 试验酸度和浓度对氧化还原反应及电极电势的影响。

3. 掌握原电池的构成和端电压的测量方法。

4. 使用微量试剂完成实验探究，践行绿色化学减废、减毒理念。

## 二、实验原理

1. 氧化还原反应的本质是参与反应的物质之间发生电子转移。物质得失电子的能力，可用氧化还原电对电极电势（$E$）的相对高低来衡量。对还原电势来说，若氧化还原电对的电极电势数值越大，则其氧化态的氧化能力越强，还原态的还原能力越弱，反之亦然。因此，$E$ 值较大的氧化还原电对的氧化态物质可以与 $E$ 值较小的氧化还原电对的还原态物质发生自发的氧化还原反应。

溶液的 pH 对一些氧化还原电对的电极电势及氧化还原反应的方向、速率和反应产物有很大的影响。特别是在有含氧酸根离子参加的反应中，若两个氧化还原电对的标准电极电势 $E^{\ominus}$ 值相差不大，离子浓度的变化或溶液 pH 的改变有可能引起反应方向的改变。例如：

$$H_3AsO_4 + 2I^- + 2H^+ \rightleftharpoons H_3AsO_3 + I_2 + H_2O \tag{3-18}$$

对于 $H_3AsO_4/H_3AsO_3$ 电对，根据能斯特方程，在酸性介质中：

$$H_3AsO_4 + 2H^+ + 2e^- \rightleftharpoons H_3AsO_3 + H_2O$$

$$E = E^{\ominus} + \frac{0.059}{2}V \times \lg \frac{[c_{H_3AsO_4}][c_{H^+}]^2}{[c_{H_3AsO_3}]}$$

从电极电势可判断，在强酸性溶液中反应（3-18）向右进行，碱性介质中反应可逆向进行。又如：

$$2Fe^{3+} + 2I^- \rightleftharpoons 2Fe^{2+} + I_2 \tag{3-19}$$

$$E^{\ominus}(Fe^{3+}/Fe^{2+}) = 0.77V \quad E^{\ominus}(I_2/I^-) = 0.535V$$

标准状态下，反应（3-19）向右自发进行；若增加 $Fe^{2+}$ 浓度或加入配位剂（如 $F^-$，使生成 $[FeF_6]^{3-}$），而使 $Fe^{3+}$ 浓度显著减少时，反应向左进行，可用能斯特方程进行计算说明。

$$E = E^{\ominus} + 0.059V \times \lg \frac{[c_{Fe^{3+}}]}{[c_{Fe^{2+}}]}$$

2. 原电池（图 3-1）是化学能转化为电能的装置。理论上，任何一个氧化还原反应都能够组成一个原电池。在原电池的负极上发生氧化反应，不断给出电子，通过外电路流入正极。在正极上发生还原反应。若在外电路中接上伏特计，可测得原电池两极的端电压。电池端电压数值与电池的电动势 $E$ 相近，$E = E_+ - E_-$。

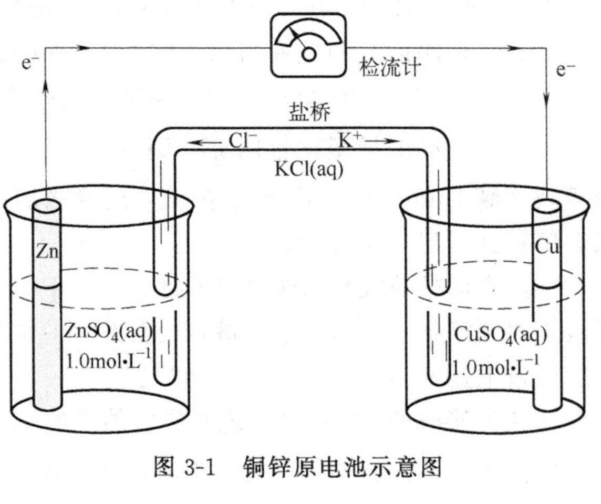


图 3-1 铜锌原电池示意图

在 $T=298K$ 时，$Cu^{2+}/Cu$ 和 $Zn^{2+}/Zn$ 半电池组成的原电池的电动势可用能斯特方程表示为：

$$E_{池} = E^{\ominus}_{池} - \frac{0.059}{2}V \times \lg \frac{[c_{Zn^{2+}}]}{[c_{Cu^{2+}}]}$$

若向 $Cu^{2+}/Cu$ 半电池溶液中加入配位剂（如氨）或沉淀剂（如 $S^{2-}$）时，会

使 $Cu^{2+}$ 浓度降低，则此原电池电动势减小，$E_{Cu^{2+}/Cu}$（即 $E_+$）值也减小。若 $Zn^{2+}$ 浓度减小，原电池电动势将增大，$E_{Zn^{2+}/Zn}$（即 $E_-$）值减小。

对于有 $H^+$ 或 $OH^-$ 参加的电极反应，介质的 pH 对电极电势的影响较大。例如：

$$Cr_2O_7^{2-}+14H^++6e^- \rightleftharpoons 2Cr^{3+}+7H_2O \tag{3-20}$$

$$E=E^{\ominus}+\frac{0.059}{6}\text{V}\times\lg\frac{[c_{Cr_2O_7^{2-}}][c_{H^+}]^{14}}{[c_{Cr^{3+}}]^2}$$

3. 电解池是将电能转化为化学能的装置。电解时，在阴极上进行还原反应，在阳极上进行氧化反应。电极产物则取决于电解时电极电势的高低、离子浓度的大小、电极材料和超电势等因素。例如，电解饱和食盐水是以石墨作阳极，由于 $OH^-$ 在石墨电极（阳极）上放电产生氧气有很大的超电势，而 $Cl^-$ 比 $OH^-$ 更易失去电子而被氧化，则电极反应如下。

阳极：石墨电极　　$2Cl^- - 2e^- \rightleftharpoons Cl_2\uparrow$

阴极：铁棒电极　　$2H_2O+2e^- \rightleftharpoons H_2\uparrow+2OH^-$

## 三、实验仪器与试剂

仪器与材料：微型试管、多用滴管、井穴板、导线、铜线、伏特计、稳压器、滤纸、玻璃棒、铁棒、铜片、铁片、锌片、石墨棒。

试剂：$Na_2SO_3$（0.5mol·L$^{-1}$）、KI（0.1mol·L$^{-1}$）、$FeCl_3$（0.1mol·L$^{-1}$）、$FeSO_4$（s、0.1mol·L$^{-1}$）、KSCN（0.1mol·L$^{-1}$）、$H_2SO_4$（1.0mol·L$^{-1}$、0.1mol·L$^{-1}$）、$H_2O_2$（3%）、$KMnO_4$（0.01mol·L$^{-1}$）、NaOH（6.0mol·L$^{-1}$）、HAc（6.0mol·L$^{-1}$）、KBr（0.1mol·L$^{-1}$）、$NH_4F$（10%）、$Na_3AsO_3$（0.1mol·L$^{-1}$）、HCl（6mol·L$^{-1}$）、$CuSO_4$（0.1mol·L$^{-1}$）、$ZnSO_4$（0.01mol·L$^{-1}$、0.1mol·L$^{-1}$）、KCl（饱和）、$NH_3\cdot H_2O$（浓）、$K_2Cr_2O_7$（0.1mol·L$^{-1}$）、NaCl（饱和）、碘水、淀粉溶液（0.5%）、KI-淀粉试纸、酚酞溶液。

## 四、实验内容

### （一）氧化还原反应与电极电势

（1）在洁净的微型试管内加 5 滴碘水和 1 滴 0.5%淀粉溶液，逐滴滴加 0.5mol·L$^{-1}$ $Na_2SO_3$ 溶液，充分振荡，观察实验现象，加以解释并写出反应方程式。

（2）在洁净的微型试管内加 5 滴 0.1mol·L$^{-1}$ KI 溶液和 1 滴 0.5%淀粉溶液，逐滴滴入 0.1mol·L$^{-1}$ $FeCl_3$ 溶液，充分振荡，观察实验现象，加以解释并写出反应方程式。

（3）在洁净的微型试管内加 5 滴 0.1mol·L$^{-1}$ $FeSO_4$ 溶液、2 滴 0.1mol·L$^{-1}$ KSCN 溶液及 2 滴 1mol·L$^{-1}$ $H_2SO_4$ 溶液，逐滴滴加 3% $H_2O_2$ 溶液，充分振荡，观察实验现象，加以解释并写出反应方程式。

（4）在洁净的微型试管内加 5 滴 0.01mol·L$^{-1}$ $KMnO_4$ 溶液和 2 滴 1.0mol·L$^{-1}$ $H_2SO_4$ 溶液，逐渐滴加 3% $H_2O_2$ 溶液，充分振荡，观察实验现象，加以解释并写出反应方程式。

通过上述实验可以得出哪些结论？

### （二）溶液的 pH 对氧化还原产物的影响

向洁净的井穴板的三个孔穴中各滴入 3 滴 0.01mol·L$^{-1}$ $KMnO_4$ 溶液，然后分别加入

4 滴 1.0mol・$L^{-1}$ $H_2SO_4$ 溶液、2 滴 $H_2O$、2 滴 6.0mol・$L^{-1}$ NaOH 溶液，再分别向三个孔穴中加入 5 滴 0.5mol・$L^{-1}$ $Na_2SO_3$ 溶液，用玻璃棒分别进行搅拌，观察实验现象并比较三个孔穴中的现象有何不同。写出反应方程式，解释造成 $MnO_4^-$ 还原产物不同的原因。

**（三）溶液的 pH 对氧化还原反应速率的影响**

向洁净的井穴板的三个孔穴中各滴入 3 滴 0.01mol・$L^{-1}$ $KMnO_4$ 溶液，然后分别加入 4 滴 1.0mol・$L^{-1}$ $H_2SO_4$ 溶液、2 滴 0.1mol・$L^{-1}$ $H_2SO_4$ 溶液、2 滴 6.0mol・$L^{-1}$ HAc 溶液，再分别向三个孔穴中加入 5 滴 0.1mol・$L^{-1}$ KBr 溶液，观察实验现象，比较反应的快慢，加以解释并写出反应方程式。

**（四）溶液的浓度和 pH 对氧化还原反应方向的影响**

（1）在洁净的 0.7mL 井穴板的三个孔穴中分别进行下列实验，注意观察实验现象。

① 在两个孔穴中各加 4 滴 0.1mol・$L^{-1}$ KI 溶液和 4 滴 0.1mol・$L^{-1}$ $FeCl_3$ 溶液，观察有何现象，再向其中一孔穴加入 4～5 滴 10% $NH_4F$ 溶液，观察有何变化。

② 在一孔穴中加 4 滴 0.1mol・$L^{-1}$ KI 溶液和少许固体 $FeSO_4$（目的是什么?），然后向其中加入 4～5 滴 0.1mol・$L^{-1}$ $FeCl_3$ 溶液，观察现象有无变化。

比较三个孔穴中观察到的现象，并从电极电势的角度加以解释。

（2）在洁净的微型试管中加入 3 滴碘水（浓度较大）和 1 滴淀粉溶液，再滴加 3 滴 0.1mol・$L^{-1}$ $Na_3AsO_3$ 溶液，有何现象？然后向其中滴加 3～4 滴 6.0mol・$L^{-1}$ HCl 溶液，现象有何变化？再加 6.0mol・$L^{-1}$ NaOH 溶液至溶液呈碱性，充分振荡，观察现象，试加以解释。

通过以上两个实验，你认为氧化还原反应的方向受哪些因素影响？

**（五）原电池的构成与端电压的测量**

在洁净的 5mL 井穴板的 1、2、4 三个相邻的孔穴中（图 3-2），分别依次加入 3mL 0.1mol・$L^{-1}$ 的 $CuSO_4$、$FeSO_4$ 和 $ZnSO_4$ 三种溶液，并插入对应的金属片构成三个半电池。首先以盐桥（用饱和 KCl 溶液湿润过的双层滤纸片代替）连接 1 号和 2 号孔穴的两种溶液，构成原电池，将对应电极连接伏特计（注意正、负极），观察伏特计指针的偏转，记录读数。

按同样方法，每次改变原电池中的一个电极，组成新的原电池（注意每次都要更换作为盐桥的双层滤纸片），记录每次测量的端电压填入表 3-12。

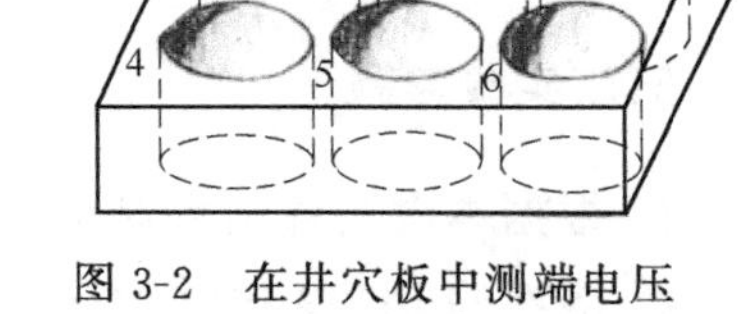


图 3-2 在井穴板中测端电压

**（六）影响电极电势的因素**

**1. 形成沉淀及配合物对电极电势的影响**

上述 1 号和 4 号孔穴 $CuSO_4$ 溶液和 $ZnSO_4$ 溶液构成的铜锌原电池的两极，分别与伏特计正、负极相接，测量两极之间的电压。然后向 $CuSO_4$ 溶液中滴入浓氨水，充分搅拌，直至生成的沉淀完全溶解，形成深蓝色的溶液为止。观察伏特计指针的偏转，记录原电池的端电压变化并填入表 3-12 中。

再向 $ZnSO_4$ 溶液中滴入浓氨水，充分搅拌，直到生成的沉淀溶解为止，观察并记录端电压的变化。

**2. 溶液的 pH 对电极电势的影响**

在实验内容（五）的 $Fe/FeSO_4$ 半电池相邻的 3 号孔穴中加入 3mL 0.1mol·$L^{-1}$ $K_2Cr_2O_7$ 溶液，并插入石墨电极，将 2 号和 3 号孔穴的两种溶液用盐桥相连，石墨棒和铁片分别与伏特计正负极相接，测量两极之间的端电压。向 $K_2Cr_2O_7$ 溶液中缓慢滴加 6.0mol·$L^{-1}$ $H_2SO_4$ 溶液，充分搅拌，观察伏特计指针偏转的情况，解释实验现象。

**3. 浓度对电极电势的影响**

测出原电池 $(-)Zn|ZnSO_4$（0.01mol·$L^{-1}$）$||CuSO_4$（0.1mol·$L^{-1}$）$|Cu(+)$ 的端电压，解释上述实验现象。

**表 3-12 端电压的测量**

| 原电池符号 | 操作 | 端电压 | 电极反应式 | 原电池总反应式 |
|---|---|---|---|---|
| $(-)Zn\|Zn^{2+}(0.1mol\cdot L^{-1})\|\|Cu^{2+}(0.1mol\cdot L^{-1})\|Cu(+)$ | — | | | |
| | $CuSO_4$ 溶液中滴入浓氨水 | | | |
| | $ZnSO_4$ 溶液中滴入浓氨水 | | | |
| $(-)Fe\|Fe^{2+}(0.1mol\cdot L^{-1})\|\|Cu^{2+}(0.1mol\cdot L^{-1})\|Cu(+)$ | — | | | |
| $(-)Zn\|Zn^{2+}(0.1mol\cdot L^{-1})\|\|Fe^{2+}(0.1mol\cdot L^{-1})\|Fe(+)$ | — | | | |
| $(-)Fe\|Fe^{2+}(0.1mol\cdot L^{-1}),Fe^{3+}(aq)\|\|K_2Cr_2O_7(0.1mol\cdot L^{-1}),Cr^{3+}(aq),H^+(aq)\|$石墨(+) | — | | | |
| | 向 $K_2Cr_2O_7$ 溶液中缓慢滴加 6.0mol·$L^{-1}$ $H_2SO_4$ 溶液 | | | |
| $(-)Zn\|Zn^{2+}(0.01mol\cdot L^{-1})\|\|Cu^{2+}(0.1mol\cdot L^{-1})\|Cu(+)$ | — | | | |

### （七）电解

将饱和食盐水加入洁净的 5mL 井穴板两个相邻的孔穴中，并在溶液中各滴入 2 滴酚酞溶液，两边溶液用盐桥相连，以铁棒为阴极、石墨棒为阳极，接通 5 V 的直流电源。将湿润的 KI-淀粉试纸放在阳极的孔穴上，观察两极的现象，判断产物，写出电解食盐水的方程式，并加以解释。

## 五、实验习题

1. 根据本次实验结果讨论氧化还原反应受哪些因素影响。
2. 溶液的 pH 变化对 $H_2O_2$、$Br_2$ 或 $Fe^{3+}$ 的氧化性有无影响？试用电极电势予以说明。
3. 为什么电解食盐水与电解水的阳极产物不同？

## 六、知识拓展

铜锌原电池是最早（1836 年发明）且常见的原电池之一，由铜和锌两种金属电极构成。在人类历史长河中，铜是人类最早接触且与人类关系极为密切的金属。中国铜冶炼历史源远流长，是世界上最早掌握铜冶炼技术的文明古国之一。冶铜史可追溯至新石器时代晚期，并在夏商周时期达到第一个高峰，奠定了青铜文明的辉煌基础。中国青铜文化历史悠久、工艺精湛、技术娴熟、内涵丰富，堪称世界文化宝库中的瑰宝。

中国青铜文化不仅是工艺的奇迹，更是“器以藏礼，物以载道”的文明密码。从祭祀神器到生活用具，从权力符号到艺术经典，青铜器承载了中华文化“从神权走向人文”的历程，成为五千年文明最厚重的金属注脚。

# 实验 11　配合物晶体场分裂能的测定

## 一、实验目的

1. 合成几种 Ti（Ⅲ）和 Cr（Ⅲ）的配合物。
2. 练习分光光度计的使用。
3. 掌握分光光度法测定配合物晶体场分裂能的基本原理，学会基本的晶体场分裂能的计算方法。
4. 了解中心离子和配体类型以及溶液浓度对晶体场分裂能大小的影响。

## 二、实验原理

过渡金属离子在形成配合物时，在配体场的作用下，其 d 轨道会发生能级分裂。d 轨道的分裂情况受到配体类型和配体数等因素的影响。比如在八面体场的影响下，原来简并的 5 个 d 轨道分裂为两组，能量比较高的二重简并的 $e_g$ 轨道和能量比较低的三重简并的 $t_{2g}$ 轨道（图 3-3）。晶体场中 d 轨道的电子在光照下吸收了光能后，处于低能级 d 轨道的电子跃迁到高能级 d 轨道，称为 d-d 跃迁。d-d 跃迁所需的能量即分裂能 Δ，可以通过可见光谱来测定。

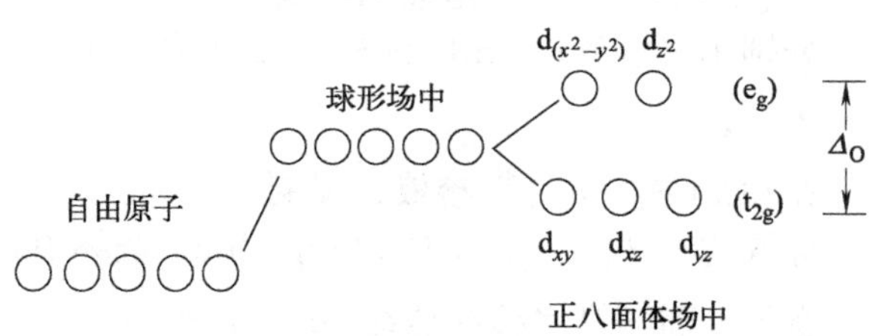


图 3-3　八面体场中 d 轨道的分裂图

对于 $[Ti(H_2O)_6]^{3+}$ 配合物，$Ti^{3+}$ 的电子组态为 $3d^1$，只有一个 d 电子，当其吸收一定频率的光后，会由原来所在的基态 $t_{2g}$ 轨道跃迁至能量较高的 $e_g$ 轨道。吸收光谱仅有一个吸收峰。由于电子跃迁主要吸收绿色可见光，故 $[Ti(H_2O)_6]^{3+}$ 配合物显示其互补色紫红色。从其吸收光子的能量，即最大吸收峰所对应的波长值，直接得到 $E(e_g)-E(t_{2g})$ 的能级差，而这个能量即为 $[Ti(H_2O)_6]^{3+}$ 配合物所对应的晶体场分裂能 $\Delta_o$，各能量与最大吸收波长有如下关系：

$$E_{光}=h\nu_{max}=E(e_g)-E(t_{2g})=\Delta_o \tag{3-21}$$

$$\nu_{max}=c/\lambda_{max} \tag{3-22}$$

$$\Delta_o=h\nu_{max}=hc/\lambda_{max} \tag{3-23}$$

式中，$E_{光}$为可见光光能，J；$h$ 为普朗克常量，$5.539\times10^{-35}$ J·S；$\nu_{max}$ 为最大吸收所对应的频率，$s^{-1}$；$c$ 为光速，$2.9979\times10^{10}$ cm·$s^{-1}$；$\lambda_{max}$ 为最大吸收波长，nm。

不同 d 电子及不同构型配合物的吸收光谱是不同的，因此计算 Δ 的方法也各不相同。

例如，在八面体场中，配离子的中心离子的电子组态为 $d^1$、$d^4$、$d^6$、$d^9$ 时，其吸收光谱只有一个简单的吸收峰，根据此吸收峰位置对应的波长计算 $\Delta_o$ 值。中心离子的电子组态为 $d^2$、$d^3$、$d^7$、$d^8$ 时，其吸收光谱有三个吸收峰，但实验中往往只能测得两个明显的吸收峰，第三个吸收峰被强的电荷迁移所覆盖。$d^3$ 和 $d^8$ 电子组态的，由吸收光谱中最大波长对应的吸收峰位置的波长计算 $\Delta_o$ 值；$d^2$、$d^7$ 电子组态的，由吸收光谱中最大波长的吸收峰和最小波长的吸收峰之间的波长差计算 $\Delta_o$ 值。例如，$[Cr(H_2O)_6]^{3+}$ 配合物，$Cr^{3+}$ 的电子组态为 $d^3$，在可见光区应该存在三个吸收峰，但由于强的电荷迁移吸收峰的覆盖，通常在图谱中只出现两个甚至一个吸收峰。其中能量最低的吸收峰即最大波长的吸收峰所对应的能量为分裂能 $\Delta_o$。此外，同一金属离子不同配体对 d 轨道的分裂也存在差异，可以通过测定不同 $Cr^{3+}$ 配合物的吸收光谱进行比较。

## 三、实验仪器与试剂

仪器与材料：722 型分光光度计、台秤、玻璃棒、容量瓶（50mL）、移液管（10mL）、烧杯（50mL、100mL）。

试剂：$TiCl_3$(15%)、$CrCl_3 \cdot 6H_2O$(s)、乙二胺四乙酸二钠盐（EDTA-2Na，s）。

## 四、实验内容

### （一）溶液的配制

**1. $[Ti(H_2O)_6]^{3+}$ 溶液的配制**

分别用移液管取 1mL 和 5mL 15%的 $TiCl_3$ 溶液于 50mL 容量瓶中，加蒸馏水稀释至刻度，摇匀。

**2. $[Cr(H_2O)_6]^{3+}$ 溶液的配制**

称取约 0.3g $CrCl_3 \cdot 6H_2O$ 于 50mL 烧杯中，加少量蒸馏水溶解后加热至沸腾，放置冷却至室温，加蒸馏水稀释至约 50mL，摇匀。

**3. $[Cr(EDTA)]^-$ 溶液的配制**

称取约 0.5g 乙二胺四乙酸二钠盐（EDTA-2Na）于 100mL 烧杯中，加入 30mL 蒸馏水，加热溶解后加入约 0.05g $CrCl_3 \cdot 6H_2O$，稍加热得紫色的溶液即为 $[Cr(EDTA)]^-$。加蒸馏水稀释至约 50mL，摇匀。

### （二）晶体场分裂能的测定

以蒸馏水为参比液，校正分光光度计。在波长为 360～650nm 范围内，每隔 10nm 测定一次 $[Ti(H_2O)_6]^{3+}$ 溶液的吸光度（在最大吸收峰附近，适当减小波长间隔）。以波长 $\lambda$ 为横坐标、吸光度 $A$ 为纵坐标作图可得到吸收曲线，从曲线中找到 $[Ti(H_2O)_6]^{3+}$ 对应的最大吸收波长 $\lambda_{max}$。计算配合物 $[Ti(H_2O)_6]^{3+}$ 的晶体场分裂能 $\Delta_o$。

重复同样操作，测定 $[Cr(H_2O)_6]^{3+}$ 和 $[Cr(EDTA)]^-$ 的晶体场分裂能。其波长的扫描范围分别为 480～620nm 和 500～640nm。

比较不同金属离子配合物及同一金属离子不同配体配合物的晶体场分裂能的大小，并结合理论加以解释。

### （三）数据记录与处理

（1）不同波长下各配合物的吸光度记录在表 3-13 中。

表 3-13　不同波长下各配合物的吸光度

| 波长/nm | 吸光度 $A$ | | |
|---|---|---|---|
| | $[Ti(H_2O)_6]^{3+}$ | $[Cr(H_2O)_6]^{3+}$ | $[Cr(EDTA)]^-$ |
| | | | |
| | | | |
| | | | |
| | | | |
| | | | |
| | | | |
| | | | |

（2）以波长 $\lambda$ 为横坐标、吸光度 $A$ 为纵坐标，作图可得各配合物吸收曲线。

（3）从吸收光谱上确定最大波长的吸收峰所对应的最大波长 $\lambda_{max}$，计算各配合物的晶体场分裂能 $\Delta_o$，记录在表 3-14 中，并与理论值比较。

表 3-14　各配合物的晶体场分裂能 $\Delta_o$

| 配合物 | 最大波长 $\lambda_{max}$/nm | $\Delta_o$/cm |
|---|---|---|
| $[Ti(H_2O)_6]^{3+}$ | | |
| $[Cr(H_2O)_6]^{3+}$ | | |
| $[Cr(EDTA)]^-$ | | |

## 五、实验习题

1. 配合物晶体场分裂能的大小受哪些因素影响？
2. 实验中溶液的浓度对 $\Delta$ 值是否有影响？

## 六、知识拓展

1704 年，普鲁士人发现了首个配位化合物普鲁士蓝，也就是 $Fe_4[Fe(CN)_6]_3$，它可用作染料。然而，我国应用配合物染料的历史要久远得多。《诗经》里就有“茹藘在阪”“缟衣茹藘”的记载，“茹藘”指的是茜草。当时，人们用茜草的根和黏土（或白矾）制成牢固度极高的红色染料，即后来所说的茜素染料。长沙马王堆一号汉墓出土的“深红绢”和“长寿绣袍”，其红色底色经检验分析，是用茜素和媒染剂明矾多次浸染而成。历经 2000 多年仍未变色，说明这种配合物染料的稳定性极佳。

# 实验 12　磺基水杨酸铁（Ⅲ）配合物的组成及稳定常数的测定

## 一、实验目的

1. 了解分光光度法测定溶液中配合物组成及稳定常数的原理和方法。

2. 测定 pH＝2 时磺基水杨酸铁（Ⅲ）的组成及稳定常数。

3. 进一步练习分光光度计的使用。

## 二、实验原理

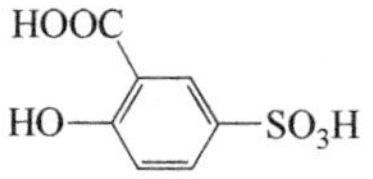

图 3-4 磺基水杨酸结构图

磺基水杨酸（图 3-4，简写为 $H_3R$）与 $Fe^{3+}$ 形成的配合物的组成和颜色，因溶液 pH 值的不同而不同。本实验测定 pH＜2.5 时所形成的红褐色的磺基水杨酸铁（Ⅲ）配离子的组成及稳定常数。实验通过加入一定量的 $HClO_4$ 溶液来控制溶液的 pH 值。

测定有色物质的浓度常用分光光度法。当一束波长一定的平行单色光通过有色溶液后，光的一部分被溶液吸收，一部分透过溶液。对光的吸收和透过程度，通常有两种表示方法：

一种是用透光率 $T$ 表示，即透过光强度 $I_t$ 与入射光强度 $I_0$ 之比：$T=I_t/I_0$。

另一种是用吸光度 $A$ 来表示，它是透光率 $T$ 的负对数：

$$A=-\lg T=\lg \frac{I_0}{I_t}$$

$A$ 的值越大表示光被有色溶液吸收的程度越大，反之，$A$ 值越小，光被溶液吸收的程度越小。

朗伯-比尔定律指出：当一束单色光通过一定厚度的有色溶液时，有色物质对光的吸收程度与溶液的浓度 $c$ 和液层厚度 $l$ 的乘积成正比，即：

$$A=\varepsilon cl$$

式中，$\varepsilon$ 是摩尔消光系数或称摩尔吸光系数，$L \cdot mol^{-1} \cdot cm^{-1}$。当入射光波长、有色物质的性质和温度一定时，$\varepsilon$ 是一个特征常数。

本实验中，磺基水杨酸是无色的，$Fe^{3+}$ 溶液的浓度很稀，也可认为是无色的，只有磺基水杨酸铁配离子（$MR_n$）是有色的，因此溶液的吸光度 $A$ 只与配离子的浓度 $c$ 成正比。通过对溶液吸光度 $A$ 的测定，可以确定配离子的组成。

用分光光度法确定配离子组成，常用的实验方法有两种：一是摩尔比法，二是等摩尔系列法。本实验采用后者。

所谓等摩尔系列法就是在实验过程中，保持溶液中中心离子 M 和配体 R 总物质的量（$n_M+n_R$）不变，使 M 和 R 的摩尔分数连续变化，配制一系列溶液。在这一系列溶液中，有一些溶液中 M 是过量的，而另一些溶液中 R 是过量的。只有当溶液中 M 与 R 物质的量之比与配离子的组成一致时，配离子的浓度最大。本实验中，由于 M 和 R 基本无色，只有配离子有色，所以配离子的浓度越大，溶液的颜色越深，其吸光度 $A$ 也就越大。若以吸光度对配体的摩尔分数作图，则从图上最大吸收峰对应的配体的摩尔分数值可以得到配离子的组成。如图 3-5 所示，最大吸收峰处，配体摩尔分数 [$n_R/(n_M+n_R)$] 等于 0.5，则中心离子摩尔分数 [$n_M/(n_M+n_R)$] 等于 0.5，可知配体与中心离子的物质的量之比为 1∶1，因此可知该配合物的组成为 MR。

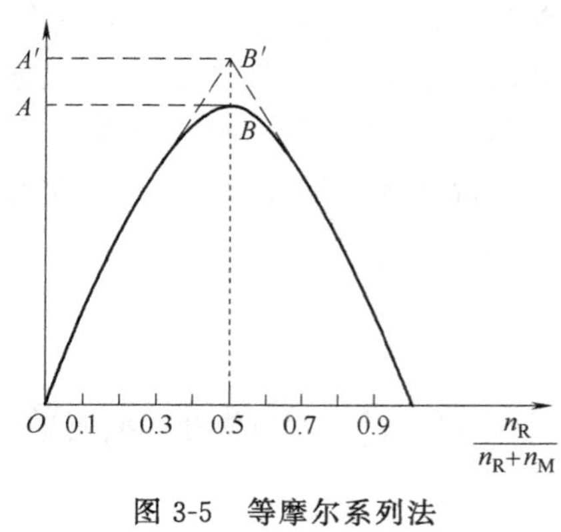


图 3-5 等摩尔系列法

由图 3-5 可看出，最大吸光度 $B'$ 点可认为是 M 和 R 全部形成配合物，其值为 $A'$。由于配离子会部分解离，所以实验测得的最大吸光度在 $B$ 点，其值为 $A$。因此配离子的离解度 $\alpha$ 可表示为：

$$\alpha=\frac{(A'-A)}{A'}$$

1∶1 型配合物的表观稳定常数 $K^*$ 可由下列平衡关系得到：

$$\mathrm{M} + \mathrm{R} \rightleftharpoons \mathrm{MR}$$

$$\text{平衡浓度} \quad c\alpha \quad c\alpha \quad c-c\alpha$$

$$K^*=\frac{c_{\mathrm{MR}}}{c_{\mathrm{M}}c_{\mathrm{R}}}=\frac{1-\alpha}{c\alpha^2}$$

式中，$c$ 是相应于 $B$ 点的金属离子浓度。

注意：如果考虑弱酸的解离平衡，则对表观稳定常数要加以校正，校正后即可得 $K_{稳}$。校正公式为：

$$\lg K_{稳}=\lg K^*+\lg\theta$$

对磺基水杨酸，pH=2 时，$\lg\theta=10.2$。

## 三、实验仪器与试剂

仪器与材料：722 型分光光度计、烧杯、容量瓶（100mL）、移液管（10mL）。

试剂：$HClO_4$（0.01mol·$L^{-1}$）、磺基水杨酸（0.0100mol·$L^{-1}$）、$Fe^{3+}$（0.0100mol·$L^{-1}$）。

## 四、实验内容

### （一）配制系列溶液

（1）配制 0.00100mol·$L^{-1}$ $Fe^{3+}$ 标准溶液。精确移取 10.00mL 0.0100mol·$L^{-1}$ $Fe^{3+}$ 溶液，注入 100mL 容量瓶中，用 0.01mol·$L^{-1}$ $HClO_4$ 溶液稀释至刻度，摇匀备用。

同样方法配制 0.00100mol·$L^{-1}$ 磺基水杨酸标准溶液备用。

（2）用两支移液管（10mL）按照表 3-15 用量，分别移取 0.00100mol·$L^{-1}$ $Fe^{3+}$ 标准溶液和 0.00100mol·$L^{-1}$ 磺基水杨酸标准溶液，一一注入 11 只已编号的干燥的小烧杯中摇匀备用。

### （二）测定系列溶液的吸光度

（1）使用分光光度计，测量 480～530nm 范围的吸收光谱，确定最大吸收波长。

（2）用确定的最大吸收波长的光源，测定系列溶液的吸光度 $A$，并记录于表 3-15 中。测定次序为 1、11、2、10、3、9、4、8、5、7、6 号溶液，比色皿厚度为 1cm，用 0.01mol·$L^{-1}$ $HClO_4$ 溶液作为参比溶液。

注意：比色皿要先用蒸馏水洗，再用待测溶液润洗 2～3 遍，然后装好待测液，用擦镜纸擦干净比色皿的透光面（水滴较多时，应先用滤纸吸去大部分水）。

以吸光度 $A$ 对磺基水杨酸的摩尔分数 $[n_{\mathrm{R}}/(n_{\mathrm{M}}+n_{\mathrm{R}})]$ 作图，从图中找出最大吸收峰，求出配合物组成和稳定常数。

### （三）数据记录和处理

表 3-15　磺基水杨酸铁（Ⅲ）配合物的组成及吸光度的测定

| 序号 | $Fe^{3+}$ 体积/mL | $H_3R$ 体积/mL | $H_3R$ 摩尔分数 | 吸光度 $A$ |
|---|---|---|---|---|
| 1 | 10.0 | 0.0 | | |
| 2 | 9.0 | 1.0 | | |
| 3 | 8.0 | 2.0 | | |
| 4 | 7.0 | 3.0 | | |
| 5 | 6.0 | 4.0 | | |
| 6 | 5.0 | 5.0 | | |
| 7 | 4.0 | 6.0 | | |
| 8 | 3.0 | 7.0 | | |
| 9 | 2.0 | 8.0 | | |
| 10 | 1.0 | 9.0 | | |
| 11 | 0.0 | 10.0 | | |

## 五、注意事项

1. 测试时比色皿应先用蒸馏水润洗 2～3 次，再用待测溶液润洗 2～3 次。

2. 待测液装入比色皿后，要用擦镜纸将比色皿外擦干，擦时手只能拿毛玻璃面，注意保护其透光面。

3. 比色皿放入比色架内时，注意它们的位置，避免产生混淆。

4. 为了得到较高的准确度，测定时，尽量使吸光度在 0.1～0.65 之间。

5. 选择最大波长时，应采用两边逼近法，波长间隔由大到小，直到找出最大波长为止。

6. 本实验测得的是表观稳定常数，如需得到热力学稳定常数，还需要控制测试时的温度、溶液的离子强度以及配体在实验条件下的存在状态等。

## 六、实验习题

1. 请解释用等摩尔系列法测定配合物组成时，为什么溶液中配体与中心离子的物质的量比正好与配离子组成相同时，配离子的浓度为最大？

2. 用吸光度 $A$ 对配体的体积分数 $[V_R/(V_M+V_R)]$ 作图，是否可求得配合物的组成？

## 七、知识拓展

金属配合物的研究和应用可以追溯到 19 世纪末。金属配合物是由中心金属离子（或原子）和它周围的配体分子通过配位键结合形成的化合物。金属配合物具有独特的催化活性、高选择性和低毒性等特点，使其在众多领域得以广泛应用：

（1）工业领域　金属配合物主要用作催化剂、颜料及催化剂载体等。像钴、镍等金属配合物在催化氢化反应中展现出高效的催化活性，广泛应用于石油化工、制药等产业。此外，因其在颜料制造中具有独特的颜色与稳定性，也被大量用于印刷、涂料和塑料等行业。

（2）农业领域　金属配合物主要用于农药、肥料及植物生长调节剂。例如，铁、锌等金属配合物可充当肥料，提升植物对微量元素的吸收效率；铜、锰等金属配合物能制成农药，有效防治病虫害。

（3）医药领域　金属配合物应用广泛，涉及药物载体、药物递送和生物成像等方面。比如在生物成像中，配合物具有高灵敏度，可用于肿瘤等疾病的早期诊断。

(4) 环保领域　金属配合物主要用于污染物治理与资源回收。例如，可用于去除水中的重金属离子和有机污染物。

(5) 光电领域　光响应金属配合物因对光的吸收、发射、波长、光异构化及机械性能具有良好的动态调控能力，在光电功能领域有巨大的应用潜力。它们已被广泛应用于分子开关、传感、成像、光动力治疗、催化、光电子等领域。

# 实验 13　铁、钴、镍、铜和锌的纸色谱分离

## 一、实验目的

1. 了解色谱分离技术的基本原理。
2. 掌握无机离子纸色谱分离的基本步骤和方法。

## 二、实验原理

色谱分离技术是一种分离复杂混合物中各个组分的有效方法，是一种物理分离方法。利用不同物质在固定相和流动相中具有不同的分配系数，当两相作相对运动时，这些物质以不同速度移动，并在两相间进行反复多次的分配而达到分离的目的。常用的色谱分离技术有纸色谱、柱色谱、薄层色谱、高效液相色谱和气相色谱。

纸色谱是在滤纸上进行的色谱分离方法。将含有几种阳离子的溶液点在条形滤纸的一端，然后将滤纸条垂直地悬吊着，待溶液干后，将有样品的一端浸入展开剂中（一般为含水的有机溶剂）。由于毛细作用，展开剂将向上移动。滤纸纤维上—OH 吸附的一层水（其含量约为 20%）为固定相，有机溶剂为流动相。当展开剂经过试样时，试样各组分在两相之间进行分配。一般来说，在有机溶剂（流动相）中分配系数较大的组分，其随有机溶剂向上迁移，移动速度较快；反之，在水中（固定相）中分配系数较大的组分，则移动较慢，在初始位置附近。一段时间以后即可达到分离的目的（图 3-6）。试样中如果待分离的物质本身具有一定的颜色，则可以观测到滤纸条上不同位置有不同颜色的斑点。但如果物质本身无色，则需要用显色剂使其显色。

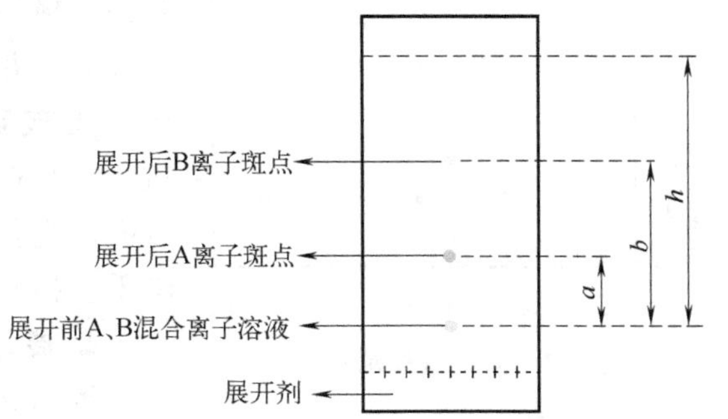

图 3-6　离子 A 和 B 在滤纸上展开示意图

在显色的滤纸条上，测定不同斑点移动的距离（原点至斑点中心距离），再根据原点至溶剂前沿的距离（图 3-6），计算出各溶质的比移值 $R_f$，其表达式如下：

$$R_{f(A)}=\frac{a}{h},R_{f(B)}=\frac{b}{h}$$

两种物质的 $R_f$ 值相差越大，则两者的斑点分得越开，分离效果越好。

本实验研究 $Fe^{3+}$、$Co^{2+}$、$Ni^{2+}$、$Cu^{2+}$ 和 $Zn^{2+}$ 这五种离子的纸色谱分离。展开剂选择丙酮和 6mol·$L^{-1}$ 盐酸（体积比 7∶3）的混合溶液。以 $K_4[Fe(CN)_6]$、$K_3[Fe(CN)_6]$ 和丁二酮肟混合溶液为显色剂。$K_4[Fe(CN)_6]$ 和 $K_3[Fe(CN)_6]$ 均可与 $Fe^{3+}$、$Co^{2+}$、$Ni^{2+}$、$Cu^{2+}$ 和 $Zn^{2+}$ 发生显色反应，生成的两种有色物质混合后，会使色斑更加鲜艳。

$KFe[Fe(CN)_6]$ 深蓝色↓、$Fe[Fe(CN)_6]$ 黄绿色↓ → 深蓝色↓

$Co_2[Fe(CN)_6]$ 灰绿色↓、$Co_3[Fe(CN)_6]_2$ 暗红色↓ → 紫色↓

$Ni_2[Fe(CN)_6]$ 浅绿色↓、$Ni_3[Fe(CN)_6]_2$ 黄棕色↓ → 蓝色↓

$Cu_2[Fe(CN)_6]$ 红棕色↓、$Cu_3[Fe(CN)_6]_2$ 黄棕色↓ → 红棕色↓

$Zn_2[Fe(CN)_6]$ 白色↓、$Zn_3[Fe(CN)_6]_2$ 黄褐色↓ → 黄色↓

丁二酮肟可与 $Ni^{2+}$ 在浓氨水存在的条件下发生显色反应，使原本不明显的蓝色斑点变为鲜红色。而受到浓氨水的影响，$Co^{2+}$ 形成的紫色斑点变成红紫色，$Fe^{3+}$ 的深蓝色斑点转变成为黑紫色。

## 三、实验仪器与试剂

仪器与材料：滤纸、玻璃毛细管、烧杯、保鲜膜、橡皮筋、胶带、铅笔。

试剂：HCl（6mol·$L^{-1}$）、$FeCl_3$（0.05mol·$L^{-1}$）、$CoCl_2$（0.05mol·$L^{-1}$）、$NiCl_2$（0.05mol·$L^{-1}$）、$CuCl_2$（0.05mol·$L^{-1}$）、$ZnCl_2$（0.05mol·$L^{-1}$）、$K_4[Fe(CN)_6]$（0.25mol·$L^{-1}$）、$K_3[Fe(CN)_6]$（0.25mol·$L^{-1}$）、丁二酮肟、展开剂、丙酮、浓氨水。

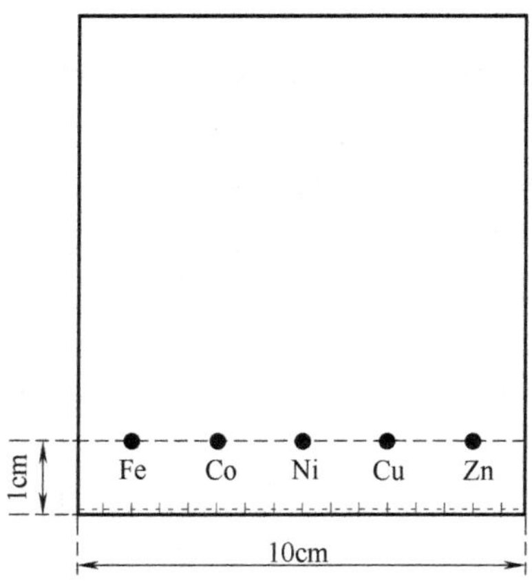


图 3-7 滤纸点样示意图

## 四、实验内容

### 1. 点样

用铅笔在 10cm × 10cm 中速定性滤纸下端约 1cm 处画一横线，作为起始线。然后如图 3-7 所示，将该线五等分，并在每段中间画一小“×”，作为点样的原点。用 5 支玻璃毛细管分别蘸取少量 0.05mol·$L^{-1}$ 的 $Fe^{3+}$、$Co^{2+}$、$Ni^{2+}$、$Cu^{2+}$ 和 $Zn^{2+}$ 的溶液，在“×”处点样，重复点样 2～3 次，注意原点直径不超过 0.3cm，晾干。将滤纸围成圆柱形，并用胶带固定。

### 2. 展开

将 20mL 展开剂倒入 250mL 烧杯中，把圆柱形滤纸小心放入烧杯，展开剂液面在原点线之下，在杯口盖上保鲜膜并用橡皮筋固定。在展开剂上行的过程中不要移动烧杯，当展开剂前沿距滤纸上端约 2cm 时取出滤纸条，用铅笔标出展开剂前沿。将滤纸晾干。

### 3. 显色并计算 $R_f$ 值

将体积比为 6∶1∶1（0.25mol·$L^{-1}$ $K_4[Fe(CN)_6]$∶0.25mol·$L^{-1}$ $K_3[Fe(CN)_6]$∶丁二酮肟）的混合显色剂均匀地喷在滤纸条上。观察并记录滤纸条上斑点的颜色及位置。然后用浓氨水熏滤纸条（在通风橱内进行），观察斑点的颜色变化，并记录其位置。计算五种离子的 $R_f$ 值。

#### 4. 分析

用同样的方法测定五种离子的混合溶液和未知混合液，分析未知混合液中阳离子的组分。

### 五、实验习题

1. 展开剂的性质对样品中不同物质的分离有何影响？
2. 根据几种离子的结构和性质，试解释它们的 $R_f$ 值不同的原因。

### 六、思政之源——不屈不挠、持之以恒的科学精神

Werner 是配位化学的奠基人。1893 年，年仅 27 岁、就职于苏黎世联邦理工学院的 Werner 提出了极具创造性的见解，这一见解后来被称为维尔纳学说。为了追求科学真理，Werner 将毕生精力都倾注于配位化合物的研究。在研究过程中，Werner 展现出了不屈不挠、持之以恒的科学精神。特别是当他提出的配位理论遭到同行的质疑和否定时，他依然坚守科学哲学思维，坚定自己对于金属离子与有机物成键和结构问题的见解。在长达数年的时间里，他毫不气馁、毫不退缩，不断尝试，采用严谨科学的研究方法反复进行实验，终于取得了极为丰富的成果来证明配位理论的正确性。

# 第4章 元素的化学性质实验

## 实验14 s区元素

### 一、实验目的

1. 试验并比较碱金属和碱土金属的活泼性。
2. 试验碱土金属难溶盐的生成与性质。
3. 了解并掌握 $Na^+$、$K^+$、$Mg^{2+}$、$Ca^{2+}$、$Ba^{2+}$ 的定性鉴定方法。
4. 练习焰色反应。
5. 使用微量试剂完成实验探究，践行绿色化学减废、低毒理念，提高安全与环保意识。

### 二、实验预习

预习碱金属和碱土金属主要化合物的重要性质及相关难溶盐在酸中溶解的有关计算。

### 三、仪器与试剂

仪器与材料：烧杯、镊子、小刀、坩埚、酒精灯、微型试管、井穴板、离心试管、带铂丝（或镍铬丝）的玻璃棒、砂纸、pH 试纸、离心机、滤纸、石棉网、蓝色钴玻璃片。

试剂：$H_2SO_4$（1.0mol·$L^{-1}$）、$KMnO_4$（0.01mol·$L^{-1}$）、$MgCl_2$（0.5mol·$L^{-1}$）、NaOH(6.0mol·$L^{-1}$)、$CaCl_2$（0.5mol·$L^{-1}$）、$SrCl_2$（0.5mol·$L^{-1}$）、$BaCl_2$（0.5mol·$L^{-1}$）、$Na_2CO_3$(1.0mol·$L^{-1}$)、HAc(2.0mol·$L^{-1}$、6.0mol·$L^{-1}$)、$K_2CrO_4$（0.5mol·$L^{-1}$）、HCl（0.1mol·$L^{-1}$、2.0mol·$L^{-1}$、6.0mol·$L^{-1}$）、$Na_2SO_4$（0.5mol·$L^{-1}$）、$HNO_3$（浓）、LiCl（1.0mol·$L^{-1}$）、$NH_4F$（10%）、$NH_3·H_2O$（2.0mol·$L^{-1}$）、$Na_2HPO_4$（0.1mol·$L^{-1}$、0.2mol·$L^{-1}$）、KCl（1.0mol·$L^{-1}$）、$Na_3[Co(NO_2)_6]$ 溶液、$NaB(C_6H_5)_4$（2%）、$(NH_4)_2C_2O_4$(饱和)、NaCl(1.0mol·$L^{-1}$)、镁试剂、乙醇（95%）、金属钠、镁条、酚酞。

### 四、实验内容

#### （一）金属钠和镁的还原性

**1. 金属钠和镁与水作用**

用小刀切取一块金属钠（**绿豆大小，不能取多！**），用滤纸吸干其表面的煤油，注意观察新切开面颜色，立即将它放入盛有 50mL 水的 100mL 烧杯中（水中已经滴加酚酞），观察实验现象并解释。

取一小段镁条，用砂纸擦去其表面氧化膜，放入微型试管中，加入少量水，观察有无现象。然后进行加热，观察有什么现象？滴加酚酞试液，观察有何变化？

**2. 金属钠与氧的作用**

用镊子另取一块金属钠（**绿豆大小**），用滤纸吸干其表面的煤油，立即放在坩埚中加热。当金属钠开始燃烧时，停止加热，观察反应现象、产物的颜色及状态。

将上述反应产物转入干燥的微型试管中，在冰水浴中冷却，滴加几滴蒸馏水，检验管口氧气。接着滴加几滴酚酞试液，观察溶液颜色。再用 $1.0mol \cdot L^{-1}$ $H_2SO_4$ 酸化，加入 1 滴 $0.01mol \cdot L^{-1}$ $KMnO_4$ 溶液，观察紫色是否褪去。解释实验现象，并写出有关反应方程式。

**3. 金属镁在空气中燃烧**

取一小段镁条，用砂纸擦去其表面氧化膜，点燃后放在石棉网上，观察燃烧时的现象、产物颜色及状态，并写出有关反应方程式。

根据以上反应进行的剧烈程度，说明金属钠和镁的活泼性。

**（二）碱土金属的难溶盐**

**1. 碳酸盐**

分别在洁净的 0.7mL 井穴板的三个孔穴中滴加 1 滴浓度为 $0.5mol \cdot L^{-1}$ 的 $CaCl_2$、$SrCl_2$、$BaCl_2$ 溶液，再各加入 1 滴 $1.0mol \cdot L^{-1}$ $Na_2CO_3$ 溶液，观察是否有沉淀生成，然后再各滴加 $2.0mol \cdot L^{-1}$ HAc，试验沉淀是否溶解并解释。

**2. 铬酸盐**

取 2 支洁净的离心试管，分别加入 3 滴 $0.5mol \cdot L^{-1}$ $SrCl_2$ 和 $BaCl_2$ 溶液，再各加入 2 滴 $0.5mol \cdot L^{-1}$ $K_2CrO_4$ 溶液，观察是否有沉淀生成。然后进行离心分离，将每种沉淀分成两份，分别试验沉淀是否溶于 $6.0mol \cdot L^{-1}$ HAc 溶液和 $2.0mol \cdot L^{-1}$ HCl 溶液中，并加以解释。

**3. 硫酸盐**

分别在 4 支洁净的离心试管中滴加 3 滴浓度为 $0.5mol \cdot L^{-1}$ 的 $MgCl_2$、$CaCl_2$、$SrCl_2$、$BaCl_2$ 溶液，再各滴加 6～8 滴 $0.5mol \cdot L^{-1}$ $Na_2SO_4$ 溶液，观察实验现象（若沉淀不明显，可以静置 5～10min），并试验沉淀是否溶于浓 $HNO_3$ 中，比较几种硫酸盐溶解度的大小。

将以上实验现象和实验结果填于表 4-1 中，生成难溶盐的写“↓”，反之则写“—”；溶于表中所用酸的记为“↓（溶）”，不溶的记“↓（不）”，试用溶度积规则解释以上现象。

**表 4-1　碱土金属难溶盐的溶解性**

| 所加试剂 | $Mg^{2+}$ | $Ca^{2+}$ | $Sr^{2+}$ | $Ba^{2+}$ | 沉淀中所加酸 |
|---|---|---|---|---|---|
| $Na_2CO_3(1.0mol \cdot L^{-1})$ | | | | | $HAc(2.0mol \cdot L^{-1})$ |
| $K_2CrO_4(0.5mol \cdot L^{-1})$ | | | | | $HAc(6.0mol \cdot L^{-1})$ |
| | | | | | $HCl(2.0mol \cdot L^{-1})$ |
| $Na_2SO_4(0.5mol \cdot L^{-1})$ | | | | | 浓 $HNO_3$ |

**（三）锂和镁的相似性**

**1. 氟化物**

在两支洁净的微型试管中分别加入 5 滴 $1.0mol \cdot L^{-1}$ LiCl 溶液和 5 滴 $0.5mol \cdot L^{-1}$

$MgCl_2$ 溶液，再各加入 5 滴 10% $NH_4F$ 溶液，观察沉淀生成并写出相关反应方程式。

**2. 磷酸盐**

在一支微型试管中加入 5 滴 1.0mol·$L^{-1}$ LiCl 溶液和 1 滴 2.0mol·$L^{-1}$ $NH_3 \cdot H_2O$，调 pH 至 9，再加入 0.1mol·$L^{-1}$ $Na_2HPO_4$（请思考为什么不用 $Na_3PO_4$）。在另一支微型试管中加入 3 滴 0.5mol·$L^{-1}$ $MgCl_2$ 溶液，然后滴加 3 滴 0.1mol·$L^{-1}$ $Na_2HPO_4$。观察实验现象（若现象不明显，可适当加热或摩擦试管内壁），比较锂盐与镁盐的相似性并解释其原因，写出化学反应方程式。

**（四）碱金属和碱土金属离子的鉴定**

**1. $K^+$的鉴定**

（1）在洁净的微型试管中，先滴加 5 滴 1.0mol·$L^{-1}$ KCl，再加 2 滴 $Na_3[Co(NO_2)_6]$，观察沉淀的颜色。注意：实验必须在近中性溶液中进行，若酸性强，$[Co(NO_2)_6]^{3-}$ 会与 $H^+$ 作用放出 $NO_2$、NO；若碱性强，则会有 $Co(OH)_3$ 沉淀生成。

（2）在洁净的微型试管中先滴加 3 滴 1.0mol·$L^{-1}$ KCl 溶液，然后再滴加 2% $NaB(C_6H_5)_4$ 溶液，观察沉淀的颜色。

注意：$NH_4^+$ 与 $K^+$ 具有相同反应，故只有 $NH_4^+$ 不存在时，才能用上述两种方法鉴定 $K^+$。

**2. $Ca^{2+}$的鉴定**

在两支洁净的离心试管中各加入 3 滴 0.5mol·$L^{-1}$ $CaCl_2$ 溶液、3 滴饱和 $(NH_4)_2C_2O_4$ 溶液，观察沉淀的生成，离心分离，在两份沉淀中分别加入 6.0mol·$L^{-1}$ HAc 和 2.0mol·$L^{-1}$ HCl 溶液，观察沉淀是否溶解，通过计算解释实验现象。

**3. $Mg^{2+}$的鉴定**

（1）镁试剂法　在一支微型试管中加入 2 滴 0.5mol·$L^{-1}$ $MgCl_2$ 溶液，再滴加 6.0mol·$L^{-1}$ NaOH 溶液，直到产生絮状沉淀为止，然后再加入 1 滴镁试剂，搅拌，观察实验现象。

（2）磷酸铵镁法　在一支微型试管中加入 5 滴 0.5mol·$L^{-1}$ $MgCl_2$ 溶液、1～2 滴 0.1mol·$L^{-1}$ HCl 和 5 滴 0.2mol·$L^{-1}$ $Na_2HPO_4$，再滴加 2～3 滴 2.0mol·$L^{-1}$ $NH_3 \cdot H_2O$ 溶液，观察实验现象。

**4. $Ba^{2+}$的鉴定**

在一支微型试管中加入 2 滴 0.5mol·$L^{-1}$ $BaCl_2$ 溶液、3 滴 2.0mol·$L^{-1}$ HAc 和 3 滴 2.0mol·$L^{-1}$$NH_4Ac$ 溶液，再滴加 0.5mol·$L^{-1}$ $K_2CrO_4$ 溶液，观察实验现象。

**（五）锂、钠、钾、钙、锶、钡、铜盐的焰色反应**

取一根带铂丝（或镍铬丝）的玻璃棒（铂丝尖端弯成环状），先将铂丝浸于 6.0mol·$L^{-1}$ HCl 中，在氧化焰中灼烧，再浸入酸中，再灼烧，如此重复几次，直至火焰不再呈现任何颜色。再将铂丝蘸上氯化锂溶液在氧化焰中灼烧，观察火焰颜色。用同样的操作方法，分别进行钠、钾、钙、锶、钡、铜盐的焰色反应（注意：每试验一种样品前都要将铂丝浸于 6.0mol·$L^{-1}$ HCl 中，然后在氧化焰中灼烧至无色；鉴定钾盐时，为消除钠对钾焰色的干扰，需通过蓝色钴玻璃片观察火焰）。

## 五、安全提示

1. 可溶性钡盐有毒，请将可溶性钡盐沉淀为硫酸钡后倒入固体废物回收处。

2. 金属钠通常应保存在煤油中，放在阴凉处。使用时应按要求大小切割成小块，用镊子夹取，再用滤纸吸干其表面的煤油，切勿与皮肤接触。多余的金属碎屑不能乱丢，可加少量乙醇，令其缓慢分解。

### 六、实验习题

1. 实验室若发生镁燃烧事故，可否用水或者二氧化碳灭火？若不能，应用什么方法灭火？
2. 设计实验方案，分离并鉴定 $Mg^{2+}$、$Ca^{2+}$ 和 $Ba^{2+}$ 混合离子。

### 七、知识拓展

锂元素在人体生理活动中发挥着一定作用。在体内，它以锂离子形式存在，深度参与细胞信号传导以及神经递质调节过程。锂离子可对神经递质的释放与再摄取施加影响，进而作用于情绪与认知功能。

在医学领域，锂元素主要用于治疗某些精神障碍，躁郁症尤为典型。它能够有效稳定情绪波动，降低躁狂与抑郁发作的频率，减轻发作程度。然而，由于安全性问题，锂的使用常常被蒙上一层阴影。数十年来，越来越多的数据表明，低剂量和微剂量锂对于缓解烦躁、愤怒和成瘾是非常有价值的。

## 实验 15　p 区非金属元素（一）——碳、硅、硼

### 一、实验目的

1. 了解活性炭的吸附性。
2. 掌握碳酸盐、硅酸盐、硼酸和硼砂的主要性质，练习硼砂珠的有关实验操作。
3. 使用微量试剂完成实验探究，践行绿色化学减废、低毒理念，提高安全与环保意识。

### 二、实验预习

预习碳、硅、硼主要化合物的重要性质。

### 三、实验仪器与试剂

仪器与材料：离心试管、微型试管、井穴板、烧杯、带铂丝（或镍铬丝）的玻璃棒、蒸发皿、酒精喷灯、石蕊试纸、pH 试纸、离心机、滤纸。

试剂：$Pb(NO_3)_2$（0.001mol·$L^{-1}$、0.1mol·$L^{-1}$）、$K_2CrO_4$（0.1mol·$L^{-1}$）、$Na_2CO_3$（0.1mol·$L^{-1}$）、$NaHCO_3$（0.1mol·$L^{-1}$）、$FeCl_3$（0.1mol·$L^{-1}$、s）、$CaCl_2$（0.1mol·$L^{-1}$、s）、$CuSO_4$（0.1mol·$L^{-1}$、s）、$H_2SO_4$（1.0mol·$L^{-1}$、浓）、硅酸钠溶液（15%）、$NH_4Cl$（饱和）、$Co(NO_3)_2$(s)、$NiSO_4$(s)、$MnSO_4$(s)、$ZnSO_4$(s)、$FeSO_4$(s)、变色硅胶、硼砂（饱和、s）、硼酸（饱和、s）、三氧化二铬（s）、乙醇、蓝（或红）墨水、活性炭、酚酞试液、甘油。

## 四、实验内容

### （一）活性炭的吸附性

（1）往离心试管中依次加 2mL $H_2O$、1 滴蓝（或红）墨水和一小勺活性炭，充分振荡后离心分离，观察溶液的颜色变化。

（2）往离心试管中加 1mL 0.001mol·$L^{-1}$ $Pb(NO_3)_2$ 溶液和 1 滴 0.1mol·$L^{-1}$ $K_2CrO_4$ 溶液，观察实验现象。

（3）往离心试管中加入 1mL 0.001mol·$L^{-1}$ $Pb(NO_3)_2$ 溶液和一小勺活性炭，充分振荡，离心分离，接着往上层清液中加 1 滴 0.1mol·$L^{-1}$ $K_2CrO_4$ 溶液，观察现象，和实验（2）对比，有何不同，为什么？

### （二）碳酸盐的性质

#### 1. 碳酸盐的水解

用 pH 试纸分别测试 0.1mol·$L^{-1}$ $Na_2CO_3$ 和 0.1mol·$L^{-1}$ $NaHCO_3$ 溶液的 pH 值，与理论值比较。

#### 2. $CO_3^{2-}$ 与一些盐的反应

往 0.7mL 井穴板的四个孔穴中，分别滴加 3 滴 0.1mol·$L^{-1}$ 的 $FeCl_3$、$CaCl_2$、$Pb(NO_3)_2$、$CuSO_4$ 溶液，然后再各滴加 2 滴 0.1mol·$L^{-1}$ $Na_2CO_3$ 溶液，观察实验现象，并写出相关反应方程式。

#### 3. $CO_3^{2-}$ 的鉴定

往微型试管中滴加 5 滴试液，再加入 2 滴 1.0mol·$L^{-1}$ $H_2SO_4$ 溶液，将浸有酚酞试液和碳酸钠溶液的小滤纸条放在试管口，若红色褪去，则表明有 $CO_3^{2-}$ 存在。

### （三）硅酸及硅酸盐

#### 1. 硅酸盐的水解

用 pH 试纸测试 15% $Na_2SiO_3$ 溶液的 pH 值。然后往微型试管中加入 5 滴该溶液，再滴入 3 滴饱和 $NH_4Cl$ 溶液并微热，观察产物的颜色和状态，用石蕊试纸检验逸出的气体。

#### 2. 微溶性硅酸盐的生成——“水中花园”

在一只 100mL 烧杯中加入约 50mL 的 15% $Na_2SiO_3$ 溶液，然后将固体 $CuSO_4$、$CaCl_2$、$Co(NO_3)_2$、$NiSO_4$、$MnSO_4$、$FeCl_3$、$ZnSO_4$、$FeSO_4$ 各取一小块投入烧杯中。记下各自位置，静置一段时间，观察实验现象。

注意：（1）不要将不同固体药品投放在同一位置；（2）实验完毕后，过滤回收 $Na_2SiO_3$ 溶液，立即清洗烧杯（为什么?）。

#### 3. 硅胶的吸附性

将蓝色的变色硅胶放在潮湿空气中（或投入水中），观察硅胶颜色变化，并加以解释。

### （四）硼酸的制备、性质和鉴定

（1）在微型试管中加入 6 滴饱和硼砂溶液（硼砂溶解度受温度影响大，实验前可适当水浴加热使其饱和，待冷却后再做实验），先测试溶液的 pH 值，接着加入 3 滴浓 $H_2SO_4$，充分振荡，然后将试管放在冰水中冷却稍长一段时间，观察产物颜色、状态，写出相关反应方程式。

（2）在微型试管中加入 10 滴饱和硼酸溶液，测试溶液 pH 值，再加入 3 滴甘油，充分振荡，再测试溶液 pH 值，解释 pH 变化的原因，写出相关反应方程式。

(3) 在蒸发皿中加入少量硼酸晶体、1mL 乙醇和几滴浓 $H_2SO_4$，混合后点燃，观察火焰颜色。

**（五）硼砂珠实验（选做）**

**1. 硼砂珠制备**

先将铂丝（或镍铬丝）浸于 $6.0mol \cdot L^{-1}$ HCl 中清洗，在氧化焰中灼烧，再浸入酸中，再灼烧，如此重复几次，直至火焰不再呈现任何离子特征颜色。再用铂丝（或镍铬丝）蘸取一些硼砂固体（量不宜太多），在氧化焰中灼烧并熔成圆珠，观察硼砂珠颜色和状态。

**2. 用硼砂珠鉴定钴盐和铬盐**

用烧好的硼砂珠分别蘸取少量硝酸钴和三氧化二铬固体，熔融，冷却后，观察硼砂珠颜色，写出相关化学反应方程式。

## 五、安全提示

铅盐是重金属污染物，六价铬盐有毒，请将其废液及沉淀倒入指定回收桶。

## 六、实验习题

1. 如何区分碳酸钠、硅酸钠和四硼酸钠？

2. 实验室中磨口玻璃器皿为什么可用于储存酸液而不能用来储存碱液？为什么盛过硅酸钠溶液的烧杯在实验后必须立即清洗？

## 七、思政之源——应对全球气候变化，助力全球碳中和

二氧化碳过量排放是导致全球气候变暖的首要因素，由此引发极端天气肆虐、冰川加速消融、海平面持续上升等生态危机，海洋酸化更使生物多样性遭受严重威胁，而高浓度二氧化碳还会损害人体健康。我国作为负责任的大国，在二氧化碳治理方面取得显著成效：碳排放强度较 2005 年下降超 50%，截至 2022 年底非化石能源消费占比达 17.5%，新能源汽车销量全球占比超 60%等。这些成就不仅彰显了我国应对气候变化的坚定决心与大国担当，更为经济绿色转型注入强劲动力。面向未来，我国将深入推进“双碳”战略，预计 2030 年非化石能源占比达 25%，通过持续优化能源结构、突破低碳技术、完善市场机制，在实现 2060 年碳中和目标的同时，培育新能源、储能等战略性新兴产业，构建高质量发展新优势，为全球气候治理贡献中国智慧和中国方案。

# 实验 16　p 区非金属元素（二）——氮和磷

## 一、实验目的

1. 试验并掌握氮的不同氧化态酸和其盐的主要性质，以及铵离子、亚硝酸根离子、硝酸根离子的鉴定反应。

2. 试验磷酸盐的主要性质及偏磷酸根、磷酸根、焦磷酸根的鉴定反应。

3. 了解偏磷酸、正磷酸的生成。

4. 使用微量试剂完成实验探究，践行绿色化学减废、低毒理念，提高安全与环保意识。

## 二、实验预习

预习氮和磷主要化合物的重要性质及进行氮和磷实验时需要注意的安全措施。

## 三、实验仪器与试剂

仪器与材料：微型试管、硬质试管、井穴板、烧杯、玻璃棒、表面皿、pH 试纸、多用滴管、棉花。

试剂：$NaNO_2$（0.5mol·$L^{-1}$、饱和）、$H_2SO_4$（1.0mol·$L^{-1}$、浓）、KI（0.1mol·$L^{-1}$）、$KMnO_4$（0.01mol·$L^{-1}$）、$AgNO_3$（0.1mol·$L^{-1}$、s）、$HNO_3$（0.5mol·$L^{-1}$、2.0mol·$L^{-1}$、6.0mol·$L^{-1}$、浓）、NaOH(6.0mol·$L^{-1}$)、$NaNO_3$（0.5mol·$L^{-1}$、s）、$Pb(NO_3)_2$(s)、$NH_4Cl$(0.1mol·$L^{-1}$)、HAc(2.0mol·$L^{-1}$、6.0mol·$L^{-1}$)、$FeSO_4$(s)、$Na_3PO_4$(0.1mol·$L^{-1}$)、$Na_2HPO_4$（0.1mol·$L^{-1}$）、$NaH_2PO_4$（0.1mol·$L^{-1}$）、$CaCl_2$(0.5mol·$L^{-1}$)、HCl(2.0mol·$L^{-1}$)、$NH_3·H_2O$(2.0mol·$L^{-1}$)、$(NH_4)_2MoO_4$(饱和)、$P_4O_{10}$(s)、$Na_2CO_3$（0.5mol·$L^{-1}$）、$Na_4P_2O_7$（0.1mol·$L^{-1}$）、硫黄粉、铜屑、Zn 片、奈斯勒试剂、对氨基苯磺酸、α-萘胺、蛋白质溶液。

## 四、实验内容

### （一）亚硝酸及其盐的性质

#### 1. $HNO_2$ 的生成与分解

在两支微型试管中分别加入 10 滴饱和 $NaNO_2$ 溶液和 10 滴 1.0mol·$L^{-1}$ $H_2SO_4$ 溶液，再将两支试管置于冰水浴中冷却，随后将硫酸转移到亚硝酸钠溶液中，充分振荡，观察溶液的颜色并写出有关的化学方程式。接着将溶液置于冰水浴中保存备用。

取 4 滴上述自制的 $HNO_2$ 溶液于微型试管中，在室温下放置片刻，观察实验现象，写出有关的化学方程式。

#### 2. $HNO_2$ 的氧化性和还原性

在洁净的 0.7mL 井穴板的两个孔穴中分别加入 1 滴 0.1mol·$L^{-1}$ KI 和 0.01mol·$L^{-1}$ $KMnO_4$ 溶液，再各滴加 2 滴上述自制的 $HNO_2$ 溶液，观察实验现象，写出相关反应方程式，并用标准电极电势数据解释实验现象。

#### 3. $AgNO_2$ 的生成

在微型试管中滴加 2 滴 0.1mol·$L^{-1}$ $AgNO_3$ 和 2 滴 0.5mol·$L^{-1}$ $NaNO_2$，观察实验现象，写出相关反应方程式。

### （二）硝酸及其盐的性质

#### 1. 硝酸的性质（在通风橱中进行）

（1）浓 $HNO_3$ 与非金属的反应　在洁净的微型试管内加入少许硫黄粉（米粒大小），接着滴加 10 滴浓 $HNO_3$，在试管口塞上用 NaOH 溶液浸润过的棉花（有什么作用？注意 NaOH 溶液量不要太大，防止其流至试管内），水浴加热至沸，观察实验现象，冷却 1～

2min，取反应后的上层清液检验有无 $SO_4^{2-}$ 的生成。

（2）浓 $HNO_3$ 与金属的反应　在微型试管中加入少许Cu屑，接着加入5滴浓硝酸，当观察到液面上有红棕色气体出现时，立即加入蒸馏水（为什么?），观察试管中溶液的颜色，写出反应方程式。

（3）稀 $HNO_3$ 与金属的反应　在微型试管中加入少许Cu屑，接着加入5滴 $2.0mol \cdot L^{-1}$ $HNO_3$，水浴加热，与实验（2）进行对比，观察实验现象有何不同?

在微型试管中加入Zn片，接着加入5滴 $0.5mol \cdot L^{-1}$ $HNO_3$ 溶液，观察实验现象，待反应进行5min后，取出上层清液检验有无 $NH_4^+$ 生成［参考下述（三）（1）的实验方法］。

**2. 硝酸盐的热分解（选做）**

在干燥的硬质试管中分别试验固体硝酸钠、硝酸铅、硝酸银的受热分解，观察反应现象和产物的颜色，检验反应生成的气体，写出反应方程式。

总结硝酸盐的热分解与金属阳离子的关系。

**（三）$NH_4^+$、$NO_2^-$、$NO_3^-$ 的鉴定**

**1. $NH_4^+$ 的鉴定**

（1）气室法　滴加5滴铵盐溶液于5mL井穴板的一个孔穴中，再滴加 $6.0mol \cdot L^{-1}$ 的NaOH至溶液为碱性，将一小块湿润的pH试纸贴在表面皿的凸面上，并用凸面盖实井穴板做成“气室”，如pH试纸显碱色，则表示有 $NH_4^+$（必要时井穴板可在水浴上加热）。

（2）奈氏试剂法　在洁净的0.7mL井穴板的一个孔穴中滴加1滴 $0.1mol \cdot L^{-1}$ $NH_4Cl$ 溶液，2滴奈斯勒试剂（又称奈氏试剂），即有红褐色沉淀生成：

$$HgI_2 + 2I^- = [HgI_4]^{2-}$$

$NH_4^+ + 2[HgI_4]^{2-} + 4OH^- =$ 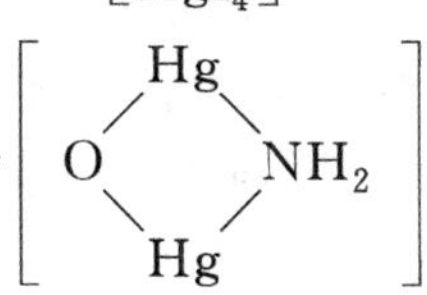 $I\downarrow + 3H_2O + 7I^-$

**2. $NO_2^-$ 的鉴定**

取1滴 $0.5mol \cdot L^{-1}$ 的 $NaNO_2$ 溶液稀释至15mL，再从中取一滴于微型试管中，然后加入1滴 $6.0mol \cdot L^{-1}$ HAc，1滴对氨基苯磺酸和几滴α-萘胺，溶液即显红色：

$$H_2N—C_6H_4—SO_3H + C_{10}H_7—NH_2 + NO_2^- + H^+ =$$
$$H_2N—C_{10}H_6—N=N—C_6H_4—SO_3H + 2H_2O$$

**3. $NO_3^-$ 的鉴定（棕色环实验）**

取5滴 $0.5mol \cdot L^{-1}$ $NaNO_3$ 溶液于微型试管中，再加少许 $FeSO_4$ 晶体，振荡试管使晶体溶解。然后斜持试管，沿试管壁缓慢加入浓 $H_2SO_4$（不要振荡试管），观察浓 $H_2SO_4$ 和溶液界面处有无棕色环出现，其反应式如下：

$$3Fe^{2+} + NO_3^- + 4H^+ = 3Fe^{3+} + NO\uparrow + 2H_2O$$

$Fe^{2+} + NO + SO_4^{2-} = Fe(NO)SO_4$（棕色）［硫酸亚硝基合铁(Ⅱ)］

注意：$NO_2^-$ 也能发生类似的反应，但不能成环，只能使溶液全部变为棕色。当有 $NO_2^-$ 存在时，应先加入 $NH_4Cl$，加热，除去 $NO_2^-$。

$$NO_2^- + 3Fe^{2+} + 2HAc = NO\uparrow + 3Fe^{3+} + H_2O + 2Ac^-$$

$Fe^{2+} + NO = [Fe(NO)]^{2+}$（棕色溶液）

### （四）正磷酸盐的性质和磷酸根的鉴定

(1) 溶液的酸碱性　用 pH 试纸分别测试 $0.1mol \cdot L^{-1}$ 的 $Na_3PO_4$、$Na_2HPO_4$、$NaH_2PO_4$ 溶液的 pH 值，解释它们的 pH 值为何不同，与理论值进行比较。

(2) 溶解性　在 5mL 井穴板三个孔穴中分别加入 3 滴 $0.1mol \cdot L^{-1}$ 的磷酸钠、磷酸氢二钠、磷酸二氢钠，再各滴加 1 滴 $0.5mol \cdot L^{-1}$ $CaCl_2$ 溶液，是否都有沉淀生成？在无沉淀生成的孔穴中滴加 2 滴 $2.0mol \cdot L^{-1}$ 的氨水，观察有何变化？最后在三个孔穴中均加入 $2.0mol \cdot L^{-1}$ 盐酸酸化，观察又有何变化？写出相关反应方程式。比较 $Ca_3(PO_4)_2$、$CaHPO_4$、$Ca(H_2PO_4)_2$ 的溶解性，说明它们之间相互转化的条件。

(3) $PO_4^{3-}$ 的鉴定　磷钼酸铵沉淀法：在洁净的微型试管中加入 3 滴含 $PO_4^{3-}$ 的溶液（可以是 $Na_3PO_4$、$Na_2HPO_4$、$NaH_2PO_4$），1 滴 $6.0mol \cdot L^{-1}$ $HNO_3$ 和 8～10 滴饱和 $(NH_4)_2MoO_4$ 溶液，即有黄色沉淀生成：

$$PO_4^{3-} + 3NH_4^+ + 12MoO_4^{2-} + 24H^+ = (NH_4)_3PO_4 \cdot 12MoO_3 \cdot 6H_2O \downarrow + 6H_2O$$

### （五）偏磷酸根、磷酸根、焦磷酸根的鉴定

(1) 取少量 $P_4O_{10}$ 固体于 50mL 烧杯中，加入 10～15mL 经冰水浴冷却的蒸馏水溶解，得到 $HPO_3$ 溶液；取 5mL 该溶液于小试管中，加入 1mL 浓 $HNO_3$，加热煮沸 10min，得到 $H_3PO_4$ 溶液。保留上述两种溶液备用。

(2) 在洁净的 0.7mL 井穴板的两个孔穴中分别加入 3 滴上述两种溶液，然后各加入 $0.5mol \cdot L^{-1}$ $Na_2CO_3$ 溶液调至溶液呈中性或微酸性（为什么?），再各加入 2 滴 $0.1mol \cdot L^{-1}$ $AgNO_3$ 溶液，观察沉淀的生成及沉淀的颜色？另取 $0.1mol \cdot L^{-1}$ $Na_4P_2O_7$ 溶液，加入 2 滴 $0.1mol \cdot L^{-1}$ $AgNO_3$ 溶液，观察实验现象，写出所有离子反应方程式。

(3) 在两支微型试管中分别加入 10 滴上述实验（五）(1) 所得到的两种溶液，第三支微型试管中加入 2 滴 $0.1mol \cdot L^{-1}$ $Na_4P_2O_7$ 溶液，再各加 2～3 滴 $2.0mol \cdot L^{-1}$ 醋酸溶液和蛋白质溶液，观察实验现象。

根据实验结果，总结区别与鉴定 $PO_4^{3-}$、$PO_3^-$、$P_2O_7^{4-}$ 的方法。

## 五、安全提示

1. 部分实验中有 NO、$NO_2$ 气体放出，应在通风橱中进行，实验后及时清洗试管。
2. 奈斯勒试剂含有汞离子，请将其废液倒入指定回收桶。

## 六、实验习题

1. 有一未知物，可能是 $Na_2S_2O_3$、NaI、$Na_2SO_4$、NaCl、$Na_3PO_4$、$Na_2HPO_4$、$NaH_2PO_4$，试用最简洁的方法鉴定出来。
2. 如何通过实验鉴别 $NaNO_2$ 和 $NaNO_3$ 溶液？试设计三种方案。
3. 在氧化还原反应中，为什么一般情况下不用硝酸作反应介质？

## 七、思政之源——探索与创新

侯氏制碱法，也叫联合制碱法，由我国化学工程专家侯德榜于 1943 年创制。该工艺能同时产出纯碱和氯化铵。在西方技术封锁下，他带领团队在设备简陋、战乱动荡的环境中从零开始，历时多年攻克技术难关，最终打破国际垄断（索尔维法的专利壁垒），研发出具有

完全自主知识产权的联合制碱工艺。

侯氏制碱法的化学方程式如下：

NaCl（饱和溶液）＋$NH_3$（先加）＋$H_2O$＋$CO_2$（后加）══$NH_4Cl$＋$NaHCO_3$↓

在饱和食盐水中通入氨气和二氧化碳，生成碳酸氢钠和氯化铵。

2$NaHCO_3$（加热）══$Na_2CO_3$＋$H_2O$＋$CO_2$↑

将碳酸氢钠加热分解，得到纯碱、水和二氧化碳。

侯氏制碱法与索尔维制碱法相比，侯氏制碱法在保留了氨碱法优点的同时，消除了其缺点。侯氏制碱法提高了食盐的利用率，减少了环境污染，降低了生产成本，因此在全球享有盛誉，得到广泛采用。

# 实验 17　p 区非金属元素（三）——氧和硫

## 一、实验目的

1. 试验并掌握 $H_2O_2$ 的酸性与氧化、还原、稳定性等。
2. 试验并掌握不同氧化态硫的含氧化合物的重要性质。
3. 比较金属硫化物的难溶性。
4. 使用微量试剂完成实验探究，践行绿色化学减废、低毒理念，提高安全与环保意识。

## 二、实验预习

预习 $H_2O_2$ 和不同氧化态硫的含氧化合物的重要性质及有关反应。了解有硫化氢或者二氧化硫参与或生成的实验中的安全措施。

## 三、实验仪器与试剂

仪器与材料：微型试管、离心试管、井穴板、玻璃棒、离心机、pH 试纸、滤纸、火柴。

试剂：$H_2O_2$(3%、30%)、NaOH（40%）、KI（0.1mol·$L^{-1}$）、$H_2SO_4$(1.0mol·$L^{-1}$、6.0mol·$L^{-1}$)、$Pb(NO_3)_2$(0.1mol·$L^{-1}$)、$H_2S$（饱和）、$PbO_2$(s)、$HNO_3$(2.0mol·$L^{-1}$、浓)、$KMnO_4$(0.01mol·$L^{-1}$)、$MnO_2$(s)、$K_2CrO_4$(0.1mol·$L^{-1}$)、$K_2Cr_2O_7$(0.1mol·$L^{-1}$)、$FeCl_3$(0.1mol·$L^{-1}$)、$MnSO_4$(0.1mol·$L^{-1}$)、$ZnSO_4$(0.1mol·$L^{-1}$、饱和)、$CdSO_4$(0.1mol·$L^{-1}$)、$CuSO_4$(0.001mol·$L^{-1}$)、$Hg(NO_3)_2$(0.1mol·$L^{-1}$)、$NH_3·H_2O$（2.0mol·$L^{-1}$）、HCl（2.0mol·$L^{-1}$、6.0mol·$L^{-1}$）、$Na_2S$（1.0mol·$L^{-1}$）、$Na_2SO_3$(0.5mol·$L^{-1}$)、$Na_2S_2O_3$(0.1mol·$L^{-1}$)、$BaCl_2$(0.1mol·$L^{-1}$、0.5mol·$L^{-1}$)、KBr（0.1mol·$L^{-1}$）、$AgNO_3$(0.1mol·$L^{-1}$)、$K_2S_2O_8$(s)、$Na_2[Fe(CN)_5NO]$（1%）、$K_4[Fe(CN)_6]$（0.1mol·$L^{-1}$）、无水乙醇、$CCl_4$、乙醚、品红溶液、碘水、氯水。

## 四、实验内容

### （一） $H_2O_2$ 的性质

#### 1. $H_2O_2$ 的酸性

在洁净的微型试管中加入 5 滴 40%的 NaOH 溶液、0.5mL 30% $H_2O_2$ 溶液和 0.5mL 无水乙醇，充分振荡，观察生成物 $Na_2O_2 \cdot 8H_2O$ 固体的颜色（$Na_2O_2 \cdot 8H_2O$ 易溶于水并完全水解，但在乙醇中的溶解度较小）。

#### 2. $H_2O_2$ 的氧化性

（1）在洁净的微型试管中滴加 2～3 滴 0.1mol·$L^{-1}$ KI 溶液，然后滴加 2 滴 1mol·$L^{-1}$ $H_2SO_4$ 溶液酸化，再加入 5 滴 $CCl_4$ 溶液，充分振荡，最后逐滴加入 3%的 $H_2O_2$ 溶液，充分振荡，观察实验现象。

（2）在洁净的离心试管中滴加 5 滴 0.1mol·$L^{-1}$ $Pb(NO_3)_2$ 溶液，再滴加饱和硫化氢溶液，观察沉淀的颜色。然后进行离心分离，往沉淀中逐滴加入 3% $H_2O_2$，充分振荡，观察沉淀颜色变化。

#### 3. $H_2O_2$ 的还原性

（1）在洁净的微型试管中加入少许 $PbO_2$ 粉末，再加入 2 滴 2.0mol·$L^{-1}$ $HNO_3$ 溶液酸化，然后滴入 5 滴 3%的 $H_2O_2$ 溶液，充分振荡，水浴加热，观察实验现象（检验逸出的气体）。

（2）在洁净的微型试管中滴加 2 滴 0.01mol·$L^{-1}$ $KMnO_4$ 溶液，再加入 4 滴 1.0mol·$L^{-1}$ $H_2SO_4$ 溶液酸化，然后滴加 3% $H_2O_2$ 溶液，充分振荡，观察现象。

#### 4. $H_2O_2$ 的催化分解

在洁净的微型试管中加入 1mL 3% $H_2O_2$，然后进行微热，用带火星的火柴梗放在试管口检验逸出的气体。在另一微型试管中加入 1mL 3% $H_2O_2$ 和少许的 $MnO_2$ 粉末，观察现象。比较两个实验的差异，说明 $MnO_2$ 在其中起到什么作用。

#### 5. $H_2O_2$ 的鉴定反应

在洁净的试管中滴加 1 滴 0.1mol·$L^{-1}$ $K_2CrO_4$，再加入 5 滴 1.0mol·$L^{-1}$ $H_2SO_4$ 进行酸化，然后滴加 10 滴乙醚和 5 滴 3% $H_2O_2$，振荡试管，观察试管中乙醚层及水溶液的颜色变化。酸性介质中将会发生如下反应：

$$2K_2CrO_4 + H_2SO_4 = K_2Cr_2O_7 + H_2O + K_2SO_4$$

$$Cr_2O_7^{2-} + 2H^+ + 4H_2O_2 = 2Cr(O_2)_2O + 5H_2O$$

$$4Cr(O_2)_2O + 12H^+ = 4Cr^{3+} + 6H_2O + 7O_2 \uparrow$$

通过以上实验，总结 $H_2O_2$ 的基本性质并写出相关化学反应方程式。

### （二） $H_2S$ 的酸性和还原性

（1）用 pH 试纸测试饱和硫化氢溶液的 pH 值，并与计算值进行比较。

（2）在 0.7mL 井穴板的 1～4 号孔穴中，分别加入碘水、0.01mol·$L^{-1}$ $KMnO_4$、0.1mol·$L^{-1}$ $FeCl_3$ 和 0.1mol·$L^{-1}$ $K_2Cr_2O_7$ 溶液各 2 滴，接着在 2～4 号孔穴中各加入 2 滴 1.0mol·$L^{-1}$ $H_2SO_4$ 进行酸化，最后分别在 1～4 号孔穴中滴加 3 滴饱和 $H_2S$ 溶液，观察 1～4 号孔穴中的实验现象并写出相关反应方程式。

### （三）金属硫化物及其溶解性（选做）

在 5 支洁净的离心试管中分别滴加 0.1mol・$L^{-1}$ 的 $MnSO_4$、$ZnSO_4$、$CdSO_4$、$CuSO_4$ 和 $Hg(NO_3)_2$ 溶液各 2 滴，然后各加入 2 滴饱和硫化氢，充分振荡，观察实验现象并记录在表 4-2 中。向不产生沉淀的试管中加入 2 滴 2.0mol・$L^{-1}$ $NH_3\cdot H_2O$。

将上述实验进行离心分离，分别向沉淀中加入 2.0mol・$L^{-1}$ HCl，充分振荡，观察沉淀是否溶解。对不溶于 2.0mol・$L^{-1}$ HCl 的硫化物，再次进行离心分离，按下列步骤继续进行实验：

(1) 向沉淀中加入 6.0mol・$L^{-1}$ HCl，观察沉淀是否溶解。

(2) 将不溶于 6.0mol・$L^{-1}$ HCl 的硫化物，再次进行离心分离，向沉淀中加入浓 $HNO_3$，观察沉淀是否溶解。

(3) 将不溶于浓 $HNO_3$ 的硫化物，进行离心分离，用蒸馏水洗涤沉淀 2 次，再向沉淀中加入 1.0mol・$L^{-1}$ $Na_2S$ 溶液，观察沉淀是否溶解。

表 4-2 部分金属硫化物的溶解性

| 金属硫化物 | 颜色 | 溶于何种溶液 | 反应方程式 |
|---|---|---|---|
| MnS | | | |
| ZnS | | | |
| CdS | | | |
| CuS | | | |
| HgS | | | |

### （四） $H_2SO_3$ 及其盐的性质

(1) 向洁净的微型试管中加入 10 滴 1.0mol・$L^{-1}$ $H_2SO_4$ 和 10 滴 0.5mol・$L^{-1}$ $Na_2SO_3$ 溶液，观察实验现象（必要时可适当加热），把湿润的 pH 试纸放在试管口，观察有何变化？

(2) 向洁净的微型试管中加入 3 滴 0.5mol・$L^{-1}$ $Na_2SO_3$ 溶液，再加入 3 滴 1.0mol・$L^{-1}$ $H_2SO_4$ 进行酸化，接着加入 1 滴 0.1mol・$L^{-1}$ $K_2Cr_2O_7$ 溶液，观察实验现象。

(3) 在洁净的微型试管中加入 3 滴 0.5mol・$L^{-1}$ $Na_2SO_3$ 溶液，再加入 3 滴 1.0mol・$L^{-1}$ $H_2SO_4$ 进行酸化，接着加入 1 滴新配的饱和硫化氢溶液，观察实验现象。

(4) 在洁净的微型试管中加入 3 滴 0.5mol・$L^{-1}$ $Na_2SO_3$ 溶液，再加入 3 滴 1.0mol・$L^{-1}$ $H_2SO_4$ 进行酸化，接着加入 1 滴品红溶液，观察实验现象。

通过以上实验，总结 $H_2SO_3$ 及其盐的相关性质，并写出相关化学反应方程式。

### （五）硫代硫酸盐的性质

(1) 在洁净的微型试管中滴入 2 滴碘水和 2 滴 0.1mol・$L^{-1}$ $Na_2S_2O_3$ 溶液，观察实验现象。再滴加 0.1mol・$L^{-1}$ $BaCl_2$ 溶液，观察是否有沉淀生成。

(2) 在洁净的微型试管中滴加 2 滴氯水和 2 滴 0.1mol・$L^{-1}$ $Na_2S_2O_3$ 溶液，接着滴加 0.1mol・$L^{-1}$ $BaCl_2$ 溶液，观察是否有沉淀生成。

(3) 在洁净的微型试管中滴加 10 滴 0.1mol・$L^{-1}$ $Na_2S_2O_3$ 溶液和 5 滴 2.0mol・$L^{-1}$ HCl，观察实验现象，并用品红试纸检验生成的气体。

(4) 在洁净的微型试管中滴加 2 滴 0.1mol・$L^{-1}$ KBr 溶液和 2 滴 0.1mol・$L^{-1}$ $AgNO_3$ 溶液，观察实验现象，再滴加 0.1mol・$L^{-1}$ $Na_2S_2O_3$，观察沉淀是否溶解并解释。

根据上述实验，总结硫代硫酸盐的性质，并写出相关化学反应方程式。

**（六）过二硫酸盐的氧化性**

(1) 向两支洁净的微型试管中均加入 10 滴蒸馏水和 3 滴 0.01mol・$L^{-1}$ $MnSO_4$ 溶液，接着加入 5 滴 6.0mol・$L^{-1}$ $H_2SO_4$ 溶液进行酸化。然后在第一支试管中加入 1 滴 0.1mol・$L^{-1}$ $AgNO_3$ 溶液，少许 $K_2S_2O_8$ 固体；在第二支试管中只加入少许 $K_2S_2O_8$ 固体，水浴加热（控温于 60～80℃），观察溶液颜色变化的快慢并解释。

(2) 向两支洁净的微型试管中均加入 5 滴 0.1mol・$L^{-1}$ KI 溶液，接着加入 5 滴 6.0mol・$L^{-1}$ $H_2SO_4$ 进行酸化，再向其中一支试管中滴加 1 滴 0.001mol・$L^{-1}$ $CuSO_4$ 溶液，最后在两支试管中均加入少许 $K_2S_2O_8$ 固体，观察溶液颜色变化的快慢并解释。

**（七）$S^{2-}$、$SO_3^{2-}$、$S_2O_3^{2-}$、$SO_4^{2-}$（选做）**

**1. $S^{2-}$ 的鉴定**

向 0.7mL 井穴板的一个孔穴中加入 1 滴含 $S^{2-}$ 的碱性试液，再加入 1 滴 1% $Na_2[Fe(CN)_5NO]$ 溶液，溶液若呈紫红色，则表明有 $S^{2-}$ 存在（本实验也可在滤纸上进行）。

**2. $SO_3^{2-}$ 的鉴定**

向 0.7mL 井穴板的一个孔穴中加入 2 滴饱和 $ZnSO_4$ 溶液，再滴加 1 滴新配制的 0.1mol・$L^{-1}$ $K_4[Fe(CN)_6]$ 和 1 滴新配制的 1% 的 $Na_2[Fe(CN)_5NO]$ 溶液，接着加入 1 滴含 $SO_3^{2-}$ 的试液，充分搅拌，若出现红色沉淀，则表明存在 $SO_3^{2-}$。

**3. $S_2O_3^{2-}$ 的鉴定**

向 0.7mL 井穴板的一个孔穴中加入 5 滴 0.1mol・$L^{-1}$ $Na_2S_2O_3$ 溶液，再逐滴加入 0.1mol・$L^{-1}$ $AgNO_3$ 溶液直至产生白色沉淀，静置数分钟，观察沉淀颜色的变化［白→黄→棕→黑，$Ag_2S_2O_3$(白)$+H_2O$ ══ $Ag_2S$（黑）$+H_2SO_4$］，并进行解释。

**4. $SO_4^{2-}$ 的鉴定**

向 0.7mL 井穴板的一个孔穴中加入 2 滴含 $SO_4^{2-}$ 的溶液，接着加入 2 滴 2.0mol・$L^{-1}$ $HNO_3$ 进行酸化，再滴加 2 滴 0.5mol・$L^{-1}$ 的 $BaCl_2$ 溶液，若有白色沉淀生成，则表明存在 $SO_4^{2-}$。

## 五、安全提示

1. 有硫化氢或者二氧化硫参与或生成的实验，应在通风橱中进行。
2. 本次实验中使用到的铅盐、铬盐和汞盐有毒，请将其废液倒入指定回收桶。

## 六、实验习题

1. 长时间放置的 $H_2S$、$Na_2SO_3$、$Na_2S_2O_3$ 溶液会有什么变化？
2. $Na_2S_2O_3$ 和 $AgNO_3$ 反应，什么条件下生成 $Ag_2S$ 沉淀？什么条件下生成 $[Ag(S_2O_3)_2]^{3-}$？
3. 有一未知物，可能是 $Na_2S_2O_3$、$Na_2S$、$Na_2SO_3$、$Na_2SO_4$、$NaHSO_3$、$K_2S_2O_8$，试用最简单的方法进行鉴定。

## 七、思政之源——增强环境保护的责任感和使命感

二氧化硫（$SO_2$），是最简单和常见的硫氧化物，是无色透明、有刺激性臭味的气体，

易溶于水、乙醇、乙醚。常温常压下稳定，能与水反应生成亚硫酸（$H_2SO_3$）。具有漂白性，能与有机色素结合形成无色化合物，但这种漂白性不稳定，加热后颜色会恢复。火山喷发等自然活动，以及煤、石油、天然气等化石燃料燃烧，还有众多工业生产过程都会产生二氧化硫。二氧化硫是大气主要污染物之一，在大气中经一系列反应形成酸雨（pH<5.6），会腐蚀建筑物、损害植物、污染水体和土壤等。人体吸入后会刺激呼吸道，长期接触可能引发慢性呼吸道疾病、肺气肿等，还可能对心血管系统等造成影响。2017年10月27日，世界卫生组织国际癌症研究机构将其列为3类致癌物。

硫化氢（$H_2S$）是一种无色、剧毒的酸性气体，低浓度时有臭鸡蛋味，浓度极低时有硫黄味，高浓度时无味（因可麻痹嗅觉神经）。能溶于水形成氢硫酸（二元弱酸），也可溶于醇类、石油溶剂等。硫化氢产生于天然气提炼、石油炼制、废水处理、造纸工业等工业过程；自然界中有机物分解、某些微生物代谢活动也会产生。对人体有强烈毒性，吸入少量高浓度硫化氢可短时间致命。低浓度时刺激眼睛、呼吸道和神经系统，引起眼睛刺痛、头痛、咳嗽、呼吸困难等症状；高浓度时抑制细胞氧化磷酸化作用，阻碍细胞呼吸，导致细胞死亡。

臭氧（$O_3$）是氧气的同素异形体，在常温下是一种有刺鼻味道的淡蓝色气体。臭氧层破坏会加剧紫外线辐射，威胁生态系统和人类健康，导致皮肤癌、白内障等疾病。我国风云气象卫星系列通过紫外高光谱臭氧临边探测仪等先进载荷，实现了全球臭氧总量和垂直分布的精准监测，数据精度达国际先进水平。

因此，实验过程中若有$SO_2$、$H_2S$和$O_3$气体产生，必须在通风橱内进行，实验中产生的气体应有吸收装置，尽量减少向空气中排放。

# 实验18 p区非金属元素（四）——卤素

## 一、实验目的

1. 掌握卤素的氧化性和卤素离子的还原性。
2. 试验卤素的歧化反应。
3. 掌握卤素含氧酸盐的氧化性。
4. 使用微量试剂完成实验探究，践行绿色化学减废、低毒理念，提高安全与环保意识。

## 二、实验预习

预习卤素化合物性质的有关内容及氯、溴、氯酸钾的安全知识。

## 三、实验仪器与试剂

仪器与材料：微型试管、KI-淀粉试纸、醋酸铅试纸、井穴板、玻璃棒、铁锤。

试剂：NaCl（饱和）、KBr($0.1mol\cdot L^{-1}$、饱和)、KI($0.1mol\cdot L^{-1}$、s)、$H_2SO_4$($1.0mol\cdot L^{-1}$、浓)、氨水（浓）、$Na_2S_2O_3$($0.1mol\cdot L^{-1}$)、NaOH（$2.0mol\cdot L^{-1}$）、HCl（$2.0mol\cdot L^{-1}$、浓)、NaClO（$0.1mol\cdot L^{-1}$）、$MnSO_4$($0.1mol\cdot L^{-1}$)、$KClO_3$(s)、$Na_2SO_3$($0.1mol\cdot L^{-1}$)、$KIO_3$

(0.1mol·$L^{-1}$)、品红溶液 (0.01%)、淀粉溶液、$CCl_4$、氯水、溴水、碘水、石蜡、硫黄粉。

## 四、实验内容

### (一) 卤素离子的还原性

取三支洁净的微型试管，在第一支试管中加入 5 滴 NaCl 饱和溶液，在第二支试管中加入 5 滴 KBr 饱和溶液，在第三支试管中加入 5 滴现配的 KI 饱和溶液（或少许固体）。接着在三支试管中均加入 5 滴浓 $H_2SO_4$ 溶液。在第一支试管上方用蘸有浓氨水的细玻璃棒检验逸出的气体，在第二支试管的上方用湿润的 KI-淀粉试纸检验逸出的气体，在第三支试管的上方用湿润的醋酸铅试纸检验逸出的气体。通过观察实验现象，你能得出什么结论？写出相关化学反应方程式。

### (二) 卤素的氧化性

#### 1. 氯、溴、碘的置换顺序

在两支洁净的微型试管中分别加入 1 滴 0.1mol·$L^{-1}$ KBr 和 1 滴 0.1mol·$L^{-1}$ KI 溶液，接着各加入 2 滴氯水，观察实验现象。再分别滴加 10 滴四氯化碳，充分振荡，静置待溶液分层，观察上层的水相和下层的 $CCl_4$ 相有什么变化。

在第三支微型试管中加入 1 滴 0.1mol·$L^{-1}$ KI 溶液和 2 滴溴水（可直接用第一步反应生成的溴进行反应），观察实验现象，再滴加 10 滴四氯化碳，充分振荡，静置待溶液分层，观察水相和有机相有什么变化（该反应可用于鉴定溴离子和碘离子）。

#### 2. 碘的氧化性

在洁净的 0.7mL 井穴板的一个孔穴中加入 2 滴碘水和 1 滴淀粉溶液，接着加入 0.1mol·$L^{-1}$ $Na_2S_2O_3$ 溶液，观察实验现象。

#### 3. 溴和碘的歧化反应

在洁净的 0.7mL 井穴板的一个孔穴中加入 2 滴溴水［可直接用上述实验（二）(1) 反应生成的溴进行反应］和 2 滴 2.0mol·$L^{-1}$ NaOH 溶液，用细玻璃棒搅拌均匀，观察实验现象。再加入 2.0mol·$L^{-1}$ HCl 至溶液呈酸性，观察实验现象。用碘水代替溴水重复进行实验（若实验现象不明显，可加入淀粉溶液）。

通过上述实验，总结卤素的性质，写出相关化学反应方程式。

### (三) 次氯酸钠的氧化性

#### 1. 与浓 HCl 反应

在洁净的 0.7mL 井穴板的一个孔穴中滴加 3 滴浓 HCl 和 3 滴 0.1mol·$L^{-1}$ NaClO 溶液，在试管口用湿润的 KI-淀粉试纸检验逸出的气体。

#### 2. 与 KI 溶液反应

在洁净的微型试管中先加入 5 滴 0.1mol·$L^{-1}$ KI 和 2 滴淀粉溶液，然后再逐滴加入 0.1mol·$L^{-1}$ NaClO 溶液，边滴加边振荡，观察实验现象。

#### 3. 与品红溶液的作用

在洁净的微型试管中加入 1 滴 0.01%品红溶液，然后再逐滴加入 0.1mol·$L^{-1}$ NaClO 溶液，充分振荡，观察实验现象。

#### 4. 与 $Mn^{2+}$ 的作用

在洁净的微型试管中加入 1 滴 0.1mol·$L^{-1}$ $MnSO_4$ 溶液，再滴加 1 滴 0.1mol·$L^{-1}$

NaClO 溶液，充分振荡，观察实验现象。

写出上述反应方程式，并用标准电极电势解释相关实验现象。

**（四）氯酸钾、碘酸钾的氧化性**

（1）将少许 $KClO_3$ 晶体和硫黄粉按体积比约 1∶1.5 在纸上混合均匀（药品集中且总体积不超过黄豆大小，切忌用力研磨），用纸包紧（纸不能太薄且纸张不宜过大），在水泥地上用铁锤垂直击之，听到爆炸声或闻到火药味即可，实验完成后清理地面。

（2）在洁净的微型试管中加入 1 滴 $0.1mol \cdot L^{-1}$ $Na_2SO_3$ 溶液，再滴加 2 滴 $1.0mol \cdot L^{-1}$ $H_2SO_4$ 进行酸化，然后加入 1 滴淀粉溶液，最后再逐滴加入 $0.1mol \cdot L^{-1}$ $KIO_3$ 溶液，边加边振荡，观察现象。

解释上述实验现象，并写出相关化学反应方程式。

### 五、安全提示

1. 实验中的氯气、溴蒸气和碘蒸气具有刺激性，请在通风橱中进行实验。如不慎吸入少量氯气、溴蒸气或碘蒸气，请尽快到室外呼吸新鲜空气。

2. 氯酸钾是强氧化剂，保存不当时容易引起爆炸。氯酸钾与硫、磷的混合物是炸药，因此，禁止将它们混在一起。氯酸钾容易分解，不宜大力研磨、烘干或烤干。在进行有关氯酸钾的实验时，应将剩下的试剂倒入回收瓶内回收处理。

### 六、实验习题

1. 设计实验区别氯酸盐和次氯酸盐。
2. 你能用几种方法区别 KCl 和 $KClO_3$ 固体？

### 七、思政之源——不畏牺牲、严谨求实的探索精神

氟气的发现史是一部充满危险与执着的科学史诗。1768 年马格拉夫首次发现氢氟酸，但此后百年间众多化学家因提取单质氟而中毒甚至丧命，包括苏格兰的诺克斯兄弟因实验致残、比利时化学家鲁耶特为此献出生命。直到 1886 年，法国化学家莫瓦桑在铂制电解槽中，用低温电解无水氢氟酸与氟化钾混合物的方法，历经四次中毒昏迷后终于成功捕获氟气，这一壮举使他获得 1906 年诺贝尔化学奖。氟气的发现过程彰显了科学家们献身真理的勇气，面对“死亡元素”仍前赴后继。凭借创新智慧和严谨态度，莫瓦桑创造性地采用低温电解法和防腐蚀装置制得单质氟。氟气的发现不仅推动了氟化学工业的发展，更成为科学精神的永恒丰碑，提醒后人科研之路需要智慧与勇气的双重加持。

## 实验 19 p 区金属元素（一）——铝、锡、铅

### 一、实验目的

1. 掌握铝的两性以及锡（Ⅱ）、铅（Ⅱ）氢氧化物的酸碱性。

2. 掌握锡（Ⅱ）的还原性和铅（Ⅳ）的氧化性。

3. 试验并掌握铝（Ⅲ）、锡（Ⅱ、Ⅳ）、铅（Ⅱ）的鉴定反应。

4. 使用微量试剂完成实验探究，践行绿色化学减废、低毒理念，提高安全与环保意识。

## 二、实验预习

预习铝（Ⅲ）、锡（Ⅱ、Ⅳ）、铅（Ⅱ、Ⅳ）化合物性质的有关内容。

## 三、实验仪器与试剂

仪器与材料：砂纸、离心机、微型试管、离心试管、井穴板、蒸发皿、pH 试纸、KI-淀粉试纸。

试剂：HCl(2.0mol·$L^{-1}$、浓)、NaOH(2.0mol·$L^{-1}$、6.0mol·$L^{-1}$)、$NH_4Cl$（饱和)、$Na_2CO_3$（饱和)、$H_2SO_4$(3.0mol·$L^{-1}$、浓)、$Al_2(SO_4)_3$(0.1mol·$L^{-1}$、0.5mol·$L^{-1}$、饱和)、$NH_3·H_2O$(2.0mol·$L^{-1}$)、$(NH_4)_2S_x$（饱和)、$SnCl_2·2H_2O(s)$、$SnCl_2$(0.1mol·$L^{-1}$)、$Pb(NO_3)_2$(0.1mol·$L^{-1}$、0.5mol·$L^{-1}$)、$HNO_3$(6.0mol·$L^{-1}$、浓)、$HgCl_2$(0.1mol·$L^{-1}$)、$Bi(NO_3)_3$(0.1mol·$L^{-1}$)、$PbO_2(s)$、$MnSO_4$(0.01mol·$L^{-1}$)、KI(0.1mol·$L^{-1}$、饱和)、$K_2CrO_4$(0.5mol·$L^{-1}$)、NaAc（饱和)、$Pb_3O_4(s)$、$NH_4Ac$(3.0mol·$L^{-1}$)、铝试剂、铝片、锡粒。

## 四、实验内容

### （一）铝的两性

#### 1. 金属铝的性质

(1) 取五小块铝片，用砂纸除去其表面氧化膜，然后分别置于五支微型试管中，接着向五支微型试管中分别加入 6 滴蒸馏水、6 滴 2.0mol·$L^{-1}$ HCl、6 滴 2.0mol·$L^{-1}$ NaOH、6 滴饱和 $NH_4Cl$ 和 6 滴饱和 $Na_2CO_3$，观察实验现象（若常温下反应不明显，可适当加热）。

(2) 另取一小块铝片放入盛有 6 滴冷浓 $H_2SO_4$ 的试管中，观察实验现象。水浴加热后，观察实验现象又有什么变化，检验逸出的气体。

#### 2. $Al(OH)_3$的制备和两性

在三支洁净的微型试管中均加入 2 滴 0.1mol·$L^{-1}$ $Al_2(SO_4)_3$ 溶液，然后再分别加入 3 滴 2.0mol·$L^{-1}$ $NH_3·H_2O$，观察实验现象。接着在第一支微型试管中滴加过量的 2.0mol·$L^{-1}$ $NH_3·H_2O$ 溶液，在第二支微型试管中逐滴加入 2.0mol·$L^{-1}$ NaOH 溶液，在第三支微型试管中逐滴加入 2.0mol·$L^{-1}$ HCl 溶液，观察各试管中的现象，写出相关化学反应方程式。

### （二）铝盐的水解与 $SnCl_2$ 的水解

(1) 在洁净的离心试管中滴加 5 滴 $Al_2(SO_4)_3$ 饱和溶液，再加入 5 滴饱和 $(NH_4)_2S_x$ 溶液，观察实验现象，检验逸出的气体和生成的沉淀分别是什么物质。

(2) 取少许 $SnCl_2·2H_2O$ 晶体于洁净的微型试管中，加入少量蒸馏水静置 2～3min，观察实验现象，用 pH 试纸测试溶液的 pH 值，并加以解释。

### （三）锡、铅氢氧化物的生成和酸碱性

在两支洁净的离心试管中均加入 3 滴 0.1mol·$L^{-1}$ $SnCl_2$ 溶液和 2.0mol·$L^{-1}$ NaOH 溶液，充分振荡，观察是否有白色沉淀生成。离心分离，在两份沉淀中分别加入 2.0mol·

$L^{-1}$ NaOH 及 HCl 溶液，观察沉淀是否溶解，并加以解释［加入 NaOH 后的试管中的溶液保留，供实验（五）(2) 用］。

用 0.1mol・$L^{-1}$ $Pb(NO_3)_2$ 溶液代替 $SnCl_2$ 进行实验，$Pb(OH)_2$ 是否呈两性［思考：试验 $Pb(OH)_2$ 碱性应用什么酸］。

总结 Sn(Ⅱ)、Pb(Ⅱ) 氢氧化物的酸碱性，并写出相关化学反应方程式。

**（四）α-锡酸和 β-锡酸**

**1. α-锡酸的制备和性质**

在两支洁净的离心试管中均加入 3 滴 0.1mol・$L^{-1}$ $SnCl_4$ 溶液，接着加入 2.0mol・$L^{-1}$ NaOH 溶液，观察沉淀的颜色和状态，离心分离，分别试验沉淀与 2.0mol・$L^{-1}$ NaOH 及 HCl 溶液的反应。

**2. β-锡酸的制备和性质（选做）**

取一粒锡粒放入蒸发皿中，加入 15 滴浓 $HNO_3$，在通风橱内稍微加热，观察实验现象。将产物分成两份，分别试验它们与 2.0mol・$L^{-1}$ NaOH 及 HCl 溶液的反应。

比较 α-锡酸和 β-锡酸的化学活性。

**（五） Sn（Ⅱ）化合物的还原性和 Pb（Ⅳ）化合物的氧化性**

**1. $SnCl_2$ 的还原性**

在洁净的 0.7mL 井穴板的一个孔穴中加入 2 滴 0.1mol・$L^{-1}$ $HgCl_2$ 溶液，接着逐滴加入 0.1mol・$L^{-1}$ $SnCl_2$ 溶液，观察实验现象，继续加入过量的 $SnCl_2$ 溶液，充分搅拌，然后静置数分钟，观察沉淀颜色有什么变化（此反应可用于 $Sn^{2+}$ 和 $Hg^{2+}$ 的鉴定）。

**2. $Na_2SnO_2$ 的还原性**

向实验（三）中自制的 $Na_2SnO_2$ 溶液中加入 0.1mol・$L^{-1}$ $Bi(NO_3)_3$ 溶液，观察实验现象（此反应可用于 $Bi^{3+}$ 的鉴定）。

**3. $PbO_2$ 的氧化性**

(1) 取少许 $PbO_2$ 固体于微型试管中，加入 5 滴浓 HCl，水浴加热，在试管口用湿润的 KI-淀粉试纸检验逸出的气体。

(2) 取少许 $PbO_2$ 固体于微型试管中，加入 5 滴 3.0mol・$L^{-1}$ $H_2SO_4$ 进行酸化，接着加入 1 滴 0.01mol・$L^{-1}$ $MnSO_4$ 溶液，微热，静置数分钟，观察溶液颜色的变化，写出相关化学反应方程式，并进行解释。

**（六）铅难溶化合物的生成及性质**

**1. $PbCl_2$**

在两支微型试管中均加入 4 滴蒸馏水，然后各滴加 3 滴 0.5mol・$L^{-1}$ $Pb(NO_3)_2$ 溶液和 3 滴 2.0mol・$L^{-1}$ HCl 溶液，观察实验现象。

把其中一支微型试管进行加热，观察沉淀是否溶解。将溶液自然冷却后，观察沉淀是否重新析出。分析 $PbCl_2$ 溶解度与温度的关系。

把另一支微型试管中的上层清液倾出，向沉淀中逐滴滴加浓 HCl，充分振荡，观察沉淀是否溶解。

**2. $PbI_2$**

在微型试管中加入 3 滴蒸馏水、2 滴 0.1mol・$L^{-1}$ $Pb(NO_3)_2$ 溶液和 2 滴 0.1mol・$L^{-1}$

KI 溶液，观察实验现象。将试管加热，观察沉淀是否溶解。冷却后，再观察实验现象。

用同样的方法制备一份 $PbI_2$ 沉淀，接着在沉淀中加入过量的饱和 KI 溶液，观察沉淀是否溶解。

**3. $PbCrO_4$**

向离心试管中加入 3 滴 $0.1mol \cdot L^{-1}$ $Pb(NO_3)_2$ 溶液和 2 滴 $0.5mol \cdot L^{-1}$ $K_2CrO_4$ 溶液，观察沉淀的生成。离心分离，将沉淀分成两份，向其中一份沉淀中滴加 $6.0mol \cdot L^{-1}$ $HNO_3$ 溶液，向另一份沉淀中滴加 $6.0mol \cdot L^{-1}$ NaOH 溶液，观察实验现象（此反应可用于 $Pb^{2+}$ 的鉴定）。

**4. $PbSO_4$**

向离心试管中滴加 3 滴 $0.1mol \cdot L^{-1}$ $Pb(NO_3)_2$ 溶液和 2 滴 $3.0mol \cdot L^{-1}$ $H_2SO_4$ 溶液，观察白色沉淀的生成，离心分离，向沉淀中加入饱和 NaAc 溶液，微热，充分搅拌，观察沉淀是否溶解。

解释以上实验现象，写出相关化学反应方程式。

### （七） $Al^{3+}$ 的鉴定

在洁净的微型试管中加入 2 滴 $0.5mol \cdot L^{-1}$ $Al_2(SO_4)_3$ 溶液、5 滴 $3.0mol \cdot L^{-1}$ $NH_4Ac$ 和 5 滴 $2.0mol \cdot L^{-1}$ $NH_3 \cdot H_2O$ 溶液，控制溶液接近中性，接着加入 1～2 滴铝试剂，充分搅拌，微热，有鲜红色沉淀生成。

### （八）综合设计实验

设计实验证实铅丹（$Pb_3O_4$）中含有 Pb（Ⅱ）与 Pb（Ⅳ）。

## 五、安全提示

本次实验中使用到的铅盐、铬盐和汞盐有毒，请将其废液倒入指定回收桶。

## 六、实验习题

1. 实验室中如何配制 $SnCl_2$ 溶液？
2. 为什么在试验 $Pb(OH)_2$ 的碱性时不能使用硫酸和盐酸？
3. 如何鉴别下列各组物质？

$BaSO_4$ 与 $PbSO_4$，$BaCrO_4$ 与 $PbCrO_4$，$SnS_2$ 与 PbS。

## 七、知识拓展

我国古代锡的使用历史可追溯至新石器时代晚期，约公元前 2000 年的夏商时期已有成熟应用。作为“五金”（金、银、铜、铁、锡）之一，锡最早被用于青铜合金铸造，造就了后母戊鼎等青铜重器的辉煌。春秋战国时期，锡器独立发展，曾侯乙墓出土的锡罐证明当时已掌握高纯度（98%以上）冶炼技术。汉代锡矿开采规模扩大，《史记》载“豫章出黄金，长沙出连、锡”，湖南桂阳成为全国性锡矿中心。唐宋时期锡器日用化，茶具、烛台等制品通过海上丝绸之路远销海外，《泉州府志》记载了“锡器泛于蕃国”的盛况。20 世纪 80 年代末期云南出现“斑锡”工艺，个旧因锡矿崛起为“锡都”，其独创的“浇铸法”使锡器呈现独特结晶纹。中国古代锡业技术既满足了礼制、货币（如王莽币）、生活需求，彰显了先民对自然资源的智慧利用，更成为中华工业文明连续性的重要见证。

# 实验20 p区金属元素（二）——锑、铋

## 一、实验目的

1. 试验锑（Ⅲ）、铋（Ⅲ）氢氧化物的酸碱性和锑（Ⅲ）、铋（Ⅲ）盐的水解性质。
2. 掌握锑（Ⅲ）、铋（Ⅲ）化合物的还原性和锑（Ⅴ）、铋（Ⅴ）化合物的氧化性。
3. 试验锑、铋硫化物的难溶性，锑、铋硫代酸盐的生成和破坏。
4. 使用微量试剂完成实验探究，践行绿色化学减废、低毒理念，提高安全与环保意识。

## 二、实验预习

预习锑（Ⅲ、Ⅴ）、铋（Ⅲ、Ⅴ）化合物性质的有关内容。复习酸碱度对电极电势的影响及电势-pH图。

## 三、实验仪器与试剂

仪器与材料：离心试管、离心机、微型试管、井穴板、pH试纸、$Pb(Ac)_2$试纸。

试剂：$SbCl_3$（0.1mol·$L^{-1}$、s）、NaOH（2.0mol·$L^{-1}$、6.0mol·$L^{-1}$）、HCl（6.0mol·$L^{-1}$、2.0mol·$L^{-1}$、浓）、$Bi(NO_3)_3$（0.1mol·$L^{-1}$、s）、$HNO_3$（6.0mol·$L^{-1}$）、$MnSO_4$（0.01mol·$L^{-1}$）、$Na_2S$（0.5mol·$L^{-1}$）、$(NH_4)_2S_x$（饱和）、碘水、淀粉溶液、氯水。

## 四、实验内容

### （一）锑（Ⅲ）、铋（Ⅲ）氢氧化物的酸碱性

#### 1. $Sb(OH)_3$的生成与性质

在两支洁净的离心试管中均加入3滴0.1mol·$L^{-1}$ $SbCl_3$溶液，再加入3滴2.0mol·$L^{-1}$ NaOH溶液，观察实验现象。离心分离，分别试验沉淀是否溶解于6.0mol·$L^{-1}$ NaOH溶液和6.0mol·$L^{-1}$ HCl溶液。

#### 2. $Bi(OH)_3$的生成与性质

在两支洁净的离心试管中均加入3滴0.1mol·$L^{-1}$ $Bi(NO_3)_3$溶液，再加入2.0mol·$L^{-1}$ NaOH溶液，观察实验现象。离心分离，分别试验沉淀是否溶解于6.0mol·$L^{-1}$ NaOH溶液和6.0mol·$L^{-1}$ $HNO_3$溶液。

通过以上实验，比较锑（Ⅲ）、铋（Ⅲ）氢氧化物的酸碱性，写出相关化学反应方程式。

### （二）锑（Ⅲ）、铋（Ⅲ）盐的水解

（1）在微型试管中加入米粒大小的$SbCl_3$固体，接着加入10滴蒸馏水，观察实验现象。用pH试纸测试溶液的pH值。再加入6.0mol·$L^{-1}$ HCl溶液，观察沉淀是否溶解。对溶液进行稀释，再酸化，观察实验现象（注意：$SbCl_3$固体易受潮，取用后立即盖好试剂瓶盖）。

（2）以$Bi(NO_3)_3$固体代替$SbCl_3$固体，进行同样实验操作（酸用6.0mol·$L^{-1}$ $HNO_3$

溶液），观察实验现象。

### （三）锑、铋（Ⅴ、Ⅲ）的氧化性、还原性

**1. Sb（Ⅲ）的还原性和 Sb（Ⅴ）的氧化性**

在微型试管中滴加 2 滴 0.1mol・$L^{-1}$ $SbCl_3$ 溶液，然后逐滴滴入 6.0mol・$L^{-1}$ NaOH 溶液，边滴加边搅拌，至溶液澄清，得 $Na_3SbO_3$ 溶液（保留备用）。

在洁净的 5mL 井穴板的一个孔穴中加入 2 滴淀粉溶液和 5 滴碘水，观察实验现象。滴加几滴自制的 $Na_3SbO_3$ 溶液，现象有何变化？再用 6.0mol・$L^{-1}$ 盐酸酸化，又有什么现象？

**2. Bi（Ⅲ）的还原性和 Bi（Ⅴ）的氧化性**

向离心试管中加入 10 滴 0.1mol・$L^{-1}$ $Bi(NO_3)_3$ 溶液，接着加入 6.0mol・$L^{-1}$ NaOH 溶液，观察沉淀的颜色，再滴加 10 滴氯水，充分搅拌，观察沉淀颜色的变化。离心分离，在沉淀中加入 1 滴 0.01mol・$L^{-1}$ $MnSO_4$ 和 5～7 滴 6.0mol・$L^{-1}$ $HNO_3$ 溶液，水浴加热，观察溶液的颜色，检验反应中是否有氧气生成（为什么?）。

根据有关电极电势的大小解释锑、铋（Ⅴ、Ⅲ）的氧化性及还原性，写出相关化学反应方程式。

### （四）锑、铋的硫化物与硫代酸盐的生成和性质

（1）在四支洁净的离心试管中均加入 2 滴 0.1mol・$L^{-1}$ $SbCl_3$ 溶液，然后加入 1.0mol・$L^{-1}$ 新配的 $Na_2S$ 溶液，观察实验现象，离心分离，用蒸馏水洗涤沉淀两次，将得到的四份沉淀分别进行下列四组实验：

① 加入浓 HCl，观察沉淀是否溶解？

② 加入 6.0mol・$L^{-1}$ NaOH 溶液，充分搅拌，观察沉淀是否溶解？

③ 加入 0.5mol・$L^{-1}$ $Na_2S$ 溶液，观察实验现象。若沉淀溶解，再加入 2.0mol・$L^{-1}$ HCl 进行酸化，观察实验现象，用 $Pb(Ac)_2$ 试纸检验逸出的气体。

④ 加入 $(NH_4)_2S_x$ 溶液，待沉淀溶解后，加入 2.0mol・$L^{-1}$ HCl 溶液进行酸化，用 $Pb(Ac)_2$ 试纸检验逸出的气体。

（2）用 0.1mol・$L^{-1}$ $Bi(NO_3)_3$ 代替 $SbCl_3$ 溶液重复实验操作。

## 五、安全提示

锑、铋的化合物均有毒性，使用时需要格外注意，请将其废液倒入指定回收桶。

## 六、实验习题

1. 如何配制 $SbCl_3$ 溶液和 $Bi(NO_3)_3$ 溶液？
2. 锑、铋的氧化物和硫化物的性质有何异同？

## 七、知识拓展

铋剂是一类以铋元素为主要活性成分的胃黏膜保护剂。铋剂广泛用于治疗消化性溃疡、根除幽门螺杆菌、预防和治疗腹泻。临床常用的铋剂有枸橼酸铋钾、胶体果胶铋、铝酸铋等单方制剂，以及胃铋镁颗粒等复方制剂。在胃酸的酸性环境下，铋剂会发生反应产生沉淀，形成弥散性的保护层，覆盖在溃疡表面或溃疡基底部的肉芽组织上。这层保护膜能隔绝胃酸、胃蛋白酶以及食物对溃疡面的刺激与侵蚀，为溃疡愈合创造有利条件。同时，铋剂具有

降低胃蛋白酶的活性、增加黏蛋白分泌、促进黏膜释放前列腺素等作用，从而起到保护黏膜的作用。此外，铋剂能进入并聚集在幽门螺杆菌（Hp）菌体上，使其发生不规则收缩、菌膜破裂，还可抑制Hp所产生的蛋白酶、尿激酶和磷脂酶，从而抑制或杀灭Hp。

# 实验21 ds区元素——铜、银、锌、镉、汞

## 一、实验目的

1. 掌握铜、银、锌、镉、汞的氧化物或氢氧化物的酸碱性。

2. 掌握Cu(Ⅰ)与Cu(Ⅱ)化合物、Hg(Ⅰ)与Hg(Ⅱ)化合物的性质及相互转化反应。

3. 了解铜、银、锌、镉、汞常见配合物的性质。

4. 掌握Cu(Ⅱ)、Ag(Ⅰ)、Zn(Ⅱ)、Cd(Ⅱ)、Hg(Ⅱ)、Hg(Ⅰ)的鉴定方法。

5. 使用微量试剂完成实验探究，践行绿色化学减废、低毒理念，提高安全与环保意识。

## 二、实验预习

预习铜副族元素、锌副族元素化合物性质的有关内容。

## 三、实验仪器与试剂

仪器与材料：微型试管、井穴板、离心试管、离心机、酒精灯、滤纸、石蕊试纸。

试剂：$AgNO_3$（0.1mol·$L^{-1}$）、$CuSO_4$（0.1mol·$L^{-1}$）、$ZnSO_4$（0.1mol·$L^{-1}$）、$CdSO_4$（0.1mol·$L^{-1}$）、$Hg(NO_3)_2$（0.1mol·$L^{-1}$）、NaOH [2.0mol·$L^{-1}$、6.0mol·$L^{-1}$（新配）、40%]、$NH_3 \cdot H_2O$（2.0mol·$L^{-1}$、6.0mol·$L^{-1}$、浓）、$NH_4Cl$（1.0mol·$L^{-1}$、0.1mol·$L^{-1}$）、$H_2SO_4$（1.0mol·$L^{-1}$）、HCl（2.0mol·$L^{-1}$）、KI（0.1mol·$L^{-1}$、饱和、s）、$Na_2S_2O_3$（0.1mol·$L^{-1}$、0.5mol·$L^{-1}$）、NaCl（0.1mol·$L^{-1}$）、$HNO_3$（6.0mol·$L^{-1}$）、KBr（0.1mol·$L^{-1}$）、$Na_2S$（0.5mol·$L^{-1}$）、$Hg_2(NO_3)_2$（0.1mol·$L^{-1}$）、$K_4[Fe(CN)_6]$（0.1mol·$L^{-1}$）、KSCN（s）、$SnCl_2$（0.1mol·$L^{-1}$）、葡萄糖（10%）、二苯硫腙。

## 四、实验内容

### （一）Cu(Ⅱ)、Ag(Ⅰ)、Zn(Ⅱ)、Cd(Ⅱ)、Hg(Ⅱ)氢氧化物的生成与性质

(1) 在五支洁净的微型试管中分别滴加3滴浓度均为0.1mol·$L^{-1}$的$AgNO_3$、$CuSO_4$、$ZnSO_4$、$CdSO_4$、$Hg(NO_3)_2$溶液，然后再各滴加2滴2.0mol·$L^{-1}$ NaOH溶液，充分振荡，观察沉淀的颜色及状态，再加入相应的稀酸，充分振荡，观察实验现象。

(2) 用上述同样实验方法将沉淀再各准备一份，将不溶于2.0mol·$L^{-1}$ NaOH溶液的沉淀离心分离。在沉淀中加入6.0mol·$L^{-1}$ NaOH，观察沉淀溶解情况。若不溶于6.0mol·$L^{-1}$ NaOH溶液，加入40%的NaOH溶液，观察沉淀溶解情况。比较上述氢氧化物的溶解情况，

并得出结论。

(3) 另准备一份 $Cu(OH)_2$ 沉淀，在酒精灯上加热，观察实验现象。

将上述反应的产物及其性质列表进行比较，得出结论，写出相关化学反应方程式。

**（二） Cu（Ⅱ）、Ag（Ⅰ）、Zn（Ⅱ）、Cd（Ⅱ）、Hg（Ⅱ）与氨生成配合物**

在洁净的 5mL 井穴板的五个孔穴中依次滴加 2 滴浓度均为 $0.1mol \cdot L^{-1}$ 的 $AgNO_3$、$CuSO_4$、$ZnSO_4$、$CdSO_4$、$Hg(NO_3)_2$ 溶液，然后再各加入 $2.0mol \cdot L^{-1}$ $NH_3 \cdot H_2O$，边滴加边振荡，观察实验现象［注意：对于 Hg（Ⅱ），需另外滴加数滴浓 $NH_3 \cdot H_2O$ 及 $1.0mol \cdot L^{-1}$ $NH_4Cl$ 溶液，为什么?］。分别再加入相应的稀酸，实验现象有何变化?

用同样的方法在微型试管中另准备一份铜氨溶液，加热煮沸，观察实验现象，用石蕊试纸检验逸出的气体。

将上述反应的产物及其性质列表进行比较，得出结论，写出相关化学反应方程式。

**（三） Cu（Ⅱ）的氧化性及 Cu（Ⅱ）与 Cu（Ⅰ）的相互转化**

**1. $Cu_2O$ 的生成与性质**

在微型试管中滴加 5 滴 $0.1mol \cdot L^{-1}$ $CuSO_4$，接着滴加过量的 $6.0mol \cdot L^{-1}$ NaOH 溶液（新配），充分振荡，待蓝色沉淀完全溶解后，滴加 0.5mL 葡萄糖溶液，混匀后进行水浴加热，观察沉淀的颜色及状态。离心分离，将沉淀分成两份，一份滴加 $1.0mol \cdot L^{-1}$ $H_2SO_4$，另一份滴加浓 $NH_3 \cdot H_2O$，观察实验现象，静置数分钟后再观察现象，并加以解释，写出相关反应方程式。

**2. CuI 的生成与性质**

在洁净的离心试管中滴加 2 滴 $0.1mol \cdot L^{-1}$ $CuSO_4$ 溶液，然后加入 $0.1mol \cdot L^{-1}$ KI 溶液，观察实验现象。再加入少量 $0.1mol \cdot L^{-1}$ $Na_2S_2O_3$（除去反应中生成的 $I_2$，切勿多加，避免 CuI 沉淀溶解)，离心分离并洗涤沉淀，观察沉淀的颜色。接着向沉淀中加入饱和的 KI 溶液至沉淀刚好溶解为止，再加水稀释，观察实验现象并解释，写出相关反应方程式。

根据上述实验，总结 Cu(Ⅰ) 与 Cu(Ⅱ) 化合物的存在条件及相互转化条件。

**（四）银的化合物**

**1. 银的沉淀及配合物的生成与性质**

在洁净的离心试管中滴加 5 滴 $0.1mol \cdot L^{-1}$ NaCl 溶液，接着加入 1 滴 $6.0mol \cdot L^{-1}$ $HNO_3$ 进行酸化，再加入 $0.1mol \cdot L^{-1}$ $AgNO_3$ 溶液，充分振荡，待沉淀完全后，水浴加热，然后进行离心分离并洗涤沉淀。向沉淀中加入 $2.0mol \cdot L^{-1}$ $NH_3 \cdot H_2O$，边滴加边振荡，观察沉淀是否溶解，再加入 1 滴 $0.1mol \cdot L^{-1}$ NaCl 溶液，观察实验现象。接着加入 $0.1mol \cdot L^{-1}$ KBr 溶液，观察沉淀的生成，离心分离并洗涤沉淀。再向沉淀中滴加 $0.5mol \cdot L^{-1}$ $Na_2S_2O_3$ 溶液，充分振荡，观察沉淀是否溶解，接着再滴加 1 滴 $0.1mol \cdot L^{-1}$ KBr 溶液，观察实验现象。再向试管中滴加 $0.1mol \cdot L^{-1}$ KI 溶液，观察沉淀的生成，离心分离并洗涤沉淀，再加入 3～5 滴蒸馏水及少量 KI 固体，观察实验现象。接着再滴加 $0.5mol \cdot L^{-1}$ $Na_2S$ 溶液，观察沉淀颜色的变化。写出相关化学反应方程式，通过 $K_{sp}$ 及 $K_{稳}$ 进行解释。

**2. Ag（I）的氧化性（银镜反应）**

在干净的微型试管中滴加 10 滴 $0.1mol \cdot L^{-1}$ $AgNO_3$ 溶液，滴加 $2.0mol \cdot L^{-1}$ NaOH

溶液至沉淀完全，接着滴加 2.0mol·$L^{-1}$ $NH_3 \cdot H_2O$，边滴加边振荡至生成的沉淀完全溶解为止，然后滴加4滴10%葡萄糖溶液，摇匀后将试管放在约50℃水浴中加热（注意加热过程中不要摇动试管），观察实验现象，解释现象并写出相关反应方程式。

**（五） Hg（Ⅱ）、Hg（Ⅰ）与KI的反应**

（1）向微型试管中加入2滴 0.1mol·$L^{-1}$ $Hg(NO_3)_2$ 溶液，接着加入 0.1mol·$L^{-1}$ KI 溶液，观察实验现象，继续滴加过量的 KI 溶液（或 KI 固体），充分振荡，至沉淀刚好溶解，再加入与以上溶液同体积的 6.0mol·$L^{-1}$ NaOH 溶液，即得"奈斯勒试剂"。

在洁净的0.7mL 井穴板的一个孔穴中滴加1滴 0.1mol·$L^{-1}$ $NH_4Cl$ 溶液，再滴加1滴上述自制的"奈斯勒试剂"，观察实验现象，或用湿润的"奈斯勒试剂"滤纸条检验逸出的气体。

（2）在洁净的0.7mL 井穴板的一个孔穴中滴加2滴 0.1mol·$L^{-1}$ $Hg_2(NO_3)_2$ 溶液，再加入 0.1mol·$L^{-1}$ KI 溶液，观察实验现象，再滴加过量的饱和 KI 溶液（或 KI 固体），充分振荡，静置数分钟，观察实验现象并写出相关反应方程式。

**（六） Cu（Ⅱ）、Ag（Ⅰ）、Zn（Ⅱ）、Cd（Ⅱ）、Hg（Ⅱ）、Hg（Ⅰ）的鉴定反应**

**1. Cu（Ⅱ）的鉴定**

在微型试管中加入2滴 0.1mol·$L^{-1}$ $CuSO_4$ 溶液和2滴 0.1mol·$L^{-1}$ $K_4[Fe(CN)_6]$ 溶液，生成红褐色 $Cu_2[Fe(CN)_6]$ 沉淀，在沉淀中滴加 6.0mol·$L^{-1}$ $NH_3 \cdot H_2O$，沉淀溶解生成蓝色溶液。

**2. Ag（Ⅰ）的鉴定**

首先制备 $[Ag(NH_3)_2]^+$ 溶液，再加入2滴 0.1mol·$L^{-1}$ 的 KI 溶液，有黄色 AgI 沉淀生成。

**3. Zn（Ⅱ）的鉴定**

（1）在洁净的微型试管中滴加1滴 0.1mol·$L^{-1}$ $ZnSO_4$ 溶液中和5滴 6.0mol·$L^{-1}$ NaOH 溶液，再滴加1～2滴二苯硫腙，充分振荡，水浴加热，溶液呈粉红色。

（2）在洁净的微型试管中滴加2滴 0.1mol·$L^{-1}$ $Hg(NO_3)_2$，加入少许固体 KSCN 直至溶液呈浅红色，再滴加1滴 0.1mol·$L^{-1}$ $NH_4Cl$ 溶液，配成 $(NH_4)_2[Hg(SCN)_4]$ 溶液，最后滴加2滴 0.1mol·$L^{-1}$ $ZnSO_4$ 溶液，生成白色 $Zn[Hg(SCN)_4]$ 沉淀。

**4. Cd（Ⅱ）的鉴定**

在微型试管中加入2滴 0.1mol·$L^{-1}$ $CdSO_4$ 溶液和过量的 2.0mol·$L^{-1}$ $NH_3 \cdot H_2O$，生成无色的 $[Cd(NH_3)_4]^{2+}$ 溶液，加入 0.5mol·$L^{-1}$ $Na_2S$ 溶液，生成黄色沉淀，加入几滴 6.0mol·$L^{-1}$ HCl 后沉淀不溶解。

**5. Hg（Ⅱ）、Hg（Ⅰ）的鉴定**

（1）在微型试管中加入2滴 0.1mol·$L^{-1}$ $Hg(NO_3)_2$ 溶液，然后逐滴滴入 0.1mol·$L^{-1}$ $SnCl_2$ 溶液，边滴加边振荡，先生成白色沉淀继而转化成灰黑色沉淀。

（2）在微型试管中加入2滴 0.1mol·$L^{-1}$ $Hg_2(NO_3)_2$ 溶液和几滴 2.0mol·$L^{-1}$ $NH_3 \cdot H_2O$，生成灰色的沉淀（$HgNH_2NO_3$ 与 Hg）。再用 $Hg(NO_3)_2$ 进行同样的实验，与之对比，现象有何不同？写出相关反应方程式。

（七）综合性实验（选做）

有一溶液，可能含有 $Cu^{2+}$、$Ag^{+}$、$Zn^{2+}$、$Cd^{2+}$、$Hg^{2+}$，设计实验进行分离并鉴定。

## 五、安全提示

1. 银氨配合物久置后会转化为 $Ag_3N$ 和 $Ag_2NH$，这两种物质极其不稳定，易引起爆炸，可加盐酸，破坏溶液中的银氨配离子，使其转化为 AgCl 回收。银镜反应生成的银，可用稀硝酸溶解后回收。

2. 重金属离子的废液，最有效、最经济的方法是加碱或加 $Na_2S$ 将重金属离子转变成难溶的氢氧化物或硫化物而沉积下来，过滤分离，少量残渣可埋于地下。

3. 汞盐、镉盐均有毒性，使用时需要格外注意，请将其废液倒入指定回收桶。

## 六、实验习题

1. 试验汞及其化合物的性质时应该注意哪些问题？

2. 现有三瓶失去标签的 $Hg(NO_3)_2$、$Hg_2(NO_3)_2$ 和 $AgNO_3$ 溶液，至少用两种方法加以鉴别。

3. 比较 Cu（Ⅰ）化合物和 Cu（Ⅱ）化合物的稳定性，说明它们之间相互转化的条件。

## 七、思政之源——增强环保意识

汞污染，即由汞或含汞化合物导致的环境污染问题。汞（Hg）作为环境中毒性极强的重金属元素之一，其各类化合物的毒性差异显著。无机汞中的升汞（氯化汞）属于剧毒物质；有机汞里，苯基汞分解相对较快，毒性较弱，而甲基汞极易被人体吸收，难以降解和排泄，尤其易在脑部蓄积，毒性最大。鉴于汞的高毒性，极小剂量就可能引发中毒。为此，我国明确规定，饮用水与农田灌溉用水中，汞含量均不得超过 $0.001mg \cdot L^{-1}$；渔业用水中，汞含量不得超过 $0.0005mg \cdot L^{-1}$。

减少汞污染，对守护人类健康、维系生态环境平衡、保障食品安全以及推动经济可持续发展意义重大。降低汞污染、提升环保意识，需要政府、企业、公众以及国际社会协同发力。对我们个人而言，在日常生活中，应尽量减少含汞产品的使用，选用环保替代品，并积极投身环保活动，为促进全社会环保意识的提升贡献力量。

# 实验 22　d 区元素（一）——钛、钒、钼、钨

## 一、实验目的

1. 试验并掌握钛、钒、钼、钨主要氧化态的重要化合物的性质。

2. 试验并掌握钛、钒、钼、钨的鉴定反应。

3. 使用微量试剂完成实验探究，践行绿色化学减废、低毒理念，提高安全与环保意识。

## 二、实验预习

预习钛、钒、钼、钨主要氧化态化合物性质的有关内容。

## 三、实验仪器与试剂

仪器与材料：微型试管、烧杯、离心试管、离心机、酒精灯、坩埚、pH 试纸、药匙、玻璃棒。

药品：$TiO_2$(s)、$H_2SO_4$(0.5mol·$L^{-1}$、浓)、NaOH(2.0mol·$L^{-1}$、6.0mol·$L^{-1}$、40%)、$CuCl_2$(0.5mol·$L^{-1}$)、$NH_3·H_2O$(2.0mol·$L^{-1}$、浓)、$H_2O_2$(3%)、$NH_4VO_3$(饱和、s)、HCl(2.0mol·$L^{-1}$、6.0mol·$L^{-1}$、浓)、$KMnO_4$(0.01mol·$L^{-1}$)、$(NH_4)_2MoO_4$(饱和、s)、$Na_3PO_4$(0.1mol·$L^{-1}$)、$SnCl_2$(0.1mol·$L^{-1}$)、$Na_2WO_4$(0.5mol·$L^{-1}$)、KSCN（饱和）、$MoO_3$(s)、$WO_3$(s)、$HNO_3$(6.0mol·$L^{-1}$、浓)、邻菲罗啉、锌粒、锌粉。

## 四、实验内容

### （一）钛的化合物的重要性质

**1. 二氧化钛的性质**

在微型试管中加入米粒大小的 $TiO_2$ 固体，接着加入 2mL 浓 $H_2SO_4$，水浴加热（以防止浓 $H_2SO_4$ 溅出），观察实验现象。然后将溶液慢慢倒入蒸馏水中（注意蒸馏水的量不能太多），即制备得到 $TiOSO_4$ 溶液，供后续实验使用。

在另一支微型试管中加入少量 $TiO_2$ 固体，接着加入 1mL 40% NaOH 溶液，加热，观察 $TiO_2$ 是否溶解。

总结 $TiO_2$ 性质并得出结论，写出相关化学反应方程式。

**2. Ti(Ⅲ)化合物的生成与还原性**

向离心试管中加入 10 滴上述自制的 $TiOSO_4$ 溶液，加入少量锌粉，充分反应（可适当水浴加热），离心分离，观察溶液颜色的变化。接着将溶液滴加到 0.5mol·$L^{-1}$ $CuCl_2$ 溶液中，观察实验现象，说明 $Ti^{3+}$ 具有什么特性，加以解释。

$$2TiO^{2+} + Zn + 4H^+ = 2Ti^{3+} + Zn^{2+} + 2H_2O$$

$$Ti^{3+} + Cu^{2+} + Cl^- + H_2O = CuCl\downarrow + TiO^{2+} + 2H^+$$

**3. 过氧钛酸盐的生成——Ti(Ⅳ)的鉴定**

取 0.5mL 上述自制的 $TiOSO_4$ 于试管中，再滴加 2 滴 3% $H_2O_2$，观察溶液颜色的变化。接着再滴加 2.0mol·$L^{-1}$ $NH_3·H_2O$，现象又有何变化？

### （二）钒的化合物的重要性质

**1. 五氧化二钒的生成及性质**

取 1g $NH_4VO_3$ 固体放入坩埚内，小火加热，不断搅拌，观察并记录反应过程中固体颜色的变化，然后将产物分成四份，分别加入微型试管中：

在第一份固体中，加 1mL 浓 $H_2SO_4$ 溶液，加热，观察实验现象，然后将所得溶液缓慢转入盛有 20mL 水的小烧杯中，观察溶液颜色的变化。

在第二份固体中，加入 6.0mol·$L^{-1}$ NaOH，充分振荡，加热，观察实验现象。

在第三份固体中，加入 2mL 蒸馏水，充分振荡，煮沸，静置，冷却后测试其 pH 值。

在第四份固体中，加入 3mL 浓 HCl，充分振荡，观察实验现象。将溶液加热至沸，观察有何变化。用水稀释溶液，颜色有何变化?

总结 $V_2O_5$ 的性质并得出结论，写出相关化学反应方程式。

注意：$NH_4VO_3$ 固体分解制备 $V_2O_5$ 较适宜的温度是 400℃左右，加热过程中要不断搅拌，反应过程中，固体颜色经过深蓝色和黑色的过程，这可能是 V 的低价化合物，继续加热，直到固体呈橙色，冷却后为橙黄色。若用强火灼烧，冷却后会结成块状固体，实验效果差。

**2. 氯化氧钒（$VO_2Cl$）溶液的制备和低价钒化合物的制备**

向微型试管中加入半药匙 $NH_4VO_3$ 固体，接着加入 2.0mol · $L^{-1}$ HCl 溶液，充分振荡，微热至固体全部溶解，即制备得到 $VO_2Cl$ 溶液，观察溶液颜色。

取 5 滴自制 $VO_2Cl$ 溶液于试管中，接着加入 1 小匙锌粉和 2 滴 6.0mol · $L^{-1}$ HCl 溶液，振荡，静置片刻，仔细观察并记录钒由高氧化态化合物向低氧化态化合物变化过程中溶液颜色的变化。待溶液变成紫色后，离心分离，在溶液中逐滴加入 0.01mol · $L^{-1}$ $KMnO_4$，充分振荡，仔细观察溶液颜色的变化。

$$2VO_2Cl+4HCl+Zn = 2VOCl_2+ZnCl_2+2H_2O$$

$$2VOCl_2+4HCl+Zn = 2VCl_3+ZnCl_2+2H_2O$$

$$2VCl_3+Zn = 2VCl_2+ZnCl_2$$

根据上述实验，总结钒的各种氧化态化合物的颜色（$V^{2+}$ 易被空气氧化成 $V^{3+}$，若溶液不变紫，可多加几滴 6.0mol · $L^{-1}$ HCl 和 Zn 粉）。

**3. 过氧钒阳离子的生成——V（V）的生成**

在洁净的微型试管中滴入 5 滴饱和 $NH_4VO_3$ 溶液、5 滴 2.0mol · $L^{-1}$ HCl 和 1 滴 3% $H_2O_2$，充分振荡，观察溶液颜色的变化。

**4. 二过氧钒酸根的生成——V（V）的鉴定**

在洁净的微型试管中滴入 5 滴饱和 $NH_4VO_3$ 和 2 滴 6.0mol · $L^{-1}$ NaOH 溶液，微热，观察实验现象。冷却后，再滴加 2 滴 3% $H_2O_2$ 溶液，观察溶液颜色的变化。

**5. 钒酸根在不同的 pH 条件下的缩合反应**

在洁净的微型试管中加入 1 小药匙 $NH_4VO_3$ 固体，接着加入 8～10 滴 2.0mol · $L^{-1}$ NaOH 溶液，充分振荡使其溶解，观察溶液颜色；再逐滴加入 2.0mol · $L^{-1}$ HCl 溶液，边滴加边振荡，仔细观察溶液颜色的变化，当有橙红色固体析出时，用 pH 试纸测试溶液 pH 值，并推测析出的固体是何物。

**（三）钼、钨的化合物的重要性质**

**1. 钼（Ⅵ）、钨（Ⅵ）氧化物的酸碱性**

取少许 $(NH_4)_2MoO_4$ 固体于坩埚中进行加热，待分解完全后，冷却至室温（观察反应过程中固体颜色变化，检验逸出气体）。将产物分成三份，分别试验其与浓 HCl、2.0mol · $L^{-1}$ NaOH 及水的作用，观察实验现象，写出相关化学反应方程式。

注意：将 $(NH_4)_2MoO_4$ 固体加热转化成 $MoO_3$ 以前，须先将水分烘干，以免暴溅。若转化的温度不同，产品的颗粒度不同，产品的颜色也不同。灼烧温度越高，颗粒越小；灼烧温度越低，颗粒越大。

取少许 $WO_3$ 固体，分别试验其与浓 HCl、2.0mol · $L^{-1}$ NaOH 及水的作用，观察实验现象，写出相关化学反应方程式。

比较 $MoO_3$ 与 $WO_3$ 的性质，得出结论。

**2. 低价钼和钨化合物的生成及钼和钨化合物的鉴定**

（1）钼蓝和钨蓝的生成　在试管中滴加 5 滴饱和 $(NH_4)_2MoO_4$ 溶液、2 滴 $0.5mol \cdot L^{-1}$ $H_2SO_4$ 溶液、1 滴 $0.1mol \cdot L^{-1}$ $Na_3PO_4$ 溶液和 2 滴 $0.1mol \cdot L^{-1}$ $SnCl_2$ 溶液，即析出蓝色沉淀（钼蓝）。

在试管中滴加 5 滴饱和 $(NH_4)_2MoO_4$ 溶液和 2 滴 $2.0mol \cdot L^{-1}$ HCl 溶液，再加入 1 粒锌粒，即产生钼蓝沉淀。

在试管中滴加 5 滴 $0.5mol \cdot L^{-1}$ $Na_2WO_4$ 溶液和 2～3 滴 $2.0mol \cdot L^{-1}$ HCl 溶液，再加入 1 粒锌粒，即可产生钨蓝。

（2）系列低价钼化合物的生成与性质　在离心试管中加入 1 滴饱和 $(NH_4)_2MoO_4$ 溶液和 2mL 蒸馏水，再滴入几滴 $2.0mol \cdot L^{-1}$ HCl（可适当多加）和少许锌粉，充分振荡，观察溶液由无色→蓝色→绿色→棕色的变化，离心分离，最后再滴加饱和 KSCN 溶液和数滴 $NH_3 \cdot H_2O$，观察实验现象并解释。

**3. 磷钼酸铵的生成与应用**

（1）钼酸铵溶液的配制　在微型试管中加入约 0.5g $MoO_3$ 固体和 0.5mL 蒸馏水，接着滴加浓 $NH_3 \cdot H_2O$，边滴加边振荡，待 $MoO_3$ 溶解后，将溶液转入盛有 2.0mL $6mol \cdot L^{-1}$ $HNO_3$ 溶液的试管中，充分搅拌，静置备用。

（2）$PO_4^{3-}$ 与 $MoO_4^{2-}$ 的鉴定

$PO_4^{3-}$ 的鉴定：在微型试管中滴入 1～2 滴 $0.1mol \cdot L^{-1}$ $Na_3PO_4$ 溶液、5 滴浓 $HNO_3$ 和 10 滴饱和的钼酸铵溶液，水浴加热至 60～70℃，用玻璃棒摩擦管壁，观察沉淀的颜色与状态［见本书实验 16p 区非金属元素（二）——氮和磷］。

$MoO_4^{2-}$ 的鉴定：取 1 滴饱和 $(NH_4)_2MoO_4$ 溶液，加蒸馏水将其稀释至 5mL，取 3 滴于微型试管中，再滴加几滴 $0.1mol \cdot L^{-1}$ $SnCl_2$（须新配制）和 10 滴邻菲啰啉，$MoCl_2$ 与邻菲罗啉生成可溶性配合物呈紫色。

## 五、安全提示

浓硫酸具有强氧化性和腐蚀性，使用时应佩戴手套，含浓硫酸的废液应稀释后排放。

## 六、实验习题

1. 比较 $TiO_2$、$V_2O_5$、$MoO_3$ 和 $WO_3$ 的酸碱性。
2. 低氧化态的钛、钒化合物有什么相似之处？
3. 如何用实验区分 $TiO^{2+}$ 和 $VO_2^+$？

## 七、知识拓展

二氧化钛，化学式为 $TiO_2$，又称钛白粉，是一种白色无机化合物，具有稳定的化学性质。在自然界中发现的二氧化钛晶体结构类型包括金红石、锐钛矿和板钛矿等，此外，还有数种高压相及人工合成的晶型。基于介电常数、折射率和密度的优越性，钛白相比其他白色颜料更具备白度、稳定性、着色力、耐候性、遮盖力、耐热性，尤其是基本没有毒性，被认为是现今世界上性能最好的一种白色颜料。被广泛应用于涂料（占比约60%）、塑料、造纸（增白剂）、防晒霜（物理防晒剂，反射/散射紫外线）、化妆品等工业。它的熔点很高，也被用来制造耐火玻璃、釉料、珐琅、陶土、耐高温的实验器皿等。二氧化钛粒子具有半导体性能，且以其无毒、廉价、催化活性高、稳定性好等特点，成为目前光催化反应、太阳能电池最常用的半导体材料。

# 实验23　d区元素（二）——铬、锰

## 一、实验目的

1. 试验并掌握铬、锰主要氧化态的重要化合物的性质。
2. 掌握铬、锰化合物的氧化还原性，了解铬、锰各种氧化态之间的转化条件。
3. 使用微量试剂完成实验探究，践行绿色化学减废、低毒理念，提高安全与环保意识。

## 二、实验预习

预习铬、锰不同价态化合物的氧化还原性及相互转化条件。

## 三、实验仪器与试剂

仪器与材料：微型试管、离心机、离心试管、烧杯。

试剂：$CrCl_3$（0.05mol·$L^{-1}$）、HCl（2.0mol·$L^{-1}$、6.0mol·$L^{-1}$、浓）、NaOH（2.0mol·$L^{-1}$、6.0mol·$L^{-1}$、40%）、$Al_2(SO_4)_3$（0.05mol·$L^{-1}$）、$NH_3·H_2O$（浓）、$NH_4Cl$(s)、$H_2SO_4$（1.0mol·$L^{-1}$、2.0mol·$L^{-1}$、6.0mol·$L^{-1}$、浓）、$H_2O_2$（3%）、$K_2Cr_2O_7$（0.1mol·$L^{-1}$、s）、$NaNO_2$（s）、$NaHSO_3$（s）、$AgNO_3$（0.1mol·$L^{-1}$）、$BaCl_2$（0.1mol·$L^{-1}$）、$Pb(NO_3)_2$（0.1mol·$L^{-1}$）、$HNO_3$（6.0mol·$L^{-1}$）、$MnSO_4$（0.01mol·$L^{-1}$、0.1mol·$L^{-1}$）、$NaBiO_3$（s）、$MnO_2$（s）、$Na_2SO_3$（0.05mol·$L^{-1}$、s）、$KMnO_4$（0.01mol·$L^{-1}$）、锌粉、乙醚、无水乙醇。

## 四、实验内容

### （一） Cr（Ⅲ）化合物的性质

#### 1. $Cr(OH)_3$的生成与性质

（1）在2支洁净的微型试管中均滴入5滴0.05mol·$L^{-1}$ $CrCl_3$溶液，然后再各滴入1滴2.0mol·$L^{-1}$ NaOH溶液，观察沉淀的颜色。在第一份沉淀中继续加入过量的NaOH溶液，充分振荡，观察实验现象。在另一份沉淀中滴加2.0mol·$L^{-1}$ HCl溶液，充分振荡，观察实验现象。

（2）在2支洁净的微型试管中分别滴加5滴0.05mol·$L^{-1}$ $CrCl_3$和$Al_2(SO_4)_3$溶液，

然后分别滴加浓 $NH_3 \cdot H_2O$ 至过量（可加入少量 $NH_4Cl$ 固体），观察并比较两支试管中的实验现象。

**2. $Cr^{3+}$ 与 $CrO_2^-$ 盐的还原性及鉴定**

（1）在洁净的微型试管中加入 5 滴 $0.05mol \cdot L^{-1}$ $CrCl_3$ 溶液、5 滴 $6.0mol \cdot L^{-1}$ $H_2SO_4$ 溶液及少量 $NaBiO_3$ 固体，水浴加热，充分振荡，观察实验现象。

（2）于微型试管中加入 1～2 滴含有 $Cr^{3+}$ 的溶液，接着滴加 $2.0mol \cdot L^{-1}$ NaOH 溶液至生成的沉淀完全溶解，然后加入 3 滴 3% $H_2O_2$，充分振荡，观察实验现象。将微型试管置于冰水浴中冷却，接着加入 1mL 乙醚，然后沿试管内壁缓慢加入 10 滴 $2.0mol \cdot L^{-1}$ $H_2SO_4$ 溶液，再滴加 3%的 $H_2O_2$，观察实验现象（现象不明显时可多加几滴 $H_2O_2$），静置一段时间，再观察实验现象［参见实验 17 p 区非金属元素（三）——氧和硫］。

$$2Cr^{3+} + 3H_2O_2 + 10OH^- \xlongequal{} 2CrO_4^{2-} + 8H_2O$$

$$Cr_2O_7^{2-} + 2H^+ + 4H_2O_2 \xlongequal{} 2Cr(O_2)_2O + 5H_2O$$

$$4Cr(O_2)_2O + 12H^+ \xlongequal{} 4Cr^{3+} + 6H_2O + 7O_2\uparrow$$

**（二） Cr(Ⅵ)化合物的性质**

**1. $K_2Cr_2O_7$ 的氧化性**

在两支洁净的微型试管中均滴加 2 滴 $0.1mol \cdot L^{-1}$ $K_2Cr_2O_7$ 溶液，并滴加 5 滴 $1.0mol \cdot L^{-1}$ $H_2SO_4$ 进行酸化，再分别加入少许 $NaNO_2$、$NaHSO_3$ 固体，充分振荡，水浴加热，观察并比较实验现象。

**2. $CrO_4^{2-}$ 和 $Cr_2O_7^{2-}$ 在溶液中的相互转化**

在洁净的微型试管中加入 2 滴 $0.1mol \cdot L^{-1}$ $K_2Cr_2O_7$ 溶液，观察溶液颜色，再滴加 3 滴蒸馏水和 $2.0mol \cdot L^{-1}$ NaOH 溶液，观察溶液颜色的变化，接着用 $1.0mol \cdot L^{-1}$ $H_2SO_4$ 进行酸化，溶液颜色又有何变化。

**3. 微溶性铬酸盐的生成及溶解**

在三支洁净的离心试管中分别滴加 2 滴 $0.1mol \cdot L^{-1}$ $K_2Cr_2O_7$ 溶液，再分别加入浓度为 $0.1mol \cdot L^{-1}$ 的 $AgNO_3$、$BaCl_2$、$Pb(NO_3)_2$ 溶液，观察产物颜色及状态，离心分离，试验沉淀是否溶于 $6mol \cdot L^{-1}$ 相应的酸中（可适当微热）。

**（三） Cr(Ⅱ)化合物的性质**

在洁净的离心试管中依次加入 5 滴 $0.05mol \cdot L^{-1}$ $CrCl_3$ 溶液、8 滴 $6.0mol \cdot L^{-1}$ HCl 溶液、少许锌粉，水浴加热至有大量气体逸出，观察溶液的颜色，离心分离出未反应的锌粉，在清液中加入 3% $H_2O_2$，观察实验现象。

**（四）铬钾矾的制备**

在小烧杯中加入 1g 粉末状 $K_2Cr_2O_7$，接着加入 10mL 水溶解，然后缓慢地加入 1.5mL 浓硫酸，待溶液冷却后，边搅拌边加入 1mL 无水乙醇，观察溶液的颜色，将溶液进行浓缩（注意不要煮成黏稠状），静置一周后，观察晶体的生成。

**（五） Mn(Ⅱ)的制备、性质及鉴定**

**1. Mn(Ⅱ)的制备及性质**

在 3 支洁净的微型试管中均滴加 3 滴 $0.1mol \cdot L^{-1}$ $MnSO_4$ 溶液和 3 滴 $2.0mol \cdot L^{-1}$ 新配制的 NaOH 溶液（将多用滴管伸至液面以下滴加，避免接触氧气），观察沉淀的颜色。第一份与第二份沉淀分别试验是否溶于 2.0mol·$L^{-1}$ HCl 及 NaOH 溶液中；第三份充分振荡后观察有何变化。

**2. $Mn^{2+}$的鉴定**

在离心试管中滴加 1 滴 0.01mol·$L^{-1}$ $MnSO_4$ 溶液，接着加入 1 滴 0.1mol·$L^{-1}$ $AgNO_3$ 和 5～7 滴 6.0mol·$L^{-1}$ $HNO_3$ 溶液，再加入半米粒大小的 $NaBiO_3$ 固体，水浴加热，观察实验现象［参见本书实验 20 p 区金属元素（二）——锑、铋］。

**（六） $MnO_2$ 的生成与性质及氧化性**

**1. $MnO_2$ 的生成与性质**

在洁净的微型试管中依次加入 2 滴 0.1mol·$L^{-1}$ $MnSO_4$ 溶液、2 滴 2.0mol·$L^{-1}$ NaOH 和 3% $H_2O_2$ 溶液，观察实验现象。接着用 1.0mol·$L^{-1}$ $H_2SO_4$ 酸化，再滴加 5 滴 3% $H_2O_2$，实验现象有何变化。

**2. $MnO_2$ 的氧化性**

向少许 $MnO_2$ 固体中逐滴滴加浓 HCl，微热后观察实验现象，检验逸出的气体。

**（七） $KMnO_4$ 的氧化性（选做，参见本书实验 10 中溶液的 pH 对氧化还原产物的影响）**

在 3 支洁净的微型试管中均滴加 2 滴 0.01mol·$L^{-1}$ $KMnO_4$ 溶液，然后分别加入 2 滴 6.0mol·$L^{-1}$ $H_2SO_4$ 溶液、5 滴蒸馏水、5 滴 6.0mol·$L^{-1}$ NaOH 溶液，再各加入 0.05mol·$L^{-1}$ $Na_2SO_3$ 溶液，充分振荡，观察实验现象并解释。

**（八）锰的几种价态化合物的生成与性质（选做）**

**1. $Mn^{3+}$的生成与性质**

在微型试管中滴加 5 滴 0.1mol·$L^{-1}$ $MnSO_4$ 溶液，接着滴加 5 滴浓 $H_2SO_4$，在冰水浴中进行冷却，再滴加 2 滴 0.01mol·$L^{-1}$ $KMnO_4$ 溶液，充分振荡，观察深红色 $Mn^{3+}$ 的生成，再逐滴加入 6.0mol·$L^{-1}$ NaOH 进行中和，观察溶液颜色的变化及沉淀生成。

**2. $MnO_3^-$ 的生成**

在微型试管中滴加 5 滴 40% NaOH 溶液，置于冰水浴冷却，接着滴加 3 滴 0.01mol·$L^{-1}$ $KMnO_4$ 溶液，充分振荡，观察溶液由紫色变成绿色，最后呈现 Mn(Ⅴ) 的特征蓝色(实验需较长的时间)。

$$2MnO_4^- + 2H_2O + 4e^- \rightleftharpoons 2MnO_3^- + 4OH^- \quad E^{\ominus} = 0.457\ V$$

$$O_2 + 2H_2O + 4e^- \rightleftharpoons 4OH^- \quad E^{\ominus} = 0.4009V$$

**3. 锰的几种氧化态在不同介质中的相互转化**

(1) 于微型试管中滴加 5 滴 40% NaOH 溶液，接着加入 5 滴蒸馏水和少量 $Na_2SO_3$ 固体，将试管放入冰水浴中进行冷却，然后滴加 3 滴 0.01mol·$L^{-1}$ $KMnO_4$ 溶液，充分振荡，溶液颜色变化为紫→绿→蓝→草绿→橙，最后析出棕色的 $MnO_2$ 沉淀，解释上述现象（实验需较长的时间）。

(2) 于离心试管中加入半米粒大小的 $MnO_2$ 固体，接着加入 12～14 滴 6.0mol·$L^{-1}$ NaOH 溶液和 3 滴 0.01mol·$L^{-1}$ $KMnO_4$ 溶液，在 80～90℃水浴中进行加热，得到绿色溶液，离心分离，将清液转移至微型试管中，逐滴滴入 1.0mol·$L^{-1}$ $H_2SO_4$ 进行酸化，静置，观察实验现象。

### （九）综合性设计实验

有一溶液，可能含有 $Cr^{3+}$、$Mn^{2+}$、$Al^{3+}$，设计实验进行分离并鉴定。

## 五、安全提示

Cr(Ⅵ) 盐有毒性，使用时需要格外注意，请将其废液倒入指定回收桶。

## 六、实验习题

1. 哪几种氧化剂可以将 $Mn^{2+}$ 氧化成 $MnO_4^-$？写出各反应方程式。
2. $Ag^+$、$Pb^{2+}$、$Ba^{2+}$ 能否与 $K_2Cr_2O_7$ 反应生成沉淀？试解释。
3. 你能想到几种方法鉴别 Cr(Ⅵ)？

## 七、知识拓展

铬是一种银白色的坚硬金属。三价铬是人体必需的微量元素，参与糖与脂肪代谢，能提升胰岛素促进葡萄糖进入细胞的能力，调节血糖，还参与血液中胆固醇浓度控制，对青少年生长发育很重要，也有助于维持核酸结构的完整性和稳定性。三价铬是对人体有益的，而六价铬是有毒的。六价铬为吞入性毒物/吸入性极毒物，皮肤接触可能导致过敏；更可能造成遗传性基因缺陷，吸入可能致癌，对环境有持久危险性。但这些是六价铬的特性，铬金属、三价铬和四价铬并不具有这些毒性。

基于上述特性，在实验过程中产生的六价铬废液，必须倒入废液桶进行统一处理。

# 实验 24　d 区元素（三）——铁、钴、镍

## 一、实验目的

1. 试验 Fe(Ⅱ、Ⅲ)、Co(Ⅱ、Ⅲ)、Ni(Ⅱ、Ⅲ) 重要化合物的生成与性质。
2. 掌握 $Fe^{2+}$、$Fe^{3+}$、$Co^{2+}$ 及 $Ni^{2+}$ 的鉴定。
3. 使用微量试剂完成实验探究，践行绿色化学减废、低毒理念，提高安全与环保意识。

## 二、实验预习

预习 Fe(Ⅱ、Ⅲ)、Co(Ⅱ、Ⅲ)、Ni(Ⅱ、Ⅲ) 化合物性质的有关内容。

## 三、实验仪器与试剂

仪器与材料：离心试管、井穴板、微型试管、多用滴管、离心机、KI-淀粉试纸、pH 试纸。

试剂：$KMnO_4$(0.1mol·$L^{-1}$)、$H_2SO_4$(3.0mol·$L^{-1}$)、$(NH_4)_2Fe(SO_4)_2$(0.1mol·$L^{-1}$)、$H_2O_2$(3%)、KSCN(0.1mol·$L^{-1}$、饱和)、$NH_3·H_2O$（浓）、$NH_4F$(10%)、NaOH

(2.0mol·$L^{-1}$、6.0mol·$L^{-1}$)、HCl (2.0mol·$L^{-1}$、浓)、$K_4[Fe(CN)_6]$ (0.1mol·$L^{-1}$)、$K_3[Fe(CN)_6]$ (0.1mol·$L^{-1}$)、$CoCl_2$ (0.1mol·$L^{-1}$、1.0mol·$L^{-1}$)、$Na_2CO_3$ (0.1mol·$L^{-1}$)、$Na_2S_2O_3$ (0.5mol·$L^{-1}$、s)、$NiSO_4$ (0.1mol·$L^{-1}$)、$Na_2S$ (0.5mol·$L^{-1}$)、氯水、无水乙醇、戊醇、乙二胺 (25%)、丁二酮肟 (1%)。

## 四、实验内容

### (一) 铁的系列实验

(1) 在洁净的离心试管中滴入2滴0.1mol·$L^{-1}$ $KMnO_4$溶液，接着滴加1滴3.0mol·$L^{-1}$ $H_2SO_4$进行酸化，然后逐滴滴加0.1mol·$L^{-1}$ $(NH_4)_2Fe(SO_4)_2$溶液，边滴加边振荡，至溶液颜色刚褪去，再滴加1滴3% $H_2O_2$以氧化过量的$Fe^{2+}$。

向上述溶液中逐滴加入0.1mol·$L^{-1}$ KSCN溶液，观察溶液颜色变化；然后滴加10% $NH_4F$溶液，观察溶液颜色又有何变化；接着再逐滴滴加2.0mol·$L^{-1}$ NaOH溶液，观察沉淀的生成；离心分离，在沉淀中滴加2.0mol·$L^{-1}$ HCl，观察沉淀是否溶解；再滴加0.1mol·$L^{-1}$ $K_4[Fe(CN)_6]$溶液，观察实验现象。

(2) 于0.7mL井穴板的孔穴中滴加2滴0.1mol·$L^{-1}$ $(NH_4)_2Fe(SO_4)_2$溶液，接着滴加2滴0.1mol·$L^{-1}$ $K_3[Fe(CN)_6]$溶液，观察实验现象。

(3) 在两支洁净的微型试管中各滴加5滴0.1mol·$L^{-1}$ $(NH_4)_2Fe(SO_4)_2$溶液，然后在其中一支试管中滴加2.0mol·$L^{-1}$新配制NaOH (将多用滴管伸入液面以下滴加)，观察实验现象，充分振荡后静置，再观察实验现象。在第二支试管中加入2.0mol·$L^{-1}$ NaOH后，滴加几滴氯水，观察实验现象与第一支试管是否相同？然后滴加数滴浓HCl，实验现象又有何变化？检验是否有氯气逸出？

写出相关化学反应方程式，并用电极电势、配合物的稳定常数及溶度积规则计算说明。

### (二) 钴的系列实验

(1) 于微型试管中滴加5滴1.0mol·$L^{-1}$ $CoCl_2$溶液，再逐滴滴加浓HCl，观察溶液颜色如何变化 (可加入几滴无水乙醇)；接着用蒸馏水稀释，观察溶液颜色有何变化。

(2) 于离心试管中滴加10滴0.1mol·$L^{-1}$ $CoCl_2$溶液，接着滴加0.1mol·$L^{-1}$ $Na_2CO_3$溶液，充分振荡，观察沉淀的颜色；再加入5滴2.0mol·$L^{-1}$ NaOH溶液，观察沉淀颜色变化；再加入3% $H_2O_2$溶液，充分振荡，观察现象；离心分离，向沉淀中加入几滴浓HCl，水浴加热，观察沉淀是否溶解及溶液颜色变化 (用湿润的KI-淀粉试纸检验逸出的气体)；在溶液中加入0.5mL戊醇，再滴加饱和KSCN溶液，充分振荡，观察实验现象；再加入浓氨水，充分振荡，观察溶液颜色变化；静置一段时间，再观察溶液颜色变化。

(3) 在洁净的0.7mL井穴板的两个孔穴中各滴加1滴0.1mol·$L^{-1}$ $CoCl_2$溶液，再分别加入5滴0.5mol·$L^{-1}$ $Na_2S_2O_3$溶液和固体$Na_2S_2O_3$，观察溶液颜色的差异 (蓝色深浅不同，可加入几滴无水乙醇)。

(4) 在洁净的0.7mL井穴板的两个孔穴中各滴加1滴1.0mol·$L^{-1}$ $CoCl_2$溶液，再分别加入5滴0.5mol·$L^{-1}$ $Na_2S_2O_3$溶液和固体$Na_2S_2O_3$，观察溶液颜色的差异 (蓝色深浅不同，可加入几滴无水乙醇)。对比 (3)、(4) 两组实验，得出结论。

写出上述实验相关化学反应方程式，并用相关原理加以解释。

### （三）镍的系列实验

（1）于离心试管中滴加 10 滴 0.1mol・$L^{-1}$ $NiSO_4$ 溶液，再逐滴滴加 0.1mol・$L^{-1}$ $Na_2CO_3$ 溶液，边滴加边振荡，观察沉淀的颜色；然后逐滴滴加 3.0mol・$L^{-1}$ $H_2SO_4$ 溶液，充分振荡，至沉淀刚好溶解，观察溶液的颜色；接着加入 6.0mol・$L^{-1}$ NaOH 溶液，观察沉淀颜色；离心分离，向沉淀中滴加浓氨水至沉淀刚好溶解，观察溶液颜色；接着加入几滴 25%乙二胺溶液，观察溶液颜色的变化；接着滴加浓 HCl，调 pH 值接近中性，再滴加 3～4 滴 1%的丁二酮肟溶液，观察是否有沉淀生成（该反应可用于 $Ni^{2+}$ 的鉴定)。接着滴加 5 滴 0.5mol・$L^{-1}$ $Na_2S$ 溶液，观察沉淀颜色变化。

（2）在微型试管中滴加 5 滴 0.1mol・$L^{-1}$ $NiSO_4$ 溶液，接着加入 2.0mol・$L^{-1}$ NaOH 溶液，观察现象，充分振荡，然后加入几滴氯水，观察现象有何变化。再滴加浓 HCl，观察沉淀是否溶解（用湿润的 KI-淀粉试纸检验逸出的气体）。

写出上述实验相关化学反应方程式，并用相关原理加以解释。

### （四）综合实验

有一溶液，可能含有 $Cr^{3+}$、$Mn^{2+}$、$Fe^{3+}$、$Co^{2+}$、$Ni^{2+}$，设计实验进行分离并鉴定。

## 五、安全提示

氯气有毒性和刺激性，少量吸入会刺激鼻和咽部，引起咳嗽和喘息；大量吸入会导致严重损害，甚至死亡。因此，有关氯气的实验必须在通风橱内进行。

## 六、实验习题

1. 为什么 d 区元素的水合离子的颜色很丰富？
2. 若有 $Fe^{3+}$ 存在时，用 $SCN^-$ 鉴定 $Co^{2+}$ 有何影响？如何消除？

## 七、思政之源——培养资源意识和可持续发展理念

铁元素，大众最为熟知的金属元素之一。从飞机、坦克等大型器械，到锅碗瓢盆等日常用品，它深度融入人们生活的方方面面。在漫长的历史进程中，铁元素的发现与应用始终笼罩着神秘色彩。早在四千多年前，人类偶然发现了一种神奇的物质——陨铁。当时的人们将它视为天神赐予的宝物，用它制作各种武器和工具。不过，铁的真正崛起要追溯到公元前 1500 年左右。彼时，人们开始将铁矿石投入火中冶炼，实现了从矿石中提炼铁的突破，这无疑是对铁元素认识的重大飞跃。我国是较早掌握冶铁技术的国家之一。铁的发现与大规模使用，是人类发展史上的一座光辉里程碑，推动人类由石器时代、铜器时代迈入铁器时代，极大促进了人类文明的进步。直至今日，铁依然是现代化学工业的基石，是人类进步不可或缺的金属材料。

铁，作为工业的基石、文明进步的重要支撑，堪称人类不可或缺的工业“粮食”，广泛应用于现代工业各个领域。我们在赞叹铁的卓越贡献时，也需珍视这一宝贵资源，合理开发利用，避免过度开采与滥用引发生态环境问题。相信在科技的助力下，铁的应用将朝着更绿色、更可持续的方向发展。

# 实验 25　常见阳离子的分离与鉴定

## 一、实验目的

1. 巩固和进一步掌握一些金属元素及其化合物的性质。
2. 掌握常见阳离子的基本分离方法及鉴定方法。
3. 提高综合分析问题和解决问题的能力。
4. 使用微量试剂完成实验探究，践行绿色化学减废、低毒理念，提高安全与环保意识。

## 二、实验原理

离子的分离和鉴定是建立在一定化学反应基础上的，通常伴随特殊的实验现象，如生成沉淀或沉淀溶解、溶液的颜色发生改变、产生气体等。离子的分离和鉴定和其他反应一样，只有在一定条件下才能进行，否则反应不能发生或者达不到预期效果。一定的条件主要指反应温度、溶液的 pH、反应物的浓度、溶剂的性质、干扰物质的影响等。只有选择适当的反应条件，反应才会向期望的方向进行。

用于常见阳离子分离与鉴定的方法如下：

1. 与 NaOH 反应

$Zn^{2+}$、$Al^{3+}$、$Pb^{2+}$、$Sb^{3+}$、$Sn^{2+}$、$Sn^{4+}$、$Cu^{2+}$、$Be^{2+}$、$Co^{2+}$ —少量 NaOH→

- $Zn(OH)_2\downarrow$（白色）
- $Al(OH)_3\downarrow$（白色）
- $Pb(OH)_2\downarrow$（白色）
- $Sb(OH)_3\downarrow$（白色）
- $Sn(OH)_2\downarrow$（白色或微黄色）
- $Sn(OH)_4\downarrow$（白色或微黄色）
- $Cu(OH)_2\downarrow$（蓝色）
- $Be(OH)_2\downarrow$（白色）
- $Co(OH)_2\downarrow$（粉红色）

—过量 NaOH→

- $ZnO_2^{2-}$（或写成 $[Zn(OH)_4]^{2-}$）
- $AlO_2^-$（或写成 $[Al(OH)_4]^-$）
- $PbO_2^{2-}$（或写成 $[Pb(OH)_4]^{2-}$）
- $SbO_2^-$
- $SnO_2^{2-}$（或写成 $[Sn(OH)_4]^{2-}$）
- $SnO_3^{2-}$（或写成 $[Sn(OH)_6]^{2-}$）
- $[Cu(OH)_4]^{2-}$
- $BeO_2^{2-}$（或写成 $[Be(OH)_4]^{2-}$）
- $[Co(OH)_4]^{2-}$

2. 与 $Cl^-$ 反应

$Ag^+$、$Hg_2^{2+}$、$Pb^{2+}$ —$Cl^-$→

- $AgCl\downarrow$（白色，溶于氨水）
- $Hg_2Cl_2\downarrow$（白色，溶于热、浓 $HNO_3$ 溶液及 $H_2SO_4$ 溶液）
- $PbCl_2\downarrow$（白色，溶于热水，溶于 $NH_4Ac$ 溶液、NaOH 溶液）

3. 与 $SO_4^{2-}$ 反应

$Ba^{2+}$、$Sr^{2+}$、$Ca^{2+}$、$Pb^{2+}$、$Ag^+$ —$SO_4^{2-}$→

- $BaSO_4\downarrow$（白色，难溶于稀酸）
- $SrSO_4\downarrow$（白色，溶于煮沸的酸）
- $CaSO_4\downarrow$（白色，溶解度较大，当 $Ca^{2+}$ 浓度很大时，才有沉淀析出）
- $PbSO_4\downarrow$（白色，溶于 NaOH、$NH_4Ac$、热 HCl、浓 $H_2SO_4$，不溶于稀 $H_2SO_4$）
- $Ag_2SO_4\downarrow$（白色，在浓溶液中产生沉淀，溶于热水）

4. 与 $NH_3 \cdot H_2O$ 反应

$Ag^+$、$Cu^{2+}$、$Cd^{2+}$、$Zn^{2+}$、$Co^{2+}$、$Ni^{2+}$、$Cr^{3+}$、$Mg^{2+}$、$Al^{3+}$、$Fe^{3+}$、$Fe^{2+}$、$Bi^{3+}$ $\xrightarrow{\text{过量 } NH_3 \cdot H_2O}$

$[Ag(NH_3)_2]^+$

$[Cu(NH_3)_4]^{2+}$ （深蓝色）

$[Cd(NH_3)_4]^{2+}$

$[Zn(NH_3)_4]^{2+}$

$[Co(NH_3)_6]^{2+}$ （黄色）

$[Ni(NH_3)_6]^{2+}$ （蓝色）

$[Cr(NH_3)_6]^{2+}$

$Mg(OH)_2\downarrow$ （白色）

$Al(OH)_3\downarrow$ （白色）

$Fe(OH)_3\downarrow$ （红棕色）

$Fe(OH)_2\downarrow$ （白色，振荡迅速变为墨绿色）

$Bi(OH)_3\downarrow$ （白色）

5. 与 $H_2S$ 饱和溶液或 $(NH_4)_2S$ 反应，生成沉淀的溶解性见表 4-3。

**表 4-3　与 $H_2S$ 饱和溶液或 $(NH_4)_2S$ 反应生成沉淀的溶解性**

| 溶于 $0.3mol \cdot L^{-1}$ 盐酸 | 难溶于稀盐酸 | | |
|---|---|---|---|
| | 溶于浓盐酸 | 难溶于浓盐酸 | |
| | | 溶于浓硝酸 | 溶于王水 |
| $FeS\downarrow$（黑色）<br>$Fe_2S_3\downarrow$（黑色）<br>$CoS\downarrow$（黑色）<br>$NiS\downarrow$（黑色）<br>$ZnS\downarrow$（白色）<br>$MnS\downarrow$（浅粉色） | $SnS\downarrow$（灰褐色）<br>$SnS_2\downarrow$（黄色）<br>$PbS\downarrow$（黑色）<br>$Sb_2S_3\downarrow$（橙色）<br>$Sb_2S_5\downarrow$（橙色）<br>$Bi_2S_3\downarrow$（暗棕色）<br>$CdS\downarrow$（黄色） | $CuS\downarrow$（黑色）<br>$Cu_2S\downarrow$（黑色）<br>$Ag_2S\downarrow$（黑色）<br>$As_2S_3\downarrow$（浅黄色）<br>$As_2S_5\downarrow$（浅黄色） | $HgS\downarrow$（黑色）<br>$Hg_2S\downarrow$（黑色） |

6. 常见阳离子的主要鉴定方法（表 4-4）。

**表 4-4　常见阳离子的主要鉴定方法**

| 离子 | 试剂 | 鉴定反应 | 介质条件 |
|---|---|---|---|
| $Na^+$ | 饱和六羟基锑(Ⅴ)酸钾 $[KSb(OH)_6]$ | $Na^+ + Sb(OH)_6^- \longrightarrow NaSb(OH)_6\downarrow$（白色） | 中性或弱碱性 |
| $K^+$ | 酒石酸氢钠 $(NaHC_4H_4O_6)$ | $NaHC_4H_4O_6 + K^+ \longrightarrow KHC_4H_4O_6\downarrow$（白色） | |
| | 六硝基合钴酸钠 $Na_3[Co(NO_2)_6]$ | $K^+ + Na^+ + [Co(NO_2)_6]^{3-} \longrightarrow K_2Na[Co(NO_2)_6]\downarrow$（亮黄色） | 中性或弱酸性 |
| $Mg^{2+}$ | 镁试剂 | $Mg^{2+}$ + 镁试剂 $\longrightarrow$ 天蓝色沉淀 | 强碱性 |
| $Ba^{2+}$ | $K_2CrO_4$ | $Ba^{2+} + CrO_4^{2-} \longrightarrow BaCrO_4\downarrow$（黄色） | 中性或弱酸性 |
| $Ca^{2+}$ | $(NH_4)_2C_2O_4$ | $Ca^{2+} + C_2O_4^{2-} \longrightarrow CaC_2O_4\downarrow$（白色） | 中性或碱性 |
| $Al^{3+}$ | 铝试剂 $4mol \cdot L^{-1}$(HOAc、NaOAc) | $Al^{3+}$ + 铝试剂 $\longrightarrow$ 红色絮状沉淀 | pH＝4～5 |
| $Sn^{2+}$ | $HgCl_2$ | $SnCl_2 + HgCl_2 \longrightarrow Hg_2Cl_2\downarrow$（白色）$+ SnCl_4$<br>$SnCl_2 + Hg_2Cl_2 \longrightarrow Hg\downarrow$（黑色）$+ SnCl_4$ | 酸性 |
| $Pb^{2+}$ | $K_2CrO_4$ | $Pb^{2+} + CrO_4^{2-} \longrightarrow PbCrO_4\downarrow$（黄色） | 中性或弱酸性 |

续表

| 离子 | 试剂 | 鉴定反应 | 介质条件 |
|---|---|---|---|
| $Sb^{3+}$ | 浓 HCl、罗丹明 B、$NaNO_2$、苯 | $Sb^{3+}+NO_2^-+H^+ \longrightarrow Sb^{5+}+NO\uparrow+H_2O$<br>$Sb^{5+}+Cl^- \longrightarrow [SbCl_6]^-$<br>$[SbCl_6]^-$+罗丹明 B⟶苯层显紫色 | 酸性 |
| $Bi^{3+}$ | $Na_2[Sn(OH)_4]$ | $Bi^{3+}+[Sn(OH)_4]^{2-}+OH^- \longrightarrow$<br>$2Bi\downarrow$(黑色)$+[Sn(OH)_6]^{2-}$ | 强碱性 |
| $Cu^{2+}$ | $K_4[Fe(CN)_6]$ | $Cu^{2+}+[Fe(CN)_6]^{4-} \longrightarrow Cu_2[Fe(CN)_6]\downarrow$(红褐色) | 中性或酸性 |
| $Ag^+$ | HCl、氨水、$HNO_3$ | $Ag^++Cl^- \longrightarrow AgCl\downarrow$(白色)<br>$AgCl+NH_3\cdot H_2O \longrightarrow [Ag(NH_3)_2]^++Cl^-$<br>$[Ag(NH_3)_2]^++Cl^-+H^+ \longrightarrow AgCl\downarrow+2NH_4^+$ | 中性或弱酸性 |
| | $K_2CrO_4$ | $Ag^++CrO_4^{2-} \longrightarrow Ag_2CrO_4\downarrow$(砖红色) | |
| $Zn^{2+}$ | $(NH_4)_2S$ 或碱金属硫化物 | $Zn^{2+}+S^{2-} \longrightarrow ZnS\downarrow$(白色) | $c(H^+)<$<br>$0.3mol\cdot L^{-1}$ |
| | 二苯硫腙 | $Zn^{2+}$+二苯硫腙⟶水层显粉红色 | 强碱性 |
| | HAc、$(NH_4)_2[Hg(SCN)_4]$ | $Zn^{2+}+(NH_4)_2[Hg(SCN)_4] \longrightarrow$<br>$Zn[Hg(SCN)_4]\downarrow$(白色)$+NH_4^+$ | 弱酸性 |
| $Cd^{2+}$ | $H_2S$ 或 $Na_2S$ | $Cd^{2+}+H_2S \longrightarrow CdS\downarrow$(黄色)<br>$Cd^{2+}+S^{2-} \longrightarrow CdS\downarrow$(黄色) | |
| $Hg_2^{2+}$ | $SnCl_2$ | $SnCl_2+Hg_2Cl_2 \longrightarrow Hg\downarrow$(黑色)$+SnCl_4$ | 酸性 |
| | KI、氨水 | $Hg_2^{2+}+I^- \longrightarrow Hg_2I_2\downarrow$(黄绿色)<br>$Hg_2I_2+NH_3 \longrightarrow Hg(NH_2)I\downarrow+Hg\downarrow$(黑色)$+NH_4^++I^-$ | 中性或弱酸性 |
| $Mn^{2+}$ | $NaBiO_3$ | $Mn^{2+}+NaBiO_3+H^+ \longrightarrow MnO_4^-+Bi^{3+}+Na^++H_2O$ | $HNO_3$ |
| $Fe^{2+}$ | $K_3[Fe(CN)_6]$ | $K^++Fe^{2+}+[Fe(CN)_6]^{3-} \longrightarrow$<br>$KFe[Fe(CN)_6]\downarrow$(滕氏蓝) | 酸性 |
| $Fe^{3+}$ | $K_4[Fe(CN)_6]$ | $K^++Fe^{3+}+[Fe(CN)_6]^{4-} \longrightarrow$<br>$KFe[Fe(CN)_6]\downarrow$(普鲁士蓝) | |
| | $NH_4SCN$(或碱金属硫氰酸盐) | $Fe^{3+}+SCN^- \longrightarrow [Fe(SCN)_n]^{3-n}$(血红色) | |
| $Co^{2+}$ | $NH_4SCN$、丙酮 | $Co^{2+}+4SCN^- \longrightarrow [Co(SCN)_4]^{2-}$(蓝色) | |
| $Ni^{2+}$ | 丁二酮肟 | $Ni^{2+}$+丁二酮肟⟶红色沉淀 | 氨水或醋酸钠 |

## 三、实验仪器与试剂

仪器与材料：微型试管、离心试管、离心机、玻璃棒。

试剂：$NaCl(0.1mol\cdot L^{-1})$、$KSb(OH)_6$(饱和)、$KCl(0.1mol\cdot L^{-1})$、$NaHC_4H_4O_6$(饱和)、$MgCl_2(0.1mol\cdot L^{-1})$、$NaOH(2.0mol\cdot L^{-1}$、$6.0mol\cdot L^{-1})$、$(NH_4)_2C_2O_4$(饱和)、$HAc(2.0mol\cdot L^{-1}$、$6.0mol\cdot L^{-1})$、$HCl(2.0mol\cdot L^{-1}$、浓)、$BaCl_2(0.5mol\cdot L^{-1})$、$K_2CrO_4(1.0mol\cdot L^{-1})$、$NaAc(2.0mol\cdot L^{-1})$、$AlCl_3(0.1mol\cdot L^{-1})$、$NH_3\cdot H_2O(2.0mol\cdot L^{-1}$、$6.0mol\cdot L^{-1})$、$SnCl_2(0.1mol\cdot L^{-1})$、$HgCl_2(0.1mol\cdot L^{-1})$、$Pb(NO_3)_2(0.1mol\cdot L^{-1})$、$SbCl_3(0.1mol\cdot L^{-1})$、$NaNO_2(s)$、$Bi(NO_3)_3(0.1mol\cdot L^{-1})$、$CuCl_2(0.1mol\cdot L^{-1})$、$K_4[Fe(CN)_6]$ $(0.1mol\cdot L^{-1})$、$AgNO_3(0.1mol\cdot L^{-1})$、$HNO_3$

($6.0mol \cdot L^{-1}$)、$ZnSO_4$ ($0.1mol \cdot L^{-1}$)、$Cd(NO_3)_2$ ($0.1mol \cdot L^{-1}$)、$Na_2S$ ($0.5mol \cdot L^{-1}$)、$MnSO_4$ ($0.02mol \cdot L^{-1}$)、$NaBiO_3$ (s)、$NiSO_4$ ($0.1mol \cdot L^{-1}$)、$(NH_4)_2Fe(SO_4)_2$ ($0.1mol \cdot L^{-1}$)、$K_3[Fe(CN)_6]$ ($0.1mol \cdot L^{-1}$)、$FeCl_3$ ($0.1mol \cdot L^{-1}$)、$H_2SO_4$ ($2.0mol \cdot L^{-1}$)、KOH ($2.0mol \cdot L^{-1}$)、$NH_4Ac$ ($2.0mol \cdot L^{-1}$)、$CaCl_2$ ($0.1mol \cdot L^{-1}$)、$Ba(NO_3)_2$ ($0.1mol \cdot L^{-1}$)、$Al(NO_3)_3$ ($0.1mol \cdot L^{-1}$)、镁试剂、铝试剂 (0.1%)、罗丹明 B、苯、硫脲 2.5%、$(NH_4)_2[Hg(SCN)_4]$ 试剂、丁二酮肟。

## 四、实验内容

### （一）碱金属、碱土金属离子的鉴定

**1. $Na^+$的鉴定**

于微型试管中加入 0.5mL $0.1mol \cdot L^{-1}$ NaCl 溶液，接着加入 0.5mL 饱和六羟基锑(Ⅴ)酸钾 $[KSb(OH)_6]$ 溶液，观察有白色结晶状沉淀析出。如无沉淀析出，用玻璃棒摩擦试管内壁，静置片刻，再观察现象，写出相关化学反应方程式。

**2. $K^+$的鉴定**

于微型试管中加入 0.5mL $0.1mol \cdot L^{-1}$ KCl 溶液，接着加入 0.5mL 饱和酒石酸氢钠 ($NaHC_4H_4O_6$) 溶液，观察有白色结晶状沉淀析出，表示有 $K^+$ 存在。如无沉淀析出，用玻璃棒摩擦试管内壁，再观察现象，写出相关化学反应方程式。

**3. $Mg^{2+}$的鉴定**

在微型试管中滴加 2 滴 $0.1mol \cdot L^{-1}$ $MgCl_2$ 溶液，接着再滴加 $6.0mol \cdot L^{-1}$ NaOH 溶液，直到析出絮状的 $Mg(OH)_2$ 沉淀为止，然后滴加 1 滴镁试剂，充分搅拌，生成蓝色沉淀，表示有 $Mg^{2+}$ 存在。

**4. $Ca^{2+}$的鉴定**

于离心试管中加入 0.5mL $0.1mol \cdot L^{-1}$ $CaCl_2$ 溶液，接着滴加 10 滴饱和草酸铵 $[(NH_4)_2C_2O_4]$ 溶液，观察有白色沉淀析出，离心分离，弃去清液。若白色沉淀不溶于 $6.0mol \cdot L^{-1}$ HAc 溶液而溶于 $2.0mol \cdot L^{-1}$ HCl 溶液，表示有 $Ca^{2+}$ 存在。

**5. $Ba^{2+}$的鉴定**

在微型试管中滴加 2 滴 $0.5mol \cdot L^{-1}$ $BaCl_2$ 溶液，接着加入 2 滴 $2.0mol \cdot L^{-1}$ HAc 和 2 滴 $2.0mol \cdot L^{-1}$ NaAc，然后滴加 2 滴 $1.0mol \cdot L^{-1}$ $K_2CrO_4$ 溶液，观察有黄色沉淀生成，表示有 $Ba^{2+}$ 存在，写出相关化学反应方程式。

### （二） p 区和 ds 区部分金属离子的鉴定

**1. $Al^{3+}$的鉴定**

于微型试管中滴加 2 滴 $0.1mol \cdot L^{-1}$ $AlCl_3$ 溶液，接着滴加 2 滴 0.1%铝试剂，充分振荡，在水浴中加热一段时间，再滴加 1 滴 $6.0mol \cdot L^{-1}$ 氨水，有红色絮状沉淀产生，表示有 $Al^{3+}$ 存在。

**2. $Sn^{2+}$的鉴定**

于微型试管中滴加 5 滴 $0.1mol \cdot L^{-1}$ $SnCl_2$ 溶液，接着滴加 2 滴 $0.1mol \cdot L^{-1}$ $HgCl_2$ 溶液，轻轻振荡，产生的沉淀很快由白色变为灰色，最后变为黑色，表示有 $Sn^{2+}$ 存在。

3. $Pb^{2+}$的鉴定

于离心试管中滴加 5 滴 0.1mol·$L^{-1}$ $Pb(NO_3)_2$ 溶液，接着加入 2 滴 1.0mol·$L^{-1}$ $K_2CrO_4$ 溶液，观察有黄色沉淀析出，离心分离，在沉淀上加数滴 2.0mol·$L^{-1}$ NaOH 溶液，沉淀溶解，表示有 $Pb^{2+}$ 存在。

4. $Sb^{3+}$的鉴定

于离心试管中滴加 5 滴 0.1mol·$L^{-1}$ $SbCl_3$ 溶液，接着滴加 3 滴浓 HCl 及少许 $NaNO_2$ 固体，将 Sb（Ⅲ）氧化为 Sb（Ⅴ），当有气体逸出时，滴加数滴苯及 2 滴罗丹明 B 溶液，若苯层显紫色，表示有 $Sb^{3+}$ 存在。

5. $Bi^{3+}$的鉴定

于微型试管中滴加 1 滴 0.1mol·$L^{-1}$ $Bi(NO_3)_3$ 溶液，接着滴加 1 滴 2.5%的硫脲，生成鲜黄色配合物，表示有 $Bi^{3+}$ 存在。

6. $Cu^{2+}$的鉴定

于微型试管中滴加 1 滴 0.1mol·$L^{-1}$ $CuCl_2$ 溶液，接着滴加 1 滴 6.0mol·$L^{-1}$ HAc 溶液进行酸化，再滴加 1 滴 0.1mol·$L^{-1}$ 亚铁氰化钾 $K_4[Fe(CN)_6]$ 溶液，生成红棕色 $Cu_2[Fe(CN)_6]$ 沉淀，表示有 $Cu^{2+}$ 存在。

7. $Ag^{+}$的鉴定

于微型试管中滴加 5 滴 0.1mol·$L^{-1}$ $AgNO_3$ 溶液，接着滴加 5 滴 2.0mol·$L^{-1}$ 盐酸，析出白色沉淀，然后在沉淀上滴加 2.0mol·$L^{-1}$ 氨水至沉淀完全溶解，再用 6.0mol·$L^{-1}$ 硝酸进行酸化，重新析出白色沉淀，表示有 $Ag^{+}$ 存在。

8. $Zn^{2+}$的鉴定

于微型试管中滴加 3 滴 0.1mol·$L^{-1}$ $ZnSO_4$ 溶液，接着用 2 滴 2.0mol·$L^{-1}$ HAc 进行酸化，然后加入等体积的硫氰酸汞铵 $(NH_4)_2[Hg(SCN)_4]$ 溶液，用玻璃棒摩擦试管壁，析出白色沉淀，表示有 $Zn^{2+}$ 存在。

9. $Cd^{2+}$的鉴定

于微型试管中滴加 3 滴 0.1mol·$L^{-1}$ $Cd(NO_3)_2$ 溶液，接着滴加 2 滴 0.5mol·$L^{-1}$ $Na_2S$ 溶液，析出亮黄色沉淀，表示有 $Cd^{2+}$ 存在。

10. $Hg^{2+}$的鉴定

于微型试管中滴加 2 滴 0.1mol·$L^{-1}$ $HgCl_2$ 溶液，接着逐滴滴加 0.1mol·$L^{-1}$ $SnCl_2$ 溶液，边滴加边振荡，观察沉淀颜色的变化，若最后变为灰色，表示有 $Hg^{2+}$ 存在（该反应可以定性鉴定 $Hg^{2+}$ 或 $Sn^{2+}$）。

11. $Mn^{2+}$的鉴定

于微型试管中滴加 1 滴 0.02mol·$L^{-1}$ $MnSO_4$ 溶液，接着加 1 滴 0.1mol·$L^{-1}$ $AgNO_3$ 和 5～7 滴 6.0mol·$L^{-1}$ $HNO_3$ 溶液，然后加半米粒大小的 $NaBiO_3$ 固体，水浴加热，溶液变为紫红色，则有 $Mn^{2+}$ 存在。

12. $Ni^{2+}$的鉴定

于微型试管中滴加 2 滴 0.1mol·$L^{-1}$ $NiSO_4$ 溶液，接着滴加 2～3 滴 1%的丁二酮肟溶液，若有鲜红色沉淀析出，表示有 $Ni^{2+}$ 存在。

**13. $Fe^{2+}$的鉴定**

于微型试管中滴加 2 滴 0.1mol·$L^{-1}$ $(NH_4)_2Fe(SO_4)_2$ 溶液，接着滴加 2 滴 0.1mol·$L^{-1}$ $K_3[Fe(CN)_6]$ 溶液，若有蓝色沉淀析出，表示有 $Fe^{2+}$存在。

**14. $Fe^{3+}$的鉴定**

于微型试管中滴加 2 滴 0.1mol·$L^{-1}$ $FeCl_3$ 溶液，接着滴加 2 滴 0.1mol·$L^{-1}$ $K_4[Fe(CN)_6]$ 溶液，若有蓝色沉淀生成，表示有 $Fe^{3+}$存在。KSCN 法（生成红色溶液）也可定性鉴定 $Fe^{3+}$。

**（三）混合离子的分离与鉴定**

(1) 有一溶液，可能含有 $Al^{3+}$、$Fe^{3+}$、$Zn^{2+}$、$Mn^{2+}$，设计实验进行分离并鉴定。

① 分析步骤。

② 解释实验现象。

(2) 有一溶液，可能含有 $Sn^{4+}$、$Cu^{2+}$、$Cr^{3+}$、$Ni^{2+}$、$Ca^{2+}$、$NH_4^+$，设计实验进行分离并鉴定。

① 分析步骤。

② 解释实验现象。

(3) 有一溶液，可能含有 $Ag^+$、$Cu^{2+}$、$Al^{3+}$、$Fe^{3+}$、$Ba^{2+}$、$K^+$，设计实验进行分离并鉴定。

① 分析步骤。

② 解释实验现象。

## 五、安全提示

铅盐、汞盐、镉盐等均有毒性，使用时需要格外注意，请将其废液倒入指定回收桶。

## 六、实验习题

1. 若未知试液呈碱性，哪些阳离子可能不存在？
2. 鉴定 $Cd^{2+}$时，若溶液中有 $As^{3+}$、$Sn^{4+}$干扰，如何处理？

## 七、知识拓展

在阴阳离子鉴定过程中，需重点关注以下方面：

选择合适的反应：选择被鉴定物质中阴、阳离子的特性反应，分别鉴定阴、阳离子的存在，并有效排除可能的干扰因素。所选反应应兼具灵敏快速、操作简便的特点。

试剂的选择：选择鉴别试剂时，要考量其是否会与先前加入的试剂发生反应，或是否会对后续将加入的试剂产生干扰。若无法消除干扰，需另取待测溶液。

控制试剂的用量：注意加入试剂的量，依据具体反应要求，确定是“少量”“适量”还是“过量”添加，以及采用“加入”还是“滴加”的方式。

排除干扰：鉴定时常有离子干扰问题，需格外留意试剂的选择与使用顺序，规避不必要的干扰。

实验现象的观察：实验时密切关注溶液颜色变化、沉淀生成或溶解等现象，这些是判断离子是否存在的重要依据。

安全措施：进行离子鉴定实验时，务必做好安全防护，如佩戴防护眼镜、手套等，防止化学物质对人体造成伤害。

# 实验 26　常见阴离子的分离与鉴定

## 一、实验目的

1. 熟悉常见阴离子的基本性质、分离与鉴定方法。
2. 培养综合应用基础知识的能力。
3. 巩固无机化学实验中的基本操作。
4. 使用微量试剂完成实验探究，践行绿色化学减废、低毒理念，提高安全与环保意识。

## 二、实验原理

在元素周期表中，从ⅢA 族到ⅦA 族的非金属元素虽然不多，但是同一元素通常可以形成多种阴离子，例如，S 可以形成 $S^{2-}$、$SO_3^{2-}$、$SO_4^{2-}$、$S_2O_3^{2-}$、$S_2O_8^{2-}$ 等常见的阴离子。有的非金属阴离子可以与酸作用生成挥发性的物质，有的与试剂作用生成沉淀，也有的表现出氧化还原性质。利用非金属阴离子的这些特点，根据待分离与鉴定溶液体系的情况，可以先通过初步试验或分组试验，以排除不存在的离子，然后鉴定可能存在的离子。初步性质试验一般包括溶液的酸碱性试验、与酸反应生成气体的试验、氧化还原性质试验、与试剂作用生成沉淀的试验等。经初步检验，可排除某些阴离子存在的可能性，以简化分析步骤。初步试验主要包括以下内容：

**1. 溶液酸碱性试验**

溶液若为酸性，则混合液中不可能含有被酸分解的阴离子，如 $S^{2-}$、$SO_3^{2-}$、$S_2O_3^{2-}$、$NO_2^-$、$CO_3^{2-}$ 等。

**2. 与酸反应生成气体的试验**

溶液若显碱性，加稀硫酸或稀盐酸酸化，观察是否有气体产生，若现象不明显，可加热，如有气体产生，可能有 $S^{2-}$、$SO_3^{2-}$、$S_2O_3^{2-}$、$NO_2^-$、$CO_3^{2-}$ 等。根据逸出气体的颜色和气味或者气体的某些特征反应确定所含有的阴离子。

**3. 氧化性阴离子的试验**

在酸化的溶液中加入碘化钾溶液和四氯化碳溶液，充分振荡后若四氯化碳层显紫色，则有氧化性阴离子存在，如 $NO_2^-$。

**4. 还原性阴离子的试验**

在混合液中加数滴 $H_2SO_4$ 酸化，加入 $KMnO_4$ 溶液，若紫色褪去，则表明含有一种或一种以上的还原性离子，如 $S^{2-}$、$SO_3^{2-}$、$S_2O_3^{2-}$、$NO_2^-$、$Br^-$、$I^-$ 等。

**5. 与试剂作用生成沉淀的试验**

（1）银组阴离子　在混合液中加数滴 $HNO_3$ 酸化，再加数滴 $AgNO_3$ 溶液，混匀，若有黑色沉淀生成，可能有 $S^{2-}$ 或 $S_2O_3^{2-}$，若有黄色沉淀生成，可能有 $Br^-$ 或 $I^-$，若有白色沉淀生成，可能有 $Cl^-$，需注意，黑色可能掩盖其它沉淀的颜色。

（2）钡组阴离子　在混合液中加数滴 $BaCl_2$ 溶液，若有白色沉淀生成，可能有 $SO_3^{2-}$、$SO_4^{2-}$、$S_2O_3^{2-}$、$PO_4^{3-}$、$CO_3^{2-}$，加 HCl 于沉淀中，沉淀不溶表示有 $SO_4^{2-}$。

## 三、实验仪器与试剂

仪器与材料：微型试管、井穴板、离心试管、离心机、多用滴管、玻璃棒、滤纸。

试剂：$H_2SO_4$(1.0mol·$L^{-1}$、浓)、$Na_2CO_3$(0.1mol·$L^{-1}$)、HAc(6.0mol·$L^{-1}$)、$FeSO_4$(s)、$HNO_3$(2.0mol·$L^{-1}$、6.0mol·$L^{-1}$)、$(NH_4)_2MoO_4$(饱和)、$Na_2[Fe(CN)_5NO]$(1%)、$ZnSO_4$(饱和)、$K_4[Fe(CN)_6]$(0.1mol·$L^{-1}$)、$AgNO_3$(0.1mol·$L^{-1}$)、$BaCl_2$(0.5mol·$L^{-1}$)、$NH_3·H_2O$(6.0mol·$L^{-1}$)、酚酞、对氨基苯磺酸、α-萘胺、氯水、$CCl_4$、锌粉。

## 四、实验内容

### （一）常见阴离子的鉴定

#### 1. $CO_3^{2-}$ 的鉴定

向微型试管中滴加 5 滴试液，再加入 2 滴 1.0mol·$L^{-1}$ $H_2SO_4$ 溶液，将浸有酚酞和碳酸钠溶液的小滤纸条放在试管口，若红色褪去，则表明有 $CO_3^{2-}$ 存在。

#### 2. $NO_2^-$ 的鉴定

取 1 滴试液于微型试管中，再加入 1 滴 6.0mol·$L^{-1}$ HAc，1 滴对氨基苯磺酸和几滴α-萘胺。溶液若显红色，表示有 $NO_2^-$ 存在。

#### 3. $NO_3^-$ 的鉴定

取 5 滴试液于微型试管中，再加少许 $FeSO_4$ 晶体，振荡试管使晶体溶解。然后斜持试管，沿试管壁缓慢加入浓 $H_2SO_4$(不要振荡试管)。若浓 $H_2SO_4$ 和溶液界面处有棕色环出现，表示有 $NO_3^-$ 存在。

#### 4. $PO_4^{3-}$ 的鉴定

在洁净的微型试管中加入 3 滴试液（可以含 $Na_3PO_4$、$Na_2HPO_4$、$NaH_2PO_4$)、1 滴 6.0mol·$L^{-1}$ $HNO_3$ 和 8～10 滴饱和 $(NH_4)_2MoO_4$ 溶液，若有黄色沉淀生成，表示有 $PO_4^{3-}$ 存在。

#### 5. $S^{2-}$ 的鉴定

向 0.7mL 井穴板的一个孔穴中加入 1 滴含 $S^{2-}$ 的碱性试液，再加入 1 滴 1% $Na_2[Fe(CN)_5NO]$ 溶液，溶液若呈紫红色，则表明有 $S^{2-}$ 存在。

#### 6. $SO_3^{2-}$ 的鉴定

向 0.7mL 井穴板的一个孔穴中加入 2 滴饱和 $ZnSO_4$ 溶液，再滴加 1 滴新配制的 0.1mol·$L^{-1}$ $K_4[Fe(CN)_6]$ 和 1 滴新配制的 1% 的 $Na_2[Fe(CN)_5NO]$ 溶液，接着加入 1 滴含 $SO_3^{2-}$ 的试液，充分搅拌，若出现红色沉淀，则表明存在 $SO_3^{2-}$。

#### 7. $S_2O_3^{2-}$ 的鉴定

向 0.7mL 井穴板的一个孔穴中加入 5 滴含 $S_2O_3^{2-}$ 试液，再逐滴加入 0.1mol·$L^{-1}$ $AgNO_3$ 溶液直至产生白色沉淀，静置数分钟，观察沉淀颜色由白→黄→棕→黑变化，表示

有 $S_2O_3^{2-}$ 存在。

**8. $SO_4^{2-}$ 的鉴定**

向 0.7mL 井穴板的一个孔穴中加入 2 滴含 $SO_4^{2-}$ 的试液，接着加入 2 滴 2.0mol·$L^{-1}$ $HNO_3$ 进行酸化，再滴加 2 滴 0.5mol·$L^{-1}$ 的 $BaCl_2$ 溶液，若有白色沉淀生成，则表明存在 $SO_4^{2-}$。

**9. $Cl^-$的鉴定**

于离心试管中滴加 3 滴含 $Cl^-$ 的试液，接着加 1 滴 6.0mol·$L^{-1}$ $HNO_3$ 溶液酸化，再滴加 0.1mol·$L^{-1}$ $AgNO_3$ 溶液，若有白色沉淀生成，初步说明试液中可能含有 $Cl^-$。水浴加热，离心分离，弃去清液，在沉淀上加入 3～5 滴 6.0mol·$L^{-1}$ 的氨水，充分搅拌，若沉淀溶解，再滴加 5 滴 6.0mol·$L^{-1}$ $HNO_3$ 酸化，若重新生成白色沉淀，表示有 $Cl^-$存在。

**10. $Br^-$的鉴定**

于离心试管中滴加 5 滴含 $Br^-$ 的试液，接着滴加 3 滴 1.0mol·$L^{-1}$ $H_2SO_4$ 溶液和 2 滴 $CCl_4$，然后逐滴加入 5 滴氯水，边滴加边振荡试管，若 $CCl_4$ 层出现橙红色，表示有 $Br^-$存在。

**11. $I^-$的鉴定**

于离心试管中滴加 5 滴含 $I^-$ 的试液，接着滴加 2 滴 1.0mol·$L^{-1}$ $H_2SO_4$ 溶液和 3 滴 $CCl_4$，然后逐滴加入氯水，边滴加边振荡试管，若 $CCl_4$ 层出现紫红色（$I_2$）然后褪至无色（$IO_3^-$），表示有 $I^-$存在。

**（二）$Cl^-$、$Br^-$、$I^-$ 混合液的分离与鉴定（图 4-1）**

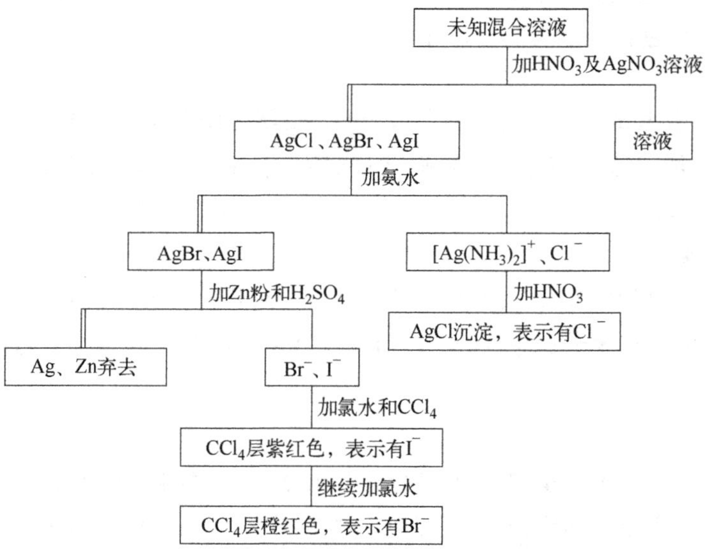


图 4-1　$Cl^-$、$Br^-$、$I^-$ 混合液的分离与鉴定

取 3～5 滴含卤素离子的混合液于离心试管中，滴加 1 滴 6.0mol·$L^{-1}$ $HNO_3$ 进行酸化，接着加 0.1mol·$L^{-1}$ $AgNO_3$ 溶液至沉淀完全，水浴加热 2min，离心分离，弃去清液，洗涤沉淀。

在沉淀中加入 10 滴左右 6.0mol·$L^{-1}$ 的氨水，剧烈搅拌，水浴加热 2min，离心分离，清液转入另一试管中。

溶液以 6.0mol·$L^{-1}$ $HNO_3$ 酸化，白色沉淀又出现，证实 $Cl^-$存在。

沉淀中加入5～8滴1.0mol·$L^{-1}$ $H_2SO_4$溶液及少许锌粉，充分搅拌，水浴加热至沉淀颗粒都变为黑色，离心分离，弃去沉淀。在溶液中加入氯水和$CCl_4$，$CCl_4$层若显紫红色，表示有$I^-$。继续加氯水，$CCl_4$层若显橙红色，表示有$Br^-$。

### 五、安全提示

1. 可溶性钡盐有毒，请将可溶性钡盐沉淀为硫酸钡后倒入固体废物回收处。
2. 有NO生成的实验，应在通风橱中进行。

### 六、实验习题

1. 有一溶液，可能含有$S^{2-}$、$SO_3^{2-}$、$S_2O_3^{2-}$，设计实验进行分离并鉴定。
2. 一试样易溶于水，已检出含有$Ag^+$和$Ba^{2+}$，在$SO_3^{2-}$、$NO_3^-$、$CO_3^{2-}$、$SO_4^{2-}$、$Cl^-$、$I^-$中，哪些离子不需检验？

### 七、知识拓展——常见硫酸盐的用途

硫酸钙（$CaSO_4$）：用于制造石膏板、石膏粉等建筑材料；作为凝固剂用于豆腐制作；用于制造石膏绷带和牙科模具。

硫酸钡（$BaSO_4$）：在医疗上用作X射线透视肠胃的内服剂，俗称"钡餐"；此外还可用作白色颜料；用作填充剂增加塑料密度。

硫酸铜（$CuSO_4$）：用于制备波尔多液，一种杀虫农药；用于电镀工业中的电解液。

硫酸铝钾［$KAl(SO_4)_2$］：俗称明矾，常用作净水剂和絮凝剂，因其水解产生的胶状氢氧化铝具有很强的吸附能力。

硫酸亚铁（$FeSO_4$）：用于制造蓝黑墨水、染色和木材防腐，农业上可用作杀虫剂，医疗上可作补血剂。

硫酸锌（$ZnSO_4$）：用于制造白色颜料锌钡白（立德粉）；用于治疗锌缺乏症。

硫酸钠（$Na_2SO_4$）：用于制造洗衣粉、玻璃和造纸工业，还可用作泻药。

硫代硫酸钠（$Na_2S_2O_3$）：主要用于化工生产中的还原剂、棉织物漂白后的脱氯剂和照相行业的定影剂。

连二亚硫酸钠（$Na_2S_2O_4$）：是染料工业上常用的还原剂，俗称保险粉，可以保护其他物质不被氧化。

过二硫酸钾（$K_2S_2O_8$）：是一种强氧化剂，广泛应用于多个领域，如作为自由基聚合反应的引发剂，用于生产聚丙烯腈、聚氯乙烯等聚合物；用于纺织品漂白，提升白度；在某些电池中用作电解质添加剂，提升电池性能；作为氧化剂用于化学分析，如测定铁、锰等金属离子。

## 实验27　生物体中几种元素的定性鉴定

### 一、实验目的

1. 了解植物或动物样品的灰化和浸溶方法。

2. 掌握植物或动物样品中磷、钙、铁和铝的定性鉴定方法。

3. 使用微量试剂完成实验探究，践行绿色化学减废、低毒理念，提高安全与环保意识。

## 二、实验预习

预习 $PO_4^{3-}$、$Ca^{2+}$、$Fe^{3+}$ 和 $Al^{3+}$ 的定性鉴定方法。

## 三、实验仪器与试剂

仪器与材料：石棉网、电炉、坩埚、离心试管、酒精灯、微型试管、离心机、镊子、鸡蛋壳、树叶（枯、青）、动物骨头。

试剂：$HNO_3$（浓）、$(NH_4)_2MoO_4$（饱和）、$(NH_4)_2C_2O_4$（饱和）、$K_4[Fe(CN)_6]$（$0.1mol \cdot L^{-1}$）、KSCN（饱和）、铝试剂。

## 四、实验内容

### （一）树叶中磷、钙、铁和铝的定性鉴定

**1. 原材料的灰化**

准备几片已经洗净烘干的树叶（枯叶和青叶均可，樟树树叶最佳），取青叶 1.2g 或枯叶 0.5g。用镊子夹住树叶点燃后，放入坩埚中，在电炉上继续加热至灰化完全（近白色）。

**2. 硝化和分解**

将灰粉转入微型试管中，滴加 10 滴浓 $HNO_3$（注意浓 $HNO_3$ 不能加多），加热硝化，使灰粉中磷转化成 $H_3PO_4$，铁转化成 $Fe^{3+}$，钙转化成 $Ca^{2+}$，铝转化成 $Al^{3+}$。接着加入约 0.8mL 蒸馏水，充分振荡。然后将试管中的溶液转入离心试管中，离心分离，保留清液备用。

**3. 定性鉴定**

将上述清液分成四等份，分别加入饱和钼酸铵溶液、饱和草酸铵溶液、$0.1mol \cdot L^{-1}$ $K_4[Fe(CN)_6]$ 或者饱和 KSCN 溶液、铝试剂（注意调节溶液的 pH），观察实验现象，判断检出的物质，写出相关化学反应方程式。

### （二）鸡蛋壳中磷、钙、铁和铝的定性鉴定

取一勺已灰化好的鸡蛋壳粉，按上述方法经硝酸处理，然后进行磷、钙、铁、铝元素的定性鉴定。

### （三）骨头粉中磷、钙、铁和铝的定性鉴定

取一勺已灰化好的骨头粉，按上述方法经硝酸处理，然后进行磷、钙、铁、铝元素的定性鉴定。

## 五、安全提示

浓硝酸在光照下会分解出二氧化氮而呈黄色，所以常将浓硝酸盛放在棕色试剂瓶中，且放置于阴暗处。浓硝酸有强烈的腐蚀性，与许多常用有机物发生非常剧烈的反应，引起火灾和爆炸危险，使用时需要格外注意。

## 六、实验习题

1. 原材料若灰化不完全，对实验结果有何影响？

2. 植物中还可能有哪些元素？如何鉴定？

## 七、知识拓展

人体由多种元素构成。其中，碳、氢、氧、氮、钾、钠、钙、镁、硫、磷、氯这 11 种元素，约占人体总重量的 99.95%，被称为人体中的常量元素。其余仅占 0.05%的元素，则为微量元素。世界卫生组织公布了 14 种人体必需的微量元素，包括铁（Fe）、锌（Zn）、铜（Cu）、铬（Cr）、锰（Mn）、钴（Co）、氟（F）、碘（I）、硒（Se）、钒（V）、镍（Ni）、钼（Mo）、硅（Si）和锡（Sn）。近年来，锂（Li）、硅（Si）、溴（Br）、硼（B）等对人体健康有益的元素也逐渐被发现和证实。而铍（Be）、镉（Cd）、汞（Hg）、铅（Pb）、砷（As）、铊（Tl）、锑（Sb）和碲（Te）等毒性较强的元素，对人体健康明显有害。现代医学研究表明，人体内微量元素含量与癌症、心血管疾病及人类寿命密切相关。微量元素在人体内分布差异显著，如碘多集中于甲状腺、铁富集在红细胞内、钒留存于脂肪组织、钴聚集在造血器官、锌分布在肌肉组织等。人体必需的微量元素在生物体代谢调控、酶合成、呼吸链组成、免疫系统发育等生命活动中发挥关键作用，是生命活动与繁衍不可或缺的物质基础。

# 实验 28　配合物的生成和性质

## 一、实验目的

1. 比较配合物与简单化合物的区别。
2. 比较配离子的稳定性。
3. 试验沉淀溶解平衡、氧化还原平衡、溶液的酸碱性及浓度对配位解离平衡的影响。
4. 了解螯合物的性质。
5. 使用微量试剂完成实验探究，践行绿色化学减废、低毒理念，提高安全与环保意识。

## 二、实验预习

预习配位解离平衡及 d 区和 ds 区某些金属离子形成配合物的特征。

## 三、实验仪器与试剂

仪器与材料：井穴板、离心试管、离心机、多用滴管、微型试管。

试剂：$HgCl_2$(0.1mol・$L^{-1}$)、KI(1.0mol・$L^{-1}$、0.1mol・$L^{-1}$)、$CuSO_4$(0.1mol・$L^{-1}$)、$BaCl_2$（0.1mol・$L^{-1}$）、NaOH（0.1mol・$L^{-1}$、6.0mol・$L^{-1}$）、$NH_3$・$H_2O$（2.0mol・$L^{-1}$、6.0mol・$L^{-1}$）、$FeCl_3$(0.1mol・$L^{-1}$)、KSCN(0.1mol・$L^{-1}$、饱和)、$(NH_4)_2C_2O_4$（饱和）、$K_3[Fe(CN)_6]$（0.1mol・$L^{-1}$）、$CoCl_2$（0.1mol・$L^{-1}$）、$NH_4F$（10%）、$H_2S$（饱和）、$H_2C_2O_4$(0.1mol・$L^{-1}$)、$SnCl_2$(0.1mol・$L^{-1}$)、$H_2SO_4$(6.0mol・$L^{-1}$)、$CrCl_3$(0.1mol・$L^{-1}$)、EDTA(0.1mol・$L^{-1}$)、$Al_2(SO_4)_3$(0.1mol・$L^{-1}$)、$ZnSO_4$

$(0.1mol \cdot L^{-1})$、淀粉（0.5%）、HCl（浓）、无水乙醇、戊醇。

## 四、实验内容

### （一）配离子的生成及性质

(1) 在洁净的 0.7mL 井穴板的一个孔穴中滴加 1 滴 $0.1mol \cdot L^{-1}$ 的 $HgCl_2$ 和 1 滴 $0.1mol \cdot L^{-1}$ KI 溶液，观察现象。接着滴加 $1.0mol \cdot L^{-1}$ KI 溶液，边滴加边搅拌，观察现象，写出相应反应方程式 [此溶液留作后续实验（三）2 用]。

(2) 在洁净的 0.7mL 井穴板的两个孔穴中均滴加 2 滴 $0.1mol \cdot L^{-1}$ $CuSO_4$ 溶液，然后在其中一个孔穴中滴加 3 滴 $0.1mol \cdot L^{-1}$ $BaCl_2$ 溶液，另一孔穴中滴加 3 滴 $0.1mol \cdot L^{-1}$ NaOH 溶液，观察实验现象。

(3) 在洁净的 5mL 井穴板的一个孔穴中滴加 20 滴 $0.1mol \cdot L^{-1}$ $CuSO_4$ 溶液，再逐滴滴入 $6.0mol \cdot L^{-1}$ $NH_3 \cdot H_2O$，边滴加边搅拌，观察实验现象，继续滴加过量氨水直至溶液变为深蓝色。

用多用滴管取上述自制的铜氨溶液分别滴加到两支分别盛有 3 滴 $0.1mol \cdot L^{-1}$ $BaCl_2$ 和 3 滴 $0.1mol \cdot L^{-1}$ NaOH 溶液的微型试管中，观察实验现象，与上述实验（2）进行对比，分析配合物的组成，并进行解释，写出相关化学反应方程式。

于离心试管中加入 1mL 自制的铜氨溶液，接着加入约 1mL 无水乙醇，振荡混合均匀，静置，观察晶体的析出。离心分离，晶体保留作后续实验（三）5 用。

### （二）配离子稳定性比较

#### 1. 配位剂对配离子稳定性影响

在洁净的 0.7mL 井穴板的一个孔穴中滴加 2 滴 $0.1mol \cdot L^{-1}$ $FeCl_3$ 和 1 滴 $0.1mol \cdot L^{-1}$ KSCN 溶液，观察溶液的颜色。接着滴加 3 滴饱和 $(NH_4)_2C_2O_4$ 溶液，观察实验现象。再滴加 $6.0mol \cdot L^{-1}$ NaOH 溶液，观察沉淀的颜色，写出相关化学反应方程式并解释。

在洁净的 0.7mL 井穴板的一个孔穴中滴加 2 滴 $0.1mol \cdot L^{-1}$ $K_3[Fe(CN)_6]$ 溶液，然后滴加 $6.0mol \cdot L^{-1}$ NaOH 溶液，观察实验现象。

通过上述实验现象比较三种 Fe(Ⅲ) 配离子的稳定性。

#### 2. 配合物的转化及其掩蔽作用

在洁净的微型试管中滴加 5 滴 $0.1mol \cdot L^{-1}$ 的 $CoCl_2$ 溶液及 10 滴戊醇，接着滴加 5 滴饱和 KSCN 溶液，充分振荡，观察上层戊醇层的颜色（此方法可用于 $Co^{2+}$ 的鉴定）。然后滴加 1 滴 $0.1mol \cdot L^{-1}$ $FeCl_3$ 溶液，观察上下层溶液颜色的变化（分析 $Fe^{3+}$ 对 $Co^{2+}$ 的鉴定会产生什么影响?）。然后向微型试管中逐滴滴加 10% $NH_4F$ 溶液，边滴加边振荡至血红色刚好褪去，观察实验现象。解释上述实验现象。

### （三）配位平衡的移动

#### 1. 配位平衡与沉淀溶解平衡

在两支洁净的离心试管中分别滴加 1 滴饱和 $H_2S$ 水溶液和 1 滴 $0.1mol \cdot L^{-1}$ $H_2C_2O_4$ 溶液，然后各滴加 1 滴 $0.1mol \cdot L^{-1}$ $CuSO_4$ 溶液，观察沉淀的生成，充分搅拌，离心分离，再分别向沉淀中滴加 $6.0mol \cdot L^{-1}$ 氨水，搅拌，观察沉淀是否溶解。利用多重平衡原理计算并解释上述实验现象。

**2. 配位平衡与氧化还原平衡**

(1) 在洁净的 0.7mL 井穴板的一个孔穴中滴加 1 滴 $0.1mol \cdot L^{-1}$ $HgCl_2$，再逐滴滴加过量 $0.1mol \cdot L^{-1}$ $SnCl_2$ 溶液，观察沉淀的生成及沉淀颜色的变化。在上述实验（一）(1) 的溶液中逐滴滴加 $0.1mol \cdot L^{-1}$ $SnCl_2$ 溶液，现象有何不同？试通过电极电势加以讨论。

(2) 在洁净的 0.7mL 井穴板的两个孔穴中均滴加 3 滴 $0.1mol \cdot L^{-1}$ $FeCl_3$ 溶液和 1 滴淀粉溶液，向其中一个孔穴中滴加 3 滴 10% $NH_4F$ 溶液，然后再向两孔穴中均加入几滴 $0.1mol \cdot L^{-1}$ KI 溶液，比较两个孔穴中现象有何不同，并加以解释。

**3. 配位平衡与介质的酸碱性**

在洁净的 0.7mL 井穴板的两个孔穴中均滴加 2 滴 $0.1mol \cdot L^{-1}$ $FeCl_3$ 溶液，再逐滴滴加 10% $NH_4F$ 溶液至溶液刚变为无色为止。然后向其中一个孔穴中滴加 $6.0mol \cdot L^{-1}$ NaOH 溶液，另一个孔穴中滴加 $6.0mol \cdot L^{-1}$ $H_2SO_4$ 溶液，观察实验现象，并用平衡移动原理进行解释。

**4. 配位平衡与浓度的关系**

在一支洁净的微型试管中滴加 3 滴 $0.1mol \cdot L^{-1}$ $CoCl_2$ 溶液，接着加入浓盐酸，观察溶液的颜色是否变化，再逐滴加水稀释，观察溶液的颜色。重复上述操作，观察实验现象并加以解释。

**5. $[Cu(NH_3)_4]^{2+}$ 配离子的破坏（自拟实验）**

于微型试管中加入少量实验（一）(3) 自制的铜氨配合物晶体，加入 $2.0mol \cdot L^{-1}$ 氨水使其溶解，得到深蓝色 $[Cu(NH_3)_4]^{2+}$ 配离子的溶液。按下列要求设计四种方案破坏铜氨配离子，写出相关化学反应方程式。

(1) 利用酸碱解离平衡。

(2) 利用沉淀溶解平衡。

(3) 利用氧化还原平衡。

(4) 利用配位化合物的取代反应。

**（四）螯合物的性质**

在洁净的 0.7mL 井穴板的一个孔穴中滴加 1 滴 $0.1mol \cdot L^{-1}$ $FeCl_3$ 和 1 滴 $0.1mol \cdot L^{-1}$ KSCN 溶液，在另一个孔穴中滴加 2 滴 $[Cu(NH_3)_4]^{2+}$ 溶液，然后在两个孔穴中均加入 $0.1mol \cdot L^{-1}$ EDTA 溶液，观察实验现象并加以解释。

**（五）水合异构**

在洁净的微型试管中加入 1mL $0.1mol \cdot L^{-1}$ $CrCl_3$ 溶液，记录溶液的颜色，加热一段时间后观察溶液颜色的变化，接着冷却一段时间后再观察溶液的颜色，重复操作，解释实验现象。

**（六）综合性实验**

有一溶液，可能含有 $Zn^{2+}$、$Cu^{2+}$、$Al^{3+}$、$Fe^{3+}$，设计实验进行分离并鉴定。

## 五、安全提示

1. 可溶性钡盐有毒，请将可溶性钡盐沉淀为硫酸钡后倒入固体废物回收处。

2. 汞盐有毒性，使用时需要格外注意，请将其废液倒入指定回收桶。

## 六、实验习题

1. 根据本次实验内容，总结哪些因素会影响配位解离平衡。

2. 根据实验结果比较 $SCN^-$、$F^-$、$C_2O_4^{2-}$、$CN^-$、EDTA 等与 $Fe^{3+}$ 的配位能力。

3. 在深蓝色铜氨配离子溶液中加水稀释或加饱和 $H_2S$ 溶液是否有沉淀产生？说明原因。

## 七、知识拓展——科学家精神

戴安邦院士（1901 年 4 月 30 日—1999 年 4 月 17 日）是我国著名无机化学家和教育家，中国配位化学研究的开拓者与奠基人。他出生于江苏，1924 年毕业于金陵大学（现南京大学前身），后赴美国留学。1931 年回国后，他致力于中国化学学科的建设与发展。戴安邦院士的主要研究领域是配位化学，他在配位化合物的合成、结构和性质研究方面取得了重要成果。此外，他还系统研究了稀土元素和过渡金属配合物的性质，推动了我国无机化学和材料科学的发展。戴安邦院士在教育和科研领域都做出了卓越贡献。他长期担任南京大学教授，创办了南京大学配位化学研究所，培养了大批无机化学领域的优秀人才。他的学生和同事在中国化学研究和工业发展中发挥了重要作用。戴安邦院士敢为人先的开拓精神、精益求精的治学态度、甘当人梯的育人情怀值得我们学习。

# 第5章 无机化合物的制备与表征

## 实验29 硫代硫酸钠的制备

### 一、实验目的

1. 掌握硫代硫酸钠的制备方法和原理。
2. 学习硫代硫酸钠的检验方法。

### 二、实验原理

硫代硫酸钠是一种常见的化工原料和试剂，化学式为 $Na_2S_2O_3$，又名大苏打、海波，无色或白色结晶性粉末。易溶于水，不溶于醇，具有较强的还原性和配位能力。硫代硫酸钠是世界卫生组织公布的基本药物之一，用于特异性解毒。此外，硫代硫酸钠在污水处理、分析化学、金属矿物处理等方面都有着广泛的应用。

$Na_2S_2O_3 \cdot 5H_2O$ 的制备方法有多种，本实验采用 $Na_2SO_3$ 氧化单质硫来制备硫代硫酸钠。

$$Na_2SO_3 + S + 5H_2O \xlongequal{} Na_2S_2O_3 \cdot 5H_2O$$

常温下，从硫代硫酸钠溶液中结晶出来的是 $Na_2S_2O_3 \cdot 5H_2O$，它在40～45℃熔化，在48℃开始分解。因此，在浓缩过程中不要蒸发过度。

### 三、实验仪器与试剂

仪器与材料：天平、烧杯、量筒、电炉、蒸发皿、循环水真空泵、抽滤瓶、布氏漏斗、滤纸、试管。

试剂：硫黄粉、$Na_2SO_3$(s)、乙醇、HCl（2.0mol·$L^{-1}$）、$AgNO_3$(0.1mol·$L^{-1}$)、碘水、氯水。

### 四、实验内容

#### 1. 硫代硫酸钠的制备

称取1.5g硫黄粉，研磨后置于100mL烧杯中，用1mL乙醇将其润湿，再加入5.0g $Na_2SO_3$ 固体和30mL水。加热并不断搅拌，待溶液沸腾后改用小火加热，保持微沸状态不少于40min，直至硫黄粉全部反应，此过程中及时补水。趁热过滤，将滤液转入蒸发皿，水浴加热蒸发至溶液呈微黄色浑浊为止，冷却至室温，有大量晶体析出。减压过滤，用少量乙醇洗涤晶体，抽干后称重，计算产率。

**2. 硫代硫酸钠的检验**

(1) 取一粒硫代硫酸钠于试管中，加几滴水溶解，滴加2.0mol·$L^{-1}$ HCl溶液，观察现象，写出反应方程式。

(2) 取一粒硫代硫酸钠于试管中，加几滴水溶解，滴加0.1mol·$L^{-1}$ $AgNO_3$溶液，观察现象，写出反应方程式。

(3) 取一粒硫代硫酸钠于试管中，加水溶解，滴加碘水，有何现象？

(4) 取一粒硫代硫酸钠于试管中，加水溶解，滴加氯水，设法检验溶液中生成的$SO_4^{2-}$。

### 五、实验习题

1. 查阅文献，硫代硫酸钠的制备方法有哪些？
2. 要提高硫代硫酸钠产品的产率与纯度，实验中需注意哪些问题？
3. 本实验中，为什么硫黄粉稍过量？
4. 硫代硫酸钠加热分解的产物是什么？

### 六、知识拓展

硫代硫酸钠的用途广泛，可用于治疗氰化物、砷、铋、碘、汞、铅等引起的中毒。治疗氰化物中毒的原理是在硫氰酸酶的作用下，其与氰离子反应，形成无毒的硫氰酸盐排出体外，从而解毒。硫代硫酸钠也能和许多金属离子反应，生成无毒的硫化物排出体外。硫代硫酸钠作为药品可以预防癌症患者由于顺铂化疗引起的听力损失。硫代硫酸钠能够抗真菌，可以治疗皮肤瘙痒、慢性皮炎、慢性荨麻疹等。在化工领域，硫代硫酸钠能处理污水、金属矿物，作还原剂、媒染剂、漂白剂、脱氯剂等。

## 实验30 硫酸亚铁铵的制备

### 一、实验目的

1. 了解硫酸亚铁铵的性质与用途。
2. 掌握硫酸亚铁和硫酸亚铁铵的制备方法和原理。
3. 学习制备无机化合物有关投料、产率的计算方法。
4. 练习水浴加热、减压过滤、蒸发、结晶等基本操作。

### 二、实验原理

复盐是由两种或两种以上简单盐所组成的具有特定性质的化合物。复盐的溶解度一般比简单盐小，溶于水后以简单水合离子形式存在。使两种简单盐的混合饱和溶液结晶，可以制得复盐。莫尔盐（硫酸亚铁铵）的化学式是 $(NH_4)_2Fe(SO_4)_2 \cdot 6H_2O$，是一种蓝绿色的无机复盐。易溶于水，不溶于乙醇，在 100～110℃时分解。

铁屑与稀硫酸反应生成硫酸亚铁，溶液经浓缩后冷却至室温，即可得到浅绿色的 $FeSO_4 \cdot 7H_2O$ 晶体。

硫酸亚铁有 $FeSO_4 \cdot 7H_2O$、$FeSO_4 \cdot 4H_2O$ 和 $FeSO_4 \cdot H_2O$ 三种水合物，它们在溶液中可以互相转变，其转变温度为：

$$FeSO_4 \cdot 7H_2O \xrightarrow{57℃} FeSO_4 \cdot 4H_2O \xrightarrow{65℃} FeSO_4 \cdot H_2O$$

为了防止溶解度较小的 $FeSO_4 \cdot H_2O$ 析出，在金属与酸作用及溶液浓缩过程中，温度不宜过高。在蒸发浓缩时，应维持溶液呈较强的酸性（$pH<1$），以防止 $FeSO_4$ 在弱酸中被氧化。将等物质的量的 $(NH_4)_2SO_4$ 与 $FeSO_4$ 溶液混合，可以制得溶解度较小的复盐 $(NH_4)_2SO_4 \cdot FeSO_4 \cdot 6H_2O$，它比一般的亚铁盐稳定，在空气中不易被氧化。

$$Fe + H_2SO_4 = FeSO_4 + H_2\uparrow$$

$$(NH_4)_2SO_4 + FeSO_4 + 6H_2O = (NH_4)_2SO_4 \cdot FeSO_4 \cdot 6H_2O$$

虽然固体 $(NH_4)_2SO_4 \cdot FeSO_4 \cdot 6H_2O$ 较稳定，但是在溶液中 $Fe^{2+}$ 容易被氧化。因此，在蒸发浓缩溶液时，应保持溶液呈酸性，以防止 $Fe^{2+}$ 被氧化。

$$4Fe^{2+} + O_2 + 6H_2O = 4Fe(OH)_2^+ + 4H^+$$

## 三、实验仪器与试剂

仪器与材料：台秤、小锥形瓶、表面皿、玻璃棒、漏斗、漏斗架、循环水真空泵、抽滤瓶、布氏漏斗、蒸发皿、滤纸。

试剂：废铁屑、$Na_2CO_3$ 溶液（10%）、$H_2SO_4$（$3.0mol \cdot L^{-1}$）、$(NH_4)_2SO_4$(s)。

## 四、实验内容

### 1. 铁屑的净化

称量 1.0g 铁屑于锥形瓶内，加入约 5mL 10% $Na_2CO_3$ 溶液，加热 10min，除去铁屑表面的油污。用倾析法除去碱液，用蒸馏水洗涤 3 次。

### 2. $FeSO_4$ 的制备

向装有处理好的铁屑的锥形瓶中，加入 7～8mL $3.0mol \cdot L^{-1}$ $H_2SO_4$ 溶液，在通风橱中加热，反应温度控制在 80℃，在锥形瓶上可放置一个表面皿防止水分大量蒸发。当铁屑与 $H_2SO_4$ 反应至氢气冒出速率很慢时，停止反应，此时溶液呈绿色（注意：反应后期可适当补充水分，保持溶液原有体积，避免硫酸亚铁析出）。趁热常压过滤，用少量热的无氧蒸馏水洗涤，滤液转入蒸发皿中。将锥形瓶内和滤纸上的残渣（铁屑）洗净，收集在一起，连同滤纸烘干，称重。算出已反应的铁屑质量，根据反应的铁屑质量算出溶液中 $FeSO_4$ 的量。

### 3. 硫酸亚铁铵的制备

根据溶液中 $FeSO_4$ 的量，按 $FeSO_4$ 与 $(NH_4)_2SO_4$ 的物质的量比为 1∶1 的比例，称取化学纯 $(NH_4)_2SO_4$ 固体，加入盛有 $FeSO_4$ 溶液的蒸发皿中，搅拌溶解，如不能溶解，可加入适量水。然后将蒸发皿放在水浴中加热浓缩至有晶膜出现为止，冷却至室温，大量硫酸亚铁铵晶体析出，三种盐的溶解度见表5-1。抽滤，尽量抽干晶体后，转移至干净的表面皿上，晾干，称重，计算收率，观察和记录产品的颜色和形状（产品由自己保存，供后面实验使用）。

## 五、实验习题

1. 制备硫酸亚铁时，铁过量还是硫酸过量？
2. 如何获得无氧蒸馏水？
3. 如何测定产品中杂质 $Fe^{3+}$ 的含量？

**表 5-1 三种盐的溶解度** 单位：g·$(100g\ H_2O)^{-1}$

| 温度 | $FeSO_4 \cdot 7H_2O$ 溶解度 | $(NH_4)_2SO_4$ 溶解度 | $(NH_4)_2SO_4 \cdot FeSO_4 \cdot 6H_2O$ 溶解度 |
|---|---|---|---|
| 10℃ | 20.0 | 73.0 | 17.2 |
| 20℃ | 26.5 | 75.4 | 21.6 |
| 30℃ | 32.9 | 78.0 | 28.1 |

## 六、知识拓展

硫酸亚铁铵的用途十分广泛。能够作净水剂，制备各种含铁化合物如氧化铁系颜料、磁性材料、黄血盐和其他铁盐等，还可以用作媒染剂、鞣革剂、木材防腐剂。硫酸亚铁铵在医药中可以治疗缺铁性贫血，在农业中作为肥料矫正土壤缺铁，在畜牧业中用作饲料添加剂等。我国硫酸亚铁铵行业正处于转型期，向着降低能耗、开发清洁生产工艺的方向发展，环保与技术升级推动行业绿色化发展。

# 实验 31 硫酸四氨合铜（Ⅱ）的制备

## 一、实验目的

1. 掌握用粗氧化铜制备硫酸四氨合铜的方法。
2. 了解无机物或配合物结晶提纯的原理。
3. 练习蒸发、结晶、减压过滤等基本操作。

## 二、实验原理

硫酸四氨合铜（$[Cu(NH_3)_4]SO_4 \cdot H_2O$）为深蓝色晶体，溶于水，不溶于乙醇。主要用于印染、纤维、杀虫剂及制备某些含铜的化合物，也是高效、安全的广谱杀菌剂，还是植物生长激素，在施药条件下，能促进作物生长，明显提高作物产量。常温下在空气中，硫酸四氨合铜易与水和二氧化碳反应，生成铜的碱式盐，使晶体变成绿色粉末。

本实验通过氧化铜与适当浓度的硫酸反应制得硫酸铜溶液，再加入过量的氨水反应制取 $[Cu(NH_3)_4]SO_4 \cdot H_2O$。反应式为：

$$CuO+H_2SO_4 = CuSO_4+H_2O$$

$$CuSO_4+4NH_3+H_2O = [Cu(NH_3)_4]SO_4 \cdot H_2O$$

由于氧化铜原料不纯，因此所得的 $CuSO_4$ 溶液中常含有不溶性物质和可溶性的 $FeSO_4$ 和 $Fe_2(SO_4)_3$。用 $H_2O_2$ 将其中的 $Fe^{2+}$ 氧化成 $Fe^{3+}$，再利用 NaOH 调节溶液 pH 为 3～4（注意不要使溶液 pH>4，否则将析出碱式硫酸铜沉淀而影响产品的质量和产量），再加热煮沸，使 $Fe^{3+}$ 水解为 $Fe(OH)_3$ 沉淀，在过滤时和其它不溶性杂质一起被除去。反应式如下：

$$2Fe^{2+}+2H^++H_2O_2 = 2Fe^{3+}+2H_2O$$

$$Fe^{3+}+3H_2O = Fe(OH)_3\downarrow+3H^+$$

可用 KSCN 检验溶液中是否还存在杂质 $Fe^{3+}$，反应式为：

$$Fe^{3+}+nSCN^- = [Fe(SCN)_n]^{3-n}(n=1\sim6,\text{血红色})$$

硫酸四氨合铜在加热时易失氨，并且在乙醇中的溶解度远小于在水中的溶解度，所以其晶体的制备不宜用蒸发浓缩等常规的方法，而是向硫酸铜溶液中加入浓氨水后，再加入乙醇溶液，即可析出 $[Cu(NH_3)_4]SO_4 \cdot H_2O$ 晶体。

## 三、实验仪器与试剂

仪器与材料：台秤、烧杯、量筒、玻璃棒、电炉、表面皿、井穴板、蒸发皿、循环水真空泵、布氏漏斗、抽滤瓶、滤纸、试剂瓶、精密 pH 试纸。

试剂：粗 CuO、NaOH（10%）、KSCN（5%）、氨水（1∶1）、乙醇（95%）、$H_2O_2$（质量分数为 3%）。

## 四、实验内容

### 1. 粗 $CuSO_4$ 溶液的制备

在 100mL 烧杯中称取 2.0g 粗 CuO，向其中加入 10mL 3.0mol·$L^{-1}$ $H_2SO_4$，微热使黑色 CuO 溶解，溶液变蓝，再加入 15mL 蒸馏水。

### 2. $CuSO_4$ 溶液的精制

向粗 $CuSO_4$ 溶液中滴加 1mL 3.0mol·$L^{-1}$ $H_2SO_4$，将溶液加热至沸腾，搅拌 2～3min，边搅拌边逐滴加入 10%NaOH 溶液至 pH 为 3.5 左右（用精密 pH 试纸检验），使 $Fe^{3+}$ 生成沉淀。取 1 滴溶液于 0.7mL 井穴板内，加入 1 滴 5% KSCN 溶液，若呈现红色，说明溶液中还存在杂质 $Fe^{3+}$，需继续向烧杯中滴加 NaOH 溶液。$Fe^{3+}$ 沉淀完全后，继续加热溶液片刻，趁热抽滤，滤液转移至干净的蒸发皿中。

### 3. $[Cu(NH_3)_4]SO_4 \cdot H_2O$ 晶体的制备

将盛有 $CuSO_4$ 溶液的蒸发皿放在水浴上加热，蒸发浓缩至 10～15mL，冷却至室温。用 1∶1 氨水溶液调 $CuSO_4$ 溶液至 pH 为 6～8，然后加入 1∶1 氨水溶液 15mL，溶液变为深蓝色。向其中加入 10mL 95%乙醇，即有深蓝色 $[Cu(NH_3)_4]SO_4 \cdot H_2O$ 晶体析出。盖上表面皿，静置约 15 min，抽滤，用 20mL 乙醇和 1∶1 氨水的混合液（10mL 乙醇与 10mL 1∶1 氨水混合）洗涤 $[Cu(NH_3)_4]SO_4 \cdot H_2O$ 晶体数次，产品抽干后称量，计算产率。装入试剂瓶，在干燥器中保存。

## 五、实验习题

1. 去除 $Fe^{3+}$ 时为什么溶液 pH 约为 3.5？pH 太大或太小对结果有何影响？

2. 硫酸四氨合铜在农业生产中有什么作用?
3. 浓缩硫酸铜溶液时，为什么要水浴加热?
4. 在洗涤 $[Cu(NH_3)_4]SO_4 \cdot H_2O$ 晶体时为什么要用醇和氨水的混合液?

### 六、知识拓展

铜的导电性和导热性优异，在电气和电子工业中用途广泛，常用于制造电线、电缆、变压器、机械零件、船舶配件、管道、子弹、炮弹、装饰器件等。

废铜的再回收利用对于提高铜资源利用率、环保和可持续发展意义重大。我国废铜供应量较多，主要来自国内拆解的废铜和进口废铜。由于电力和家电行业的报废周期较长，国产废铜的增长空间有限。为鼓励铜资源的回收利用，国家出台了不少政策，如推动矿产资源综合利用、强化二次资源回收、支持建立大型废铜回收基地和产业集聚区、鼓励矿铜冶炼企业处理含铜二次资源、培育废铜加工利用企业。近年来，我国在铜冶炼和回收技术方面取得了进步。

## 实验 32　葡萄糖酸锌的合成及表征

### 一、实验目的

1. 掌握葡萄糖酸锌的制备方法及表征手段。
2. 进一步练习无机化合物制备中的基本操作。
3. 了解锌元素对生物的作用。

### 二、实验原理

锌是人体必需的微量元素之一，在人体生长发育过程中起着极其重要的作用，常被人们誉为“生命之花”和“智力之源”。锌存在于众多的酶系中，如碳酸酐酶、呼吸酶、乳酸脱氢酶、超氧化物歧化酶、碱性磷酸酶、DNA 和 RNA 聚合酶等，是核酸、蛋白质、糖的合成和维生素 A 利用的必需物质，具有促进生长发育、改善味觉的作用。缺锌会导致味觉、嗅觉下降，厌食、偏食，肠道菌群失衡，免疫力下降，智力发育落后。

葡萄糖酸锌为有机锌补剂，对胃黏膜刺激小，在体内易被人体吸收，且吸收率高，溶解性好。广泛应用于保健品、医药和食品中，对婴儿及青少年的智力和身体发育有重要作用，吸收效果比无机锌好。葡萄糖酸锌，化学式为 $C_{12}H_{22}O_{14}Zn$，是葡萄糖酸的锌盐，常温下为白色结晶或颗粒状粉末，无臭，味微涩，在沸水中极易溶解，在水中溶解，在无水乙醇、三氯甲烷或乙醚中不溶。

本实验以葡萄糖酸钙为原料制备葡萄糖酸锌，分为直接合成法和间接合成法。直接合成法是用葡萄糖酸钙和硫酸锌反应直接得到葡萄糖酸锌的粗产品，过滤除去硫酸钙，再重结晶得到纯度较高的产品。其化学反应式为：

$$Ca(C_6H_{11}O_7)_2 + ZnSO_4 \xlongequal{\quad} Zn(C_6H_{11}O_7)_2 + CaSO_4 \downarrow$$

间接合成法：以葡萄糖酸钙为原料，经阳离子交换树脂得到高纯葡萄糖酸。葡萄糖酸再与氧化锌反应生成葡萄糖酸锌。此法具有工艺条件容易控制、产品纯度较高等特点。反应方程式如下：

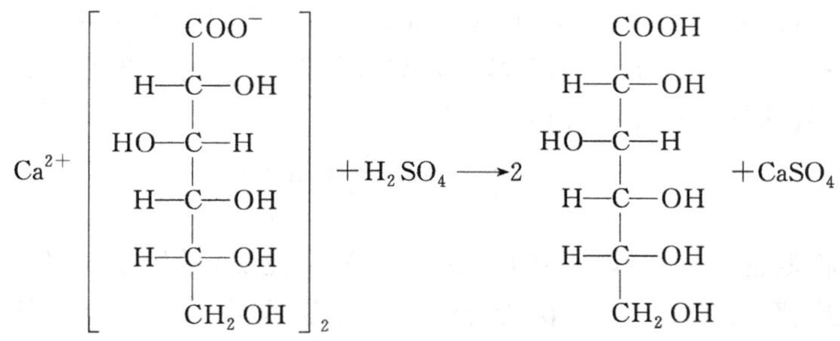

$$2CH_2OH(CHOH)_4COOH + ZnO = Zn[CH_2OH(CHOH)_4COO]_2 + H_2O$$

## 三、实验仪器与试剂

仪器与材料：台秤、烧杯、量筒、蒸发皿、提勒管、电炉、玻璃棒、恒温水浴箱、循环水真空泵、布氏漏斗、抽滤瓶、滤纸、pH 试纸、显微熔点仪、电子分析天平、滴定管、锥形瓶、红外吸收光谱仪。

试剂：$ZnSO_4 \cdot 7H_2O$(s)、葡萄糖酸钙（s)、乙醇（95%)、浓硫酸、阳离子交换树脂、ZnO(s)、稀硫酸、无水乙醇、$NH_3$-$NH_4Cl$ 缓冲溶液、铬黑 T 指示剂、EDTA 标准溶液（0.05 $mol \cdot L^{-1}$）。

## 四、实验内容

### 1. 直接合成法制备葡萄糖酸锌

向烧杯中加入 20mL 蒸馏水，加热至 80～90℃，加入 3.2 g $ZnSO_4 \cdot 7H_2O$，搅拌使其完全溶解，置于 90℃的恒温水浴中，再分批加入 5 g 葡萄糖酸钙，不断搅拌。在 90℃下保温 20min。趁热抽滤，除去 $CaSO_4$，滤液转移到蒸发皿中。水浴加热浓缩至黏稠状（剩余体积约为 10mL，如果浓缩液中出现沉淀，需过滤掉）。冷却到室温，向溶液中加入 95%乙醇 7mL 并不断搅拌，溶液中有大量胶状葡萄糖酸锌析出。充分搅拌后，用倾析法去除上清液。再向其中加入 95%乙醇 7mL，充分搅拌后，胶状沉淀慢慢转变成晶体状，减压过滤，得到葡萄糖酸锌粗品（母液回收）。用 10mL 蒸馏水将粗品溶解，加热使之溶解完全，趁热抽滤，滤液冷却到室温，向其中加入 95%乙醇 7mL，搅拌，有大量晶体析出，减压过滤，得到葡萄糖酸锌精品，烘干，称重，计算产率。

### 2. 间接合成法制备葡萄糖酸锌

（1）葡萄糖酸的制备　将 0.8mL 浓硫酸缓慢加入 25mL 蒸馏水中，混合均匀。在搅拌下分批加入 5.6 g 葡萄糖酸钙。在温度为 90℃的水浴中反应约 1h，趁热减压过滤，除去 $CaSO_4$ 沉淀。冷却至室温后，让滤液以 2mL/min 的速度通过强酸性阳离子交换树脂，得到高纯度的葡萄糖酸溶液。

（2）葡萄糖酸锌的制备　向得到的高纯葡萄糖酸溶液中分批加入 1.0g 氧化锌，在 60℃水浴中加热 2h，搅拌。用稀硫酸调节溶液 pH 为 5.8，过滤。向滤液中加入 35mL 无水乙醇，并不断搅拌。将溶液冰水浴冷却，有白色结晶状晶体析出。过滤，干燥，称重。

**3. 葡萄糖酸锌的表征**

(1) 用显微熔点仪或提勒管测定合成产物的熔点。

(2) 葡萄糖酸锌中锌含量的测定　准确称取约 0.4g（精确至 0.1mg）葡萄糖酸锌于锥形瓶中，用 20mL 水溶解（可微热），加入 10mL $NH_3$-$NH_4Cl$ 缓冲溶液，加入 4 滴铬黑 T 指示剂，用 0.05 mol·$L^{-1}$ EDTA 标准溶液滴定至溶液颜色由紫色变为蓝色，平行试验重复 3 次。按照下列公式计算样品中 Zn 的含量：

$$\text{Zn 的含量} = \frac{c_{\text{EDTA}} V_{\text{EDTA}} M_{\text{Zn}}}{m_s \times 1000}$$

式中，$m_s$ 是称取葡萄糖酸锌样品的质量，g；$M_{Zn}$ 是 Zn 的摩尔质量，65g·$mol^{-1}$。

(3) 测定合成产物的红外吸收光谱　主要吸收峰有：—OH 伸缩振动 3200～3500$cm^{-1}$，—COO—伸缩振动 1589$cm^{-1}$、1447$cm^{-1}$、1400$cm^{-1}$。

## 五、实验习题

1. 试分析上述两种制备方法的优缺点。
2. 为什么葡萄糖酸钙和硫酸锌的反应须在 90℃的水浴中进行？
3. 可以用哪几种方法对葡萄糖酸锌进行结晶？
4. 为什么工业上不用直接合成法制备葡萄糖酸锌，而是用间接合成法先制备葡萄糖酸，再制备葡萄糖酸锌？
5. 若产品中葡萄糖酸锌的含量大于 100%，是由哪些原因造成的？

## 六、知识拓展

葡萄糖酸锌是一种有机锌补锌剂，刺激小，易吸收，溶解性好，广泛应用于保健品、医药和食品中，能够促进婴儿及青少年的智力和身体发育，可以治疗由缺锌引起的营养不良、厌食、口腔溃疡、生长迟缓等。它能参与核酸、蛋白质的合成，增强人体免疫力，还能影响胰岛素的合成、分泌、储存、降解及生物活性。而且，锌能够促进维生素 A 的吸收，对眼睛有益；加速伤口愈合，减少炎症；抑制铜的吸收，治疗肝豆状核变性。

# 实验 33　高锰酸钾的制备——固体碱熔氧化法

## 一、实验目的

1. 掌握碱熔法制备高锰酸钾的基本原理和操作方法。
2. 练习熔融、浸取、过滤、蒸发浓缩、结晶等基本操作。
3. 了解各种价态的锰化合物之间的转化关系。
4. 了解高锰酸钾的性质和用途。

## 二、实验原理

二氧化锰在强氧化剂（如氯酸钾）存在下与碱共熔时，可被氧化成墨绿色锰酸钾：

$$3MnO_2+KClO_3+6KOH \xlongequal{} 3K_2MnO_4+KCl+3H_2O$$

熔块由水浸取后，得锰酸钾溶液。锰酸根在强碱性溶液（pH＞14.4）中才能稳定存在。在酸性或近中性溶液中会发生歧化反应，生成高锰酸根和二氧化锰。歧化反应程度随着 $H^+$ 浓度增加而变大。

$$3K_2MnO_4+2H_2SO_4 \xlongequal{} 2KMnO_4+MnO_2+2K_2SO_4+2H_2O$$

过滤除去二氧化锰固体后，将溶液蒸发浓缩、冷却即可析出暗紫色的针状 $KMnO_4$ 晶体。

## 三、实验仪器与试剂

仪器与材料：台秤、铁坩埚、护目镜、铁棒、烧杯、量筒、循环水真空泵、砂芯漏斗、滤纸、布氏漏斗、抽滤瓶、蒸发皿。

试剂：$MnO_2$(s)、$KClO_3$(s)、KOH(s)、$H_2SO_4$(3.0mol·$L^{-1}$)。

## 四、实验内容

### 1. $K_2MnO_4$ 的制备

称量 2.5g 氯酸钾和 5.2g 氢氧化钾固体置于铁坩埚中，搅拌混合均匀，戴上护目镜，加热混合物，固体熔融后，一边用铁棒搅拌，一边将 3g 二氧化锰固体分多次慢慢地加进去，防止火星外溅。随着熔融物的黏度逐渐增大，用力搅拌，以防结块。等反应物干涸后，提高反应温度，强加热 5min，冷却，得到墨绿色锰酸钾熔融物，用铁棒尽量捣碎熔块。从坩埚中取出熔块，放入 100mL 蒸馏水中，小火加热，搅拌，使其全部溶解。用砂芯漏斗减压过滤，得绿色溶液。

### 2. 锰酸钾的歧化

向得到的绿色溶液中滴加 3.0mol·$L^{-1}$ 硫酸溶液，直到锰酸钾歧化完全（取 1 滴溶液到滤纸上，若只出现紫红色而无绿色，则无锰酸钾）。用砂芯漏斗减压过滤，滤液转入蒸发皿，水浴加热，蒸发浓缩至其表面析出高锰酸钾晶膜为止。溶液放置片刻，自然冷却结晶，用砂芯漏斗减压过滤，得高锰酸钾固体，烘干，称重，计算产率。

## 五、实验习题

1. 熔融氧化 $MnO_2$ 时，为什么用铁坩埚，不用瓷坩埚？
2. 搅拌熔融物为什么用铁棒，不用玻璃棒？
3. 为什么用沙芯漏斗过滤 $KMnO_4$ 溶液？
4. 还有哪些方法可以使锰酸钾转化为高锰酸钾？
5. 锰酸钾歧化时，能否用盐酸代替硫酸溶液？

## 六、知识拓展

高锰酸钾具有强氧化性，在实验室中和工业上常用作氧化剂。在酸性介质中氧化能力非常强，与有机物接触会引起燃烧。高锰酸钾会缓慢分解，光能够促进其分解，故高锰酸钾应保存在棕色瓶中。在碱性溶液中，其氧化能力减弱。介质的酸碱性不同，高锰酸钾的还原产物也不同。

高锰酸钾用途广泛，可以用作防腐剂、消毒剂、除臭剂、漂白剂、着色剂等；还可以用于净化水质、废水处理、气体净化、采矿冶金等。

# 实验 34 二草酸合铜（Ⅱ）酸钾配合物的制备及组成测定

## 一、实验目的

1. 进一步练习溶解、过滤、蒸发浓缩等基本操作。
2. 掌握二草酸合铜（Ⅱ）酸钾的制备原理。
3. 了解二草酸合铜（Ⅱ）酸钾组成测定的原理和方法。

## 二、实验原理

二草酸合铜（Ⅱ）酸钾（$K_2[Cu(C_2O_4)_2]$）是一种工业用化工原料。蓝色针状或片状晶体，微溶于水。在水中易分解出草酸铜沉淀，干燥时较为稳定。加热时，在 150℃时失去结晶水，在 260℃时分解；溶于温水时会缓慢分解。

二草酸合铜（Ⅱ）酸钾的制备方法有多种，可以由 $K_2C_2O_4$ 和 $CuSO_4$ 直接反应制备，也可用 CuO 或 $Cu(OH)_2$ 和 $KHC_2O_4$ 反应制备。本实验采用 $K_2C_2O_4$ 和 $CuSO_4$ 直接反应制备 $K_2[Cu(C_2O_4)_2]$，反应方程式如下：

$$2K_2C_2O_4+CuSO_4 = K_2[Cu(C_2O_4)_2]+K_2SO_4$$

确定 $K_2[Cu(C_2O_4)_2]$ 产品的组成时，用重量法测定所含结晶水数目，用配位滴定法测定铜含量，用 $KMnO_4$ 氧化法测定草酸根含量。

## 三、实验仪器与试剂

仪器与材料：台秤、烧杯、量筒、玻璃棒、电炉、循环水真空泵、抽滤瓶、布氏漏斗、滤纸、烘箱、坩埚、干燥器、电子分析天平、滴定管、锥形瓶。

试剂：$CuSO_4 \cdot 5H_2O(s)$、$K_2C_2O_4(s)$、HAc-NaAc 缓冲溶液、PAN 指示剂、EDTA 标准溶液（$0.02mol \cdot L^{-1}$）、浓氨水、$H_2SO_4$（$3.0mol \cdot L^{-1}$）、$KMnO_4$ 标准溶液（$0.02mol \cdot L^{-1}$）。

## 四、实验内容

### 1. 二草酸合铜（Ⅱ）酸钾的制备

在台秤上称取 3.0g $CuSO_4 \cdot 5H_2O$ 于烧杯中，加入约 8mL 水，加热搅拌使其完全溶解；称取 9.0g $K_2C_2O_4$ 于烧杯中，加入约 25mL 水，加热搅拌使其完全溶解。

在不断搅拌下，将 $K_2C_2O_4$ 溶液迅速倒入 $CuSO_4$ 溶液中，冰浴冷却，待蓝色晶体充分析出后，抽滤，用 9mL 冷水分 3 次洗涤晶体，50℃烘干，称重，计算产率。

### 2. 二草酸合铜（Ⅱ）酸钾配合物的组成分析

(1) 结晶水的测定　将 2 个坩埚放入烘箱，在 150℃下干燥 1h，之后放入干燥器中冷却后称量；同法再在 150℃下干燥 30min，放入干燥器中冷却后称量，直至恒重。准确称量 0.5～0.6g（精确至 0.1mg）产品 2 份，分别放入 2 个已恒重的坩埚中，放入烘箱，重复上述加热、冷却、称量操作，直至恒重。根据质量变化的结果，计算结晶水含量。

（2）铜含量的测定　准确称量 0.17～0.19g（精确至 0.1mg）产品，用 15mL HAc-NaAc 缓冲溶液（pH=5）溶解，再稀释至 100mL（用什么试剂稀释?）。以 PAN 为指示剂，用 0.02mol·$L^{-1}$ EDTA 标准溶液滴定，当溶液由红色变为黄色时即为终点。平行三次，根据滴定结果，计算铜含量。

（3）草酸根含量的测定　准确称取 0.21～0.23g（精确至 0.1mg）产品，用 2mL 浓氨水溶解，再加入 15mL 3.0mol·$L^{-1}$ $H_2SO_4$ 溶液，溶液中出现淡蓝色沉淀，稀释至 100mL。水浴加热至 75～85℃，趁热用 0.02mol·$L^{-1}$ $KMnO_4$ 标准溶液滴定（该过程中沉淀会逐渐消失），直至溶液出现微红色且 30 s 内不褪色即为终点。平行三次，根据滴定结果，计算草酸根含量。

根据以上计算结果，进而确定产品的化学式。

## 五、实验习题

1. 请设计由氧化铜合成二草酸合铜（Ⅱ）酸钾的实验方案。
2. 查阅资料，不同含水量的二草酸合铜（Ⅱ）酸钾晶体是如何生长的?
3. 草酸根和 $Cu^{2+}$ 的测定原理是什么?
4. 测定草酸根含量时，为什么用浓氨水溶解二草酸合铜（Ⅱ）酸钾样品?

## 六、知识拓展

在二草酸合铜（Ⅱ）酸钾的合成过程中产生的废水可能含未反应的铜离子，直接排放易导致水体污染，需处理后排放。在化工生产中应注重资源循环利用与污染防治，坚持绿色、环保、可持续发展。

铜离子对水生生物具有毒性，抑制植物根系发育；过量铜离子可能引发人体肝肾损伤、神经系统病变。

工业上处理铜离子的方法有多种。其一，通过调节 pH 或添加沉淀剂（如硫化钠）使铜离子生成不溶性化合物（如 CuS）分离。其二，使用活性炭、树脂等吸附材料富集废水中的铜离子，实现高效去除。其三，利用电解法将铜离子还原为金属铜，兼具资源回收与污染治理功能。结合源头控制、过程监管与末端治理，通过技术创新（如绿色合成工艺）和政策引导实现可持续发展。

# 实验 35　碱式碳酸铜的制备及铜含量的测定

## 一、实验目的

1. 了解碱式碳酸铜的性质和应用。

2. 掌握碱式碳酸铜的制备方法和原理。

3. 学习碱式碳酸铜中铜含量的测定方法。

## 二、实验原理

碱式碳酸铜，又名铜锈、铜绿，化学式为 $Cu_2(OH)_2CO_3$，是暗绿色或淡蓝绿色结晶物，为自然界中孔雀石的主要成分，属单斜晶系。碱式碳酸铜是一种用途广泛的化工产品，用于催化剂、烟火、农药、颜料、饲料、杀菌剂、电镀、防腐等行业及制造铜化合物。在空气中加热碱式碳酸铜会分解为氧化铜、水和二氧化碳。$Cu_2(OH)_2CO_3$ 不溶于水和醇，溶于酸和氨水。

碳酸钠溶液与硫酸铜溶液反应时，由于 $CO_3^{2-}$ 会发生水解生成 $OH^-$，且碳酸铜与氢氧化铜的溶解度相近，所以，其产物为碱式碳酸铜。反应方程式如下：

$$2CuSO_4 + 2Na_2CO_3 + H_2O = Cu_2(OH)_2CO_3 \downarrow + 2Na_2SO_4 + CO_2 \uparrow$$

碳酸氢钠溶液与硫酸铜溶液反应也可制备碱式碳酸铜，反应方程式如下：

$$2CuSO_4 + 4NaHCO_3 = Cu_2(OH)_2CO_3 \downarrow + 2Na_2SO_4 + 3CO_2 \uparrow + H_2O$$

碱式碳酸铜中铜含量采用间接碘量法测定。

## 三、实验仪器与试剂

仪器与材料：台秤、研钵、电炉、烧杯、玻璃棒、量筒、电子分析天平、洗耳球、循环水真空泵、抽滤瓶、布氏漏斗、滤纸、容量瓶、锥形瓶、移液管、滴定管。

试剂：$CuSO_4 \cdot 5H_2O(s)$、$Na_2CO_3 \cdot 10H_2O(s)$、$NaHCO_3(s)$、$H_2SO_4(1.0mol \cdot L^{-1})$、KI(5%)、$Na_2S_2O_3$ 标准溶液、淀粉溶液（0.5%）、KSCN(5%)。

## 四、实验内容

### 1. 由 $Na_2CO_3 \cdot 10H_2O$ 与 $CuSO_4 \cdot 5H_2O$ 反应制备 $Cu_2(OH)_2CO_3$

分别称量 7.0g $CuSO_4 \cdot 5H_2O$ 和 8.0g $Na_2CO_3 \cdot 10H_2O$ 固体，在研钵中分别研细后，再混合研磨，混合物吸湿较严重。然后将研磨好的混合物快速投入一定体积的沸水中，迅速搅拌并撤离热源，减压过滤，用蒸馏水洗涤沉淀，直到洗涤液中不含 $SO_4^{2-}$。风干，得到蓝绿色晶体，该晶体的主要成分是 $Cu_2(OH)_2CO_3$。称量，计算产率。

### 2. 由 $NaHCO_3$ 与 $CuSO_4 \cdot 5H_2O$ 反应制备 $Cu_2(OH)_2CO_3$

在 250mL 烧杯中加入 100mL 蒸馏水，在电炉上加热至沸腾。分别称量 4.2g $NaHCO_3$ 和 6.2g $CuSO_4 \cdot 5H_2O$，将固体混合（不研磨）后，投入 100mL 沸水中，搅拌，并撤离热源，抽滤、洗涤、风干，得到草绿色晶体，该晶体的主要成分是 $CuCO_3 \cdot Cu(OH)_2 \cdot H_2O$。称量，计算产率。

### 3. $Cu_2(OH)_2CO_3$ 中铜含量的测定

准确称取碱式碳酸铜样品 0.4g（精确至 0.1mg）左右于 100mL 烧杯中，加入 20mL $1.0mol \cdot L^{-1}$ $H_2SO_4$ 溶液，搅拌使其完全溶解，全部转移到 250mL 容量瓶中，用 $H_2O$ 稀释至刻度，倒转摇匀。用移液管取 25.00mL 样品溶液于锥形瓶内，加入 6mL 5% KI 溶液，摇匀。立即用 $Na_2S_2O_3$ 标准溶液滴定至溶液颜色变为浅黄色（接近终点）。然后加入 1mL 0.5%淀粉溶液，继续滴定到浅蓝色，再加入 4mL 5% KSCN 溶液，摇匀，溶液的蓝色转深，再继续用 $Na_2S_2O_3$ 标准溶液滴定至蓝色刚好消失，此时溶液呈米色，为 CuSCN 悬浮液，记录消耗 $Na_2S_2O_3$ 标准溶液的体积。平行滴定 3 次，计算碱式碳酸铜样品中铜的质量分数。

### 五、实验习题

1. 制备 $Cu_2(OH)_2CO_3$ 时，反应温度过高会对结果产生什么影响？

2. 碱式碳酸铜的制备方法还有哪些？

3. 湖北的孔雀石分布于大冶、阳新一带，大冶铜绿山古矿遗址是一座从商代中期一直延续到汉代开采和冶炼的古铜矿遗址。查阅文献，谈谈古人如何用孔雀石炼铜？

### 六、知识拓展

铜绿山遗址位于湖北省大冶市，南北长约 2km，东西宽约 1km，占地 14 万平方米左右。1973 年开始发掘和研究，发掘出大量采矿遗迹如竖井、斜井、盲井、平巷等，发现了一批炼铜炉、开采工具、炼铜矿渣。铜绿山遗址的发现震惊了世界考古界。据考证，铜绿山在古代采冶活动时间很早，起始于距今三千多年前的殷小乙时期，到南宋末期，红铜产量超过 10 万吨。1982 年，铜绿山古铜矿遗址被列为全国重点文物保护单位。1984 年，铜绿山开建古铜矿遗址博物馆。铜绿山古铜矿是中国保存最好、最完整、采掘时间最早、冶炼水平最高、规模最大的一处古铜矿遗址。

## 实验 36 环境友好产品过氧化钙的制备及含量测定

### 一、实验目的

1. 了解 $CaO_2$ 的制备原理和方法。

2. 熟悉 $CaO_2$ 的性质和应用。

3. 练习无机化合物制备的基本操作。

4. 学习滴定法测定 $CaO_2$ 的含量。

### 二、实验原理

过氧化钙是一种无机化合物，化学式为 $CaO_2$，为白色或淡黄色结晶性粉末，无臭，几乎无味，难溶于水，不溶于乙醇、乙醚等有机溶剂。$CaO_2 \cdot 8H_2O$ 加热至 50℃脱水变成 $CaO_2 \cdot 2H_2O$。110～150℃可以转化为米黄色无水 $CaO_2$，常温下很稳定，加热至 300℃分解为 CaO 和 $O_2$。过氧化钙能溶于稀酸生成过氧化氢，过氧化钙在湿空气或水中会逐渐缓慢地分解，长时间放出氧气。由于过氧化钙遇水具有放氧的特性，且本身无毒，不污染环境，是一种用途广泛的优良供氧剂，因此可用于鱼类养殖、农作物栽培、污水处理等方面。

常见的制备 $CaO_2$ 的方法有 2 种：①$CaCl_2$ 与 $H_2O_2$、$NH_3 \cdot H_2O$ 反应；②$Ca(OH)_2$

与 $H_2O_2$、$NH_4Cl$ 反应。从溶液中析出的 $CaO_2$ 含有结晶水，其数目随制备方法的不同而有所不同，最高可达 8 个结晶水。本实验采用氯化钙、过氧化氢、氨水为原料制备过氧化钙，过氧化氢分解速度随温度的增加而增快，一般在低温（0～5℃）下制备。反应过程中可以加入微量 $Ca_3(PO_4)_2$ 及少量乙醇，增加 $CaO_2$ 的化学稳定性，提高产率。反应方程式如下：

$$CaCl_2 + H_2O_2 + 2NH_3 \cdot H_2O + 6H_2O \xlongequal{} CaO_2 \cdot 8H_2O + 2NH_4Cl$$

$CaO_2$ 与稀盐酸反应生成 $H_2O_2$，用 $KMnO_4$ 标准溶液滴定来确定产品中 $CaO_2$ 的含量。为加快反应，可加入微量 $MnSO_4$。

$$5CaO_2 + 2MnO_4^- + 16H^+ \xlongequal{} 5Ca^{2+} + 2Mn^{2+} + 5O_2\uparrow + 8H_2O$$

## 三、实验仪器与试剂

仪器与材料：烧杯、台秤、玻璃棒、量筒、循环水真空泵、抽滤瓶、滤纸、布氏漏斗、烘箱、试管、滴定管、锥形瓶。

试剂：$CaCl_2 \cdot 2H_2O$(s)、$H_2O_2$(30%)、浓氨水、乙醇、$Ca_3(PO_4)_2$(s)、天然植物油（或有色废液）、$MnSO_4$(0.1mol·$L^{-1}$)、HCl(2.0mol·$L^{-1}$)、$KMnO_4$ 标准溶液（0.02mol·$L^{-1}$）。

## 四、实验内容

### 1. 过氧化钙的制备

称量 7.0g $CaCl_2 \cdot 2H_2O$ 于烧杯中，加入 10mL 蒸馏水，搅拌溶解，置于冰浴中冷却；另外量取 30mL 30%（质量分数）$H_2O_2$ 溶液与 5mL 浓氨水混合，并加入 1mL 乙醇和 0.2g $Ca_3(PO_4)_2$，置于冰浴中冷却。待两种溶液冷却至 10℃以下后，在剧烈搅拌和继续冰浴的条件下将 $CaCl_2$ 溶液慢慢滴加到 $H_2O_2$-氨水溶液中。滴加完成后继续冰浴冷却约 30min，观察白色 $CaO_2$ 晶体的生成。减压过滤，用少量冰水洗涤晶体粉末 3 次，抽干，在 120℃的烘箱中干燥 30min，冷却后称重，计算产率，并回收母液。

### 2. $CaO_2$ 的漂白性

在试管中加入 2mL 未经处理的天然植物油（或有色废液），再加入 0.5 g 过氧化钙产品、1 滴 0.1mol·$L^{-1}$ $MnSO_4$ 溶液，振荡 10min 后，静置 10min，与天然植物油（或有色废液）对比色泽，判断漂白效果。

### 3. 产品中 $CaO_2$ 含量的测定

准确称取 0.1g 过氧化钙产品于锥形瓶中，加入 30mL $H_2O$、10mL 2.0mol·$L^{-1}$ HCl 溶液，溶解后滴加几滴 0.1mol·$L^{-1}$ $MnSO_4$ 溶液，用 0.02mol·$L^{-1}$ $KMnO_4$ 标准溶液滴定至溶液呈微红色，30s 内不褪色即为终点，记录消耗的 $KMnO_4$ 标准溶液体积。平行测定 3 次，计算产品中 $CaO_2$ 的质量分数。

## 五、实验习题

1. 本实验所得 $CaO_2$ 中的主要杂质是什么？如何提高产品的纯度？

2. 本实验为什么用 $H_2O_2$-氨水而不用 $H_2O_2$-NaOH 制备 $CaO_2$？

3. 制备 $CaO_2$ 过程中如何避免 $H_2O_2$ 分解？

4. 测定产品中 $CaO_2$ 含量时，为何不用稀硫酸溶液而用稀盐酸溶液？若用稀硫酸溶液，对测定结果有无影响？

5. 如果用量气法来测定产品中 $CaO_2$ 含量，应该如何操作？写出具体的实验方案。

6. 如果以大理石为原料来制备 $CaO_2$，应该如何操作？写出具体的实验方案。

### 六、知识拓展

过氧化钙用途广泛，过氧化钙可以用于改善水质、处理重金属废水中的金属离子、植物根系供氧、改良土壤土质、水稻种子包衣、生物复合肥、果蔬保鲜、饲料添加剂、食品消毒等。在日化行业，过氧化钙可用作牙齿清洁剂、家用消毒剂、除臭剂等。过氧化钙溶到水里后能够放出氧气，增加水体中的溶氧量，防止鱼池水体缺氧，用于对鱼池缺氧进行急救，还可用于鱼类越冬池安全及鱼苗、活鲜鱼运输。

## 实验 37 五水硫酸铜的制备

### 一、实验目的

1. 学习以氧化铜为原料制备 $CuSO_4 \cdot 5H_2O$ 的原理和方法。

2. 练习无机制备过程中溶解、过滤、蒸发、浓缩、结晶等基本操作。

3. 了解盐类溶解度等知识在无机化合物提纯中的应用。

### 二、实验原理

五水硫酸铜是一种无机化合物，化学式为 $CuSO_4 \cdot 5H_2O$，俗称蓝矾、胆矾或铜矾，是蓝色透明三斜结晶，易溶于水，难溶于无水乙醇。五水硫酸铜在常温常压下很稳定，不潮解；在干燥空气中会逐渐风化；加热至 110℃时失去两分子结晶水成为 $CuSO_4 \cdot 3H_2O$，140℃时 $CuSO_4 \cdot 3H_2O$ 失去两分子结晶水成为 $CuSO_4 \cdot H_2O$，280℃时失去全部结晶水而成白色无水 $CuSO_4$。也可在浓硫酸的作用下失去五个结晶水。无水物也易吸水转变为水合硫酸铜，吸水后反应生成五水硫酸铜（蓝色），常利用这一特性来检验某些液态有机物中是否含有微量水分。

硫酸铜是较重要的铜盐之一，在电镀、印染、颜料、农药等方面有广泛应用。无机农药波尔多液就是硫酸铜和石灰乳的混合液，它是一种良好的杀菌剂，可用来防治多种作物的病害。

$CuSO_4 \cdot 5H_2O$ 的生产方法有多种，如电解液法、废铜法、氧化铜法、白冰铜法、二氧化硫法。本实验选择以氧化铜和硫酸为主要原料制 $CuSO_4 \cdot 5H_2O$ 的方法。反应如下：

$$CuO + H_2SO_4 = CuSO_4 + H_2O$$

若氧化铜不纯，制得的溶液中除生成硫酸铜外，还含有一些可溶性、不溶性杂质。不溶性杂质在过滤时除去，可溶性杂质如 $Fe^{2+}$ 和 $Fe^{3+}$，一般用 $H_2O_2$ 将 $Fe^{2+}$ 氧化为 $Fe^{3+}$，然后调节 pH 值，并控制 pH＝3［注意不要使溶液的 pH≥4，否则会析出碱式硫酸铜 $Cu_2(OH)_2SO_4$ 沉淀，影响产品的质量和产量］，再加热煮沸，使 $Fe^{3+}$ 水解成为 $Fe(OH)_3$ 沉淀而除去。反应如下：

$$2Fe^{2+} + 2H^+ + H_2O_2 \xlongequal{\quad} 2Fe^{3+} + 2H_2O$$

$$Fe^{3+} + 3H_2O \xlongequal{\triangle} Fe(OH)_3 \downarrow + 3H^+ \quad (pH=3)$$

由于 $CuSO_4$ 的溶解度随温度变化较大（表 5-2），所以将除去杂质后的 $CuSO_4$ 溶液冷却结晶，可以得到蓝色 $CuSO_4 \cdot 5H_2O$ 晶体，要使产品具有较高的纯度，还可以进一步进行重结晶。

**表 5-2 $CuSO_4 \cdot 5H_2O$ 的溶解度随温度的变化**

| $T$/K | 273 | 293 | 313 | 333 | 353 | 373 |
|---|---|---|---|---|---|---|
| 溶解度/[g·(100mL $H_2O$)$^{-1}$] | 23.1 | 32 | 44.6 | 61.8 | 83.8 | 114 |

## 三、实验仪器与试剂

仪器与材料：台秤、电炉、布氏漏斗、抽滤瓶、烧杯、井穴板、玻璃棒、量筒、蒸发皿、滤纸、剪刀、循环水真空泵、pH 试纸、石棉网。

试剂：CuO(s)、$H_2SO_4$(3.0mol·L$^{-1}$)、$H_2O_2$(3%)、$K_3[Fe(CN)_6]$(0.1mol·L$^{-1}$)、NaOH(2.0mol·L$^{-1}$)、$H_2SO_4$(1.0mol·L$^{-1}$)。

## 四、实验内容

### 1. $CuSO_4 \cdot 5H_2O$ 粗品的制备

在蒸发皿中加入约 6mL 3.0mol·L$^{-1}$ $H_2SO_4$ 溶液，小火加热，边搅拌边慢慢加入 1g 粗 CuO 粉末，使 CuO 充分与 $H_2SO_4$ 反应，直至没有黑色固体存在，如出现结晶，可补加少量水，以免 $CuSO_4$ 提前析出。趁热过滤，用少量蒸馏水洗涤蒸发皿和滤渣。将滤液转入洁净的蒸发皿中，在石棉网上加热，不断搅拌，溶液表面出现晶膜时停止加热，冷却至室温后析出蓝色晶体 $CuSO_4 \cdot 5H_2O$。减压过滤得到粗 $CuSO_4 \cdot 5H_2O$ 晶体。称重，计算产率。

### 2. $CuSO_4 \cdot 5H_2O$ 的提纯

将 3g 粗产品溶于 15mL 水中，加热并不断搅拌使之溶解，加 2～3 滴 1.0mol·L$^{-1}$ $H_2SO_4$ 可加速溶解。缓慢滴加 0.6mL 3% $H_2O_2$ 溶液，加热，检验溶液中是否还有未氧化的 $Fe^{2+}$（取一滴溶液于 0.7mL 井穴板中，加一滴 $K_3[Fe(CN)_6]$ 溶液，若无蓝色出现，则溶液中无 $Fe^{2+}$）。当 $Fe^{2+}$ 完全被氧化成 $Fe^{3+}$ 后，滴加 2.0mol·L$^{-1}$ NaOH 溶液调节溶液 pH 为 3，再加热至沸腾（为什么?），趁热抽滤，将滤液转移到洁净的蒸发皿中。在滤液中滴加 1.0mol·L$^{-1}$ $H_2SO_4$ 溶液，调节溶液 pH 为 1～2（为什么?），水浴加热，蒸发至液面出现晶膜时停止。自然冷却，析出蓝色 $CuSO_4 \cdot 5H_2O$ 晶体，减压过滤，称重，计算产率。

## 五、实验习题

1. 在粗 $CuSO_4$ 溶液中 $Fe^{2+}$ 为什么要氧化为 $Fe^{3+}$ 后再除去？为何要调节溶液的 pH=3？pH 值太大或太小对结果有什么影响？
2. 为什么要使精制后的 $CuSO_4$ 溶液 pH 为 1～2？
3. 蒸发、结晶制备 $CuSO_4 \cdot 5H_2O$ 时，为什么刚出现晶膜即停止加热而不能将溶液蒸干？
4. 哪些方法可以进行固液分离？根据什么情况选择固液分离的方法？

### 六、知识拓展

据《本草纲目》记载，石胆（五水硫酸铜）能够清除风热痰涎，同时具有杀虫作用，对于治疗咽喉口齿疮毒具有显著的效果。而《本草述》介绍的喉痹恶寒往往源于寒热失衡、外寒内热，使用过于寒性的胆矾可能会加重病情。

1878 年在法国波尔多城，人们在葡萄树干上涂了生石灰与硫酸铜溶液，这些树却没有发生虫病死去。进一步研究发现此混合液具有杀菌能力，因而名为波尔多液。波尔多液要现配现用，放置过久，胶状粒子会逐渐变大下沉而降低药效。

在工业上，硫酸铜是一种重要的化工原料，用于农药、动植物生长调节剂、饲料添加剂、电镀印染媒介、杀菌、藻类控制、防腐等。

## 实验 38　由白钨矿提取三氧化钨

### 一、实验目的

1. 学习由白钨矿提取三氧化钨的原理和操作方法。
2. 了解三氧化钨、钨酸及钨酸盐的性质。
3. 学习从复杂矿物中提取无机物的方法。
4. 了解三氧化钨的用途。
5. 学习废液规范处理和回收方法，建立从原料到废弃物的全过程环保意识。

### 二、实验原理

白钨矿的主要成分是 $CaWO_4$，此外还含有 Mo、Si、Fe、P、As 等杂质。

酸法分解白钨矿制备 $WO_3$ 一般包含 4 个过程：盐酸分解、粗钨酸净化、仲钨酸铵结晶析出、仲钨酸铵分解。

在 80 ～ 90℃ 时，白钨矿与浓盐酸发生反应，钨酸钙（$CaWO_4$）转变为钨酸（$H_2WO_4$）。生成的钨酸沉淀包裹在矿粒表面，会阻碍矿粒与盐酸之间的反应，因此必须不断搅拌来破坏钨酸膜，促进分解反应的进行。在分解过程中，杂质钼酸钙（$CaMoO_4$）也与盐酸反应生成钼酸（$H_2MoO_4$）。

钼酸在一定浓度的盐酸中的溶解度比钨酸大得多，例如，70℃时在 $200g \cdot L^{-1}$ 盐酸中，$H_2MoO_4$ 可溶解 $135.5g \cdot L^{-1}$，而 $H_2WO_4$ 只能溶解 $0.011g \cdot L^{-1}$，因此，利用它们在盐酸中溶解度的不同可以将 $H_2WO_4$ 和 $H_2MoO_4$ 初步分离。

白钨矿中还含有具有还原性的杂质，能将 W（Ⅵ）还原为低价氧化物而损失，加入一定量的硝酸可以防止 W（Ⅵ）被还原。

其他杂质如 Ca、Fe、P、As 等形成相应的可溶性盐或酸，将它们与钼酸一起除去。只有 $SiO_2$、少量 $H_2MoO_4$ 及未分解的 $CaWO_4$ 留在钨酸沉淀中。

钨酸溶于 $NH_3 \cdot H_2O$ 生成钨酸铵［$(NH_4)_2WO_4$］，可以将其与不溶于 $NH_3 \cdot H_2O$ 的 $SiO_2$、未分解的 $CaWO_4$ 分离。

加热浓缩 $(NH_4)_2WO_4$ 溶液时，由于氨气的逸出，形成仲钨酸铵 $[5(NH_4)_2O \cdot 12WO_3 \cdot 5H_2O]$，其溶解度较小，因而最先结晶析出。少量未除尽的 $H_2MoO_4$ 形成溶解度较大的 $(NH_4)_2MoO_4$ 留在溶液中。灼烧仲钨酸铵晶体可得到 $WO_3$。

## 三、实验仪器与试剂

仪器与材料：台秤、锥形瓶、表面皿、电炉、烧杯、玻璃漏斗（G3）、循环水真空泵、布氏漏斗、抽滤瓶、滤纸、蒸发皿。

试剂：白钨矿（200～300 目）、浓盐酸、浓硝酸、盐酸（1%）、$NH_3 \cdot H_2O$ ($8.0mol \cdot L^{-1}$)、$NH_3 \cdot H_2O$ (2%)。

## 四、实验内容

### 1. 白钨矿的分解

称量 15.0g 研细了的白钨矿（200～300 目）于 100mL 锥形瓶中，在通风橱内向其中加入 25mL 浓盐酸和 2mL 浓硝酸，摇匀后在瓶口盖上一个表面皿（或加一个玻璃漏斗），水浴加热 30min，反应过程要经常摇动破坏钨酸膜。生成的钨酸用 3 号烧结玻璃漏斗（G3）进行抽滤，滤液倒入回收瓶集中处理。先用热水洗涤钨酸沉淀 2 次，再用热盐酸（质量分数为 1%）洗涤钨酸沉淀 3 次，每次用 5mL，观察反应产物的颜色和状态。

### 2. 仲钨酸铵的制备

将钨酸沉淀转移到烧杯中，向其中加入 45mL $8.0mol \cdot L^{-1}$ $NH_3 \cdot H_2O$ 溶液，水浴加热并不断搅拌。待钨酸全部反应完后，抽滤，用 $NH_3 \cdot H_2O$（质量分数为 2%）溶液洗涤残渣 2 次。弃去残渣，将滤液转移到蒸发皿中，放在水浴上加热，蒸发浓缩至有较大量仲钨酸铵晶体析出，停止加热，自然冷却至室温，抽滤，观察固体产物的颜色和状态，滤液回收集中处理。

### 3. 三氧化钨的制备

将仲钨酸铵晶体转移到蒸发皿中，小火加热，烘干固体，然后大火加热，并经常搅动，直到粉末变成橘红色为止。自然冷却，观察 $WO_3$ 的颜色和状态，称重，并根据矿石的含量计算产率。

## 五、实验习题

1. 查阅资料，了解白钨矿有哪些应用。
2. 根据 Mo、W 化合物性质上的差异，如何除去白钨矿中的杂质 Mo？
3. 如何才能加速白钨矿的分解？
4. 分解白钨矿时生成的白钨酸对本实验有什么影响？如何防止白钨酸的产生？

## 六、知识拓展

三氧化钨有多种用途，可用于制造工业 X 射线屏幕荧光粉、防火面料、钨酸盐、电致变色材料、智能窗、调光玻璃、建筑玻璃、汽车车窗、飞机舷窗，以及制作钨棒、钨丝、钨条和硬质合金等。

纳米三氧化钨是一种重要的催化剂材料，具有较大的比表面积、丰富的活性位点、优异的催化性能和选择性。在光催化、环境保护、能源转换、废水处理、化学工业等领域具有广阔的应用前景。随着纳米技术的不断发展，纳米三氧化钨的制备方法优化和功能多样化将进一步推动其发展。

# 实验 39　钒酸铋黄色颜料的制备

## 一、实验目的

1. 学习准确地控制反应条件的方法。
2. 了解液相沉淀法合成粉体材料的原理与方法。
3. 掌握 $BiVO_4$ 黄色颜料的性质与用途。

## 二、实验原理

黄色是一种十分醒目的颜色，资料显示，人们只对 400～700nm 波长的光最敏感，而在波长 555nm 处，人眼的感受性最高，它的色调处于黄绿区。因此，凡是需要人们高度注目的地方，如交通标识、出租车、电话亭、起重机械、邮政设施等，一般都涂成醒目、单一的黄色。而铅铬黄虽然在无机黄色颜料中占有难以动摇的地位，但因是含铅颜料，使其始终无法得到广泛推广与应用。

钒酸铋在国际上又被称为 184 黄，德国巴斯夫最先研发生产成功，标志着新一代环保材料的诞生。钒酸铋是一种亮黄色无机化学品，它不含对人体有害的重金属元素，是一种无毒、耐候性好、色泽明亮及对环境友好的新型颜料。应用于汽车面漆、工业涂料、橡胶制品、塑料制品和印刷油墨的着色等各项性能要求很高的场合。

钒酸铋颜料的制备方法主要有固相煅烧法和液相沉淀法。固相煅烧法反应温度高、时间长、颗粒不均匀；而液相沉淀法反应温度低、时间短、反应物混合均匀，可以得到颗粒细小、组成均匀的 $BiVO_4$ 黄色颜料。液相沉淀法工艺简单，容易实现工业化生产。本实验通过液相沉淀法，以 $Bi(NO_3)_3$ 和 $NH_4VO_3$ 为原料制备钒酸铋黄色颜料，反应方程式如下：

$$NH_4VO_3+Bi(NO_3)_3+2NaOH \xlongequal{} BiVO_4\downarrow+NH_4NO_3+2NaNO_3+H_2O$$

## 三、实验仪器与试剂

仪器与材料：烧杯、台秤、电炉、锥形瓶、量筒、磁力搅拌器、pH 试纸、表面皿、试管、循环水真空泵、布氏漏斗、抽滤瓶、滤纸、烘箱。

试剂：$NH_4VO_3$(s)、NaOH(2.0mol・$L^{-1}$、6.0mol・$L^{-1}$)、$Bi(NO_3)_3$(1.0mol・$L^{-1}$)、十二烷基苯磺酸钠溶液（1%）、$NH_4SCN$(30%)、$Pb(NO_3)_2$(0.1mol・$L^{-1}$)、95%乙醇。

## 四、实验内容

### 1. $NH_4VO_3$ 溶液的配制

在烧杯中称量 3.51g $NH_4VO_3$ 固体，向其中加入 15mL 2.0mol・$L^{-1}$ NaOH 溶液，加热搅拌使之完全溶解后，再加 $H_2O$ 稀释得到 1.0mol・$L^{-1}$ $NH_4VO_3$ 溶液 30mL。

### 2. $BiVO_4$ 的制备

量取 20mL 1.0mol・$L^{-1}$ $Bi(NO_3)_3$ 溶液于 150mL 锥形瓶中，加入 2mL（质量分数为

1%）十二烷基苯磺酸钠（SDBS）溶液，混合均匀。水浴加热溶液，在磁力搅拌下将 20mL 1.0mol·$L^{-1}$ $NH_4VO_3$ 溶液滴加到 $Bi(NO_3)_3$ 溶液中。加入 5mL 6.0mol·$L^{-1}$ NaOH 溶液，再滴加 2.0mol·$L^{-1}$ NaOH 溶液调节溶液 pH 为 6。控制水浴温度约 90℃并保温 1h，可用表面皿盖住锥形瓶瓶口减少水分蒸发。保温过程中需保持溶液的 pH 值基本不变，并检查 $Bi^{3+}$ 是否沉淀完全［$Bi^{3+}$ 检查方法：取上层清液于试管中，加入 2 滴 30%（质量分数）$NH_4SCN$ 溶液，再滴加 0.1mol·$L^{-1}$ $Pb(NO_3)_2$ 溶液，观察是否有棕色或者橙色沉淀生成］。若 $Bi^{3+}$ 没有沉淀完全，则要往锥形瓶中继续滴加 $NH_4VO_3$ 溶液至 $Bi^{3+}$ 沉淀完全为止。

反应结束后，冷却至室温，钒酸铋沾在手上不易洗净，戴手套进行减压过滤，用大量蒸馏水洗涤 $BiVO_4$ 沉淀至少 3 次，再用 10mL 95%乙醇洗涤 $BiVO_4$ 沉淀 2 次。在 105℃的烘箱中烘干，得钒酸铋黄色颜料。冷却后称重，计算产率。

### 五、实验习题

1. 查阅资料，了解钒酸铋有哪几种晶型。根据本实验制备的 $BiVO_4$ 产物的颜色判断其属于什么晶型？
2. $BiVO_4$ 的制备实验中，为什么加入十二烷基苯磺酸钠溶液？
3. 若实验中 pH 值没控制好，对实验结果有什么影响？
4. 如何判断 $BiVO_4$ 沉淀已经洗涤干净？
5. 查阅文献，谈谈黄色颜料的种类及产品测试方法。

### 六、知识拓展

钒酸铋除了作为颜料，还能够消毒杀菌，在光照下杀灭大肠埃希菌、金黄色葡萄球菌、肺炎克雷伯菌、绿脓杆菌、病毒等。钒酸铋在办公或家居环境中能够净化空气，分解空气中有毒有害物质，如苯、甲醛、氨、总挥发性有机化合物（TVOC）等。

钒酸铋在光催化领域具有优异性能，能够吸收可见光和紫外光，激发电子并促进光催化反应，广泛应用于光催化降解有机污染物、光解水制氢、光催化 $CO_2$ 还原、光催化还原重金属离子、光催化脱硫等领域。但钒酸铋光催化剂的应用大多处于实验室阶段，距离工业化还有一段距离，应继续推进研究。

我国是世界上最大的铋资源国，随着钒酸铋异质结型光催化剂的深入研究，该材料将在未来大放异彩。

## 实验 40 过碳酸钠的制备及活性氧分析

### 一、实验目的

1. 掌握过碳酸钠的制备方法和原理。
2. 了解无机实验中低温条件的获取方法。
3. 学习过碳酸钠中碳酸钠及活性氧含量的测定方法。
4. 了解过碳酸钠的性质和应用。

5. 实践用绿色的方法制造绿色的产品。

## 二、实验原理

过碳酸钠又名过氧化碳酸钠（$Na_2CO_3 \cdot 1.5H_2O_2 \cdot H_2O$），为白色结晶性粉末，是过氧化氢与碳酸钠的加成化合物，遇潮可释放出氧气。过碳酸钠是一种强氧化剂，为固体放氧剂，主要用作漂白剂和氧化剂，以及化工、造纸、纺织、染整、食品、医药、卫生等行业的去污剂、清洗剂、杀菌剂。

过碳酸钠无味，无毒，20℃时在水中的溶解度是 14g。室温下放置会自动缓慢地放出氧气，在重金属离子催化作用下释放氧气速度加快。反应的化学方程式为：

$$Na_2CO_3 \cdot 1.5H_2O_2 \cdot H_2O = Na_2CO_3 + \frac{5}{2}H_2O + \frac{3}{4}O_2\uparrow$$

以过氧化氢与碳酸钠为原料，在一定条件下可以制备出 $Na_2CO_3 \cdot mH_2O_2 \cdot nH_2O$。合成方法有干法、喷雾法、低温结晶法和溶剂法等多种。

本实验采用低温结晶法，$-5$℃时析出 $Na_2CO_3 \cdot 1.5H_2O_2 \cdot H_2O$ 晶体。有关反应的化学方程式如下：

（1）$CO_3^{2-}$ 的水解反应：$CO_3^{2-} + H_2O = HCO_3^- + OH^-$

（2）酸碱中和反应：$H_2O_2 + OH^- = HO_2^- + H_2O$

（3）过氧键转移：$HO_2^- + HCO_3^- = HCO_4^- + OH^-$

（4）低温析出：$2NaHCO_4 + \frac{3}{2}H_2O = Na_2CO_3 \cdot \frac{3}{2}H_2O_2 \cdot H_2O + CO_2\uparrow + \frac{1}{4}O_2\uparrow$

为提高过碳酸钠的产量和加快晶体析出速度，可以采用盐析法。因为 NaCl 的溶解度随温度降低基本不变，故在制备反应结束后，加入适量氯化钠固体可促进过碳酸钠晶体大量析出。

过碳酸钠容易与有机物发生反应，因此，过碳酸钠晶体与母液分离时不能使用滤纸，而要用砂芯漏斗抽滤，或者通过离心进行固液分离。过碳酸钠不稳定，制备过程中要加入微量稳定剂如 $MgSO_4$、$Na_2SiO_3$、$Na_4P_2O_7$ 等，也可加入 EDTA 钠盐或柠檬酸钠盐来掩蔽重金属离子。同时，需要尽量除去产品中的非结晶水。

过碳酸钠产品中的碳酸钠含量可用酸碱滴定法测定，$H_2O_2$ 含量可用间接碘量法测定。

## 三、实验仪器与试剂

仪器与材料：台秤、烧杯、玻璃棒、量筒、磁力搅拌器、滴液漏斗、砂芯漏斗、循环水真空泵、抽滤瓶、表面皿、真空干燥箱、干燥器、电子分析天平、碘量瓶、滴定管、锥形瓶。

试剂：$Na_2CO_3$(s)、$H_2O_2$(30%)、EDTA 钠盐（s）、$MgSO_4$(s)、$Na_2SiO_3$(s)、NaCl(s)、无水乙醇、澄清石灰水、磷酸（$2.0mol \cdot L^{-1}$）、KI(s)、$Na_2S_2O_3$ 标准溶液（$0.1mol \cdot L^{-1}$）、淀粉指示剂。

## 四、实验内容

### 1. 过碳酸钠的合成

用台秤称量 10.0g $Na_2CO_3$ 固体于烧杯中，加入 40mL 蒸馏水溶解 $Na_2CO_3$，将溶液冷却至 0℃，待用。

用量筒量取 15mL 30%（质量分数）的 $H_2O_2$ 溶液，倒入 100mL 烧杯中，在冰盐浴中将 $H_2O_2$ 溶液冷却至 0℃后，再向其中加入 0.02g EDTA 钠盐、0.05g $MgSO_4$ 和 0.2g

$Na_2SiO_3$，磁力搅拌均匀后，将冷却的 $Na_2CO_3$ 溶液通过滴液漏斗滴入该混合溶液中，约 15min 内滴加完 $Na_2CO_3$ 溶液（整个滴加过程中，溶液温度不得超过 5℃）。

反应混合液在冰盐浴中冷却至－5℃左右，然后在不断搅拌下约 5min 内慢慢加入 4.0g 氯化钠固体，此时有大量过碳酸钠晶体析出。待晶体充分析出后，用砂芯漏斗抽滤，无水乙醇洗涤固体 3 次，抽干得到过碳酸钠晶体。

将砂芯漏斗内的过碳酸钠产品转移到表面皿上，在低于 50℃的真空干燥箱中烘干，冷却后称量，计算产率，过碳酸钠应保存在密闭的干燥器内。回收母液。

**2. 产品中碳酸钠与活性氧含量测定**

（1）碳酸钠含量测定（自行设计方案）。

（2）活性氧含量测定　用减量法准确称取过碳酸钠样品 0.20～0.30g，放入碘量瓶中，加入 100mL $H_2O$，立即加入 6mL 2.0mol・$L^{-1}$ 磷酸溶液，再加入 1g 碘化钾固体，摇匀后在阴暗处放置 10min。用已标定好的 0.1mol・$L^{-1}$ $Na_2S_2O_3$ 标准溶液滴定至溶液呈浅黄色，加入 2mL 淀粉指示剂，溶液呈蓝色。继续滴加 $Na_2S_2O_3$ 标准溶液到蓝色消失，如 30s 内不变蓝，说明已达终点。记录消耗的 $Na_2S_2O_3$ 标准溶液的体积，平行滴定 3 次。同时做空白试验。计算产品中活性氧含量。

## 五、实验习题

1. 比较 $O_2^+$、$O_2$、$O_2^-$、$O_2^{2-}$ 的键级大小。
2. 在制备过碳酸钠的过程中有哪些注意事项？
3. 若与 30％（质量分数）$H_2O_2$ 溶液接触的仪器没有洗干净，可能造成什么后果？
4. 为什么间接碘量法测定的结果一般偏低？
5. 抽滤后的滤液在一段时间后会有气泡冒出，为什么？

## 六、知识拓展

由于过碳酸钠无味、无毒，成本低，在冷水中易溶解，去污力强，适宜在寒冷地区和冬天使用，又不会对农作物产生危害，溶于水后能放出氧而起到漂白、杀菌等多种功效，在洗涤剂生产中应用逐渐增多。

由于洗涤剂中的杂质可能会引起过碳酸钠分解，厂家开始研究生产包裹式过碳酸钠产品来解决这个问题。通过向洗衣粉中加入过碳酸钠，可使产品向高档化、无毒化、多功能化方向发展。中国是洗涤剂生产大国，过碳酸钠市场潜力巨大。此外，过碳酸钠还可以用作供氧剂、杀菌消毒剂、食品保鲜剂、纺织印染整理剂等。

# 实验 41　转化法制备氯化铵

## 一、实验目的

1. 掌握转化法制备 $NH_4Cl$ 的原理和方法。

2. 了解溶解度差异在无机化合物制备中的应用。

3. 练习称量、溶解、蒸发、结晶、过滤等基本操作。

4. 熟悉氯化铵的用途。

## 二、实验原理

氯化铵是联碱法生产纯碱的主要副产物，为白色结晶固体，易吸潮结块，受热易分解，溶于水、乙醇，不溶于丙酮、乙醚，可以用作催化剂、电池材料、化肥。

本实验利用 NaCl 和 $(NH_4)_2SO_4$ 复分解反应制备 $NH_4Cl$，反应方程式如下：

$$2NaCl+(NH_4)_2SO_4 = 2NH_4Cl+Na_2SO_4$$

该反应在进行冰水浴时会析出大量 $Na_2SO_4 \cdot 10H_2O$。该反应中所涉及的无机盐的溶解度如表 5-3，根据它们的溶解度差异，本实验采用两次蒸发浓缩和结晶的方法制备 $NH_4Cl$。

**表 5-3　不同温度下五种盐的溶解度**　　单位：$g \cdot (100g\ H_2O)^{-1}$

| 盐 | 0℃ | 10℃ | 20℃ | 30℃ | 40℃ | 50℃ | 60℃ | 70℃ | 80℃ | 90℃ | 100℃ |
|---|---|---|---|---|---|---|---|---|---|---|---|
| NaCl | 35.7 | 35.8 | 36.0 | 36.2 | 36.5 | 36.8 | 37.3 | 37.6 | 38.1 | 38.6 | 39.2 |
| $Na_2SO_4 \cdot 10H_2O$ | 4.1 | 9.1 | 20.4 | 41.0 | | | | | | | |
| $Na_2SO_4$ | | | | | 48.2 | 46.7 | 45.2 | 44.1 | 43.3 | 42.7 | 42.3 |
| $NH_4Cl$ | 29.7 | 33.3 | 37.2 | 41.4 | 45.8 | 50.4 | 55.2 | 60.2 | 65.6 | 71.3 | 77.3 |
| $(NH_4)_2SO_4$ | 70.6 | 73.0 | 75.4 | 78.0 | 81.0 | 84.4 | 88.0 | 91.6 | 95.3 | 99.2 | 103.3 |

## 三、实验仪器与试剂

仪器与材料：量筒、蒸发皿、玻璃棒、台秤、电炉、烧杯、循环水真空泵、布氏漏斗、抽滤瓶、滤纸、试管。

试剂：$(NH_4)_2SO_4$ (s)、NaCl(s)。

## 四、实验内容

### 1. 氯化铵的制备

量取 40mL 蒸馏水，倒入干净的蒸发皿中。向其中加入 13.2g $(NH_4)_2SO_4$ 固体，搅拌使之溶解。在电炉上加热至沸腾后，在不断搅拌下分批加入 12g NaCl 固体，继续加热至液面有大量晶膜析出。停止加热，冰水浴冷却，此时有大量的 $Na_2SO_4 \cdot 10H_2O$ 析出，减压过滤，除去 $Na_2SO_4 \cdot 10H_2O$ 固体。

将滤液转入蒸发皿，继续在电炉上加热，并不断搅拌，直到有大量晶体析出，此时溶液呈浆糊状且有大量 $Na_2SO_4$ 固体析出，热抽滤（布氏漏斗应预先在热水中加热一段时间），用 10mL 左右的沸水洗涤沉淀，保留滤液。

将上述滤液转入蒸发皿，水浴加热，蒸发浓缩至液面出现晶膜，冷却，大量晶体析出，抽滤得到 $NH_4Cl$ 粗产品。

将 $NH_4Cl$ 粗产品进行重结晶，称量，计算产率。

**2. 氯化铵产品纯度检验**

用纸槽将少量 $NH_4Cl$ 产品转移到干燥洁净的小试管中，加热，若 $NH_4Cl$ 全升华而无残渣剩余，则为纯产品。

### 五、实验习题

1. 影响 $NH_4Cl$ 收率与纯度的因素有哪些?
2. 查阅资料，谈谈纯碱联产氯化铵工艺的具体过程。

### 六、知识拓展

氯化铵用途广泛，在工业上，氯化铵用于金属焊接、电镀、鞣革、制干电池、浸取有色金属、提炼稀贵金属、助熔剂等。在农业上，氯化铵是重要的氮肥，适用于多种作物。氯化铵能使农作物及园艺作物增产、降低水果酸度并增加糖分、改善水果品质、降低土壤 pH 值。氯化铵肥料的缺点是流动性差，不能机械施肥，易结块。在医药领域，氯化铵可用于制作祛痰药、利尿药和抗凝血药。

早期我国生产氯化铵的方法是联碱法（侯氏制碱法）。生产规模小，氯化铵产量较低，质量也参差不齐，主要用于农业。随着联碱法技术的成熟和推广，氯化铵产量迅速增长，产品质量也得到提升。氯化铵应用领域不断拓展，除了农业，还广泛应用于医药、食品、电池、金属加工等领域。未来，随着环保要求的提高和市场竞争的加剧，氯化铵行业将继续朝着绿色、高效、多元化的方向发展。

## 实验 42　由二氧化锰制备碳酸锰

### 一、实验目的

1. 学习由 $MnO_2$ 制取 $MnCO_3$ 的原理和方法。
2. 进一步巩固练习溶解、蒸发、结晶、过滤等基本操作。
3. 了解碳酸锰的性质和应用。

### 二、实验原理

碳酸锰，俗称“锰白”，化学式 $MnCO_3$，为粉红色至几乎白色粉末，在空气中渐变为浅棕色。受热分解，溶于稀酸，不溶于水和乙醇。碳酸锰是制造电信器材软磁铁氧体、合成二氧化锰和制造其他锰盐的原料，用作脱硫的催化剂，以及瓷釉、涂料和清漆的颜料。也用作肥料和饲料添加剂。用于医药、电焊条辅料等，用作生产电解金属锰的原料。实验室制备碳酸锰，一般用二氧化锰作原料。

在酸性条件下 $MnO_2$ 的氧化性很强，实验室由二氧化锰制碳酸锰，首先要用还原剂把二氧化锰还原成二价锰并转移到溶液中，再与碳酸氢盐或碳酸盐反应，生成碳酸锰沉淀。可使用的还原剂有多种，如炭粉、浓盐酸、亚硫酸钠、过氧化氢、草酸等。

本实验以 $Na_2SO_3$ 作为还原剂，将 $MnO_2$ 还原为 $Mn^{2+}$。反应方程式如下：

$$MnO_2+H_2SO_4+Na_2SO_3 \xlongequal{} Na_2SO_4+MnSO_4+H_2O$$

向 $MnSO_4$ 溶液中加入 $NH_4HCO_3$ 将溶液 pH 调至 7～8 之间，则可生成白色的无定形粉末状的 $MnCO_3$，反应方程式如下：

$$MnSO_4+NH_4HCO_3 \xlongequal{} MnCO_3\downarrow+NH_4HSO_4$$

## 三、实验仪器与试剂

仪器与材料：台秤、烧杯、玻璃棒、量筒、布氏漏斗、抽滤瓶、循环水真空泵、滤纸、pH 试纸、烘箱。

试剂：$MnO_2$(s)、$Na_2SO_3$(s)、$NH_4HCO_3$（饱和）、$H_2SO_4$($3.0mol \cdot L^{-1}$)。

## 四、实验内容

**1. $MnO_2$ 的还原**

量取 30mL $3.0mol \cdot L^{-1}$ $H_2SO_4$ 于 100mL 烧杯中，向其中加入 2g $MnO_2$。在通风橱中加热，并分批加入 8g $Na_2SO_3$ 固体，每次加入 $Na_2SO_3$ 的量要少，避免产生大量 $SO_2$ 气体。边加边搅拌，直到 $MnO_2$ 完全反应。待溶液冷却后，过滤，除去多余的 $MnO_2$ 等不溶物。滤液转入 200mL 烧杯中。

**2. $MnCO_3$ 的制备**

用冷水配制 $NH_4HCO_3$ 饱和溶液，边搅拌边将 $NH_4HCO_3$ 饱和溶液慢慢加入上述 $MnSO_4$ 滤液中，在 pH=6 左右时，溶液中有白色无定形粉末沉淀产生，继续加 $NH_4HCO_3$ 饱和溶液直到 pH=7～8，此时为反应终点。减压过滤，分别用少量冷水与热水洗涤沉淀，除去杂质离子。将制备的 $MnCO_3$ 产品放入烘箱，设置温度为 80～90℃，烘干产品，得到干燥的 $MnCO_3$ 产物。称重，计算产率。

## 五、实验习题

1. $NH_4HCO_3$ 作为反应原料有哪些作用？
2. 为什么加入 $NH_4HCO_3$ 要缓慢？
3. 查阅资料，谈谈还有哪些方法可以制备碳酸锰？

## 六、知识拓展

锰矿是重要的战略矿产资源，尤其是富锰矿和优质锰矿资源，已经被中国列入紧缺的矿种。全球陆地锰矿石储量分布极不均衡，主要集中在南非、俄罗斯、澳大利亚等国。我国高度依赖进口，因国内锰矿品位低、杂质高，开采成本高，管制严，导致产量不佳。

软锰矿（二氧化锰）是常见的锰矿物，质地很软，浅灰至黑色，具有金属光泽，呈块状或土状。我国储存 60 万～70 万吨。需求随工业增长渐增，尤其是钢铁业，软锰矿作脱氧脱硫剂的需求较大。

工业 $SO_2$ 排放污染严重。传统脱硫法（石灰乳/钠碱吸收法）成本高，副产物价值低。

软锰矿浆是良好的 $SO_2$ 吸收剂。研究表明，采用软锰矿浆法能有效处理 $SO_2$，副产硫酸锰价值较高，可实现“变废为宝”。

# 实验 43　硫酸锰铵的制备及检验

## 一、实验目的

1. 掌握硫酸锰铵的制备方法。
2. 学习定性检验硫酸锰铵的方法和原理。
3. 了解硫酸锰铵的用途。
4. 练习称量、溶解、蒸发、结晶、抽滤等基本操作。

## 二、实验原理

硫酸锰铵为浅粉色单斜晶系结晶或粉末，可溶于水，由硫酸铵与硫酸锰溶液按一定比例混合而得。农业上用作微量元素肥料，工业上用于织物整理、织物和木材加工防火剂配料等。其中锰元素是植物生长过程中所必需的微量元素之一，它参与了许多植物的生物化学反应，亦能保证土壤中的微量养分处于平衡状态，提高农作物收成。

本实验采用二氧化锰与草酸在酸性条件下反应制备 $MnSO_4$，再与等物质的量的 $(NH_4)_2SO_4$ 反应生成复盐硫酸锰铵。

$$MnO_2+H_2C_2O_4+H_2SO_4\xlongequal{70\sim80^{\circ}C}MnSO_4+2CO_2\uparrow+2H_2O$$
$$MnSO_4+(NH_4)_2SO_4+6H_2O\xlongequal{\quad}(NH_4)_2SO_4\cdot MnSO_4\cdot 6H_2O$$

## 三、实验仪器与试剂

仪器与材料：锥形瓶、台秤、电炉、石棉网、量筒、井穴板、烧杯、试管、表面皿、漏斗、漏斗架、蒸发皿、抽滤瓶、布氏漏斗、滤纸、循环水真空泵、红色石蕊试纸、剪刀。

试剂：$H_2C_2O_4\cdot 2H_2O$(s)、$MnO_2$(s)、$(NH_4)_2SO_4$(s)、$NaBiO_3$(s)、$H_2SO_4$($1.0mol\cdot L^{-1}$)、HCl($2.0mol\cdot L^{-1}$)、$HNO_3$($3.0mol\cdot L^{-1}$)、NaOH(40%)、$BaCl_2$($0.1mol\cdot L^{-1}$)、无水乙醇、奈斯勒试剂。

## 四、实验内容

### 1. 硫酸锰的制备

量取 30.0mL $1.0mol\cdot L^{-1}$ $H_2SO_4$ 溶液于锥形瓶中，微热，向其中加入 3.2g $H_2C_2O_4\cdot 2H_2O$ 固体，振荡使之溶解。再缓慢分批次加入 2.0g $MnO_2$ 固体，水浴加热，保持温度在 70～80℃，加速反应。反应速率变得缓慢后，加热煮沸，趁热过滤，弃去滤渣，保留滤液。

### 2. 硫酸锰铵的制备

将热的硫酸锰滤液转入蒸发皿，向其中加入 3.0g $(NH_4)_2SO_4$ 固体，待 $(NH_4)_2SO_4$ 完全溶解后，加热蒸发浓缩至液面刚有晶体析出，冷却至室温。再用冰水浴冷却，有大量晶体析出。充分冷却后，减压过滤，用少量无水乙醇洗涤硫酸锰铵产品，抽干，称重，计算产率。

**3. 硫酸锰铵的检验**

(1) 外观 应为白色略带粉红色的结晶。

(2) $SO_4^{2-}$ 的检验 取少量硫酸锰铵样品，加几滴蒸馏水，滴加 0.1mol · $L^{-1}$ $BaCl_2$ 溶液，生成白色沉淀，此沉淀不溶于 2.0mol · $L^{-1}$ 盐酸。

(3) $Mn^{2+}$的检验 取少量硫酸锰铵样品，滴加 3.0mol · $L^{-1}$ $HNO_3$ 溶液，加入少量 $NaBiO_3$ 粉末，溶液呈紫红色。注意：样品用量要少，否则生成的 $MnO_4^-$ 与过量的 $Mn^{2+}$ 反应生成 $MnO_2$，使紫红色消失。

(4) $NH_4^+$ 的检验

①气室法 将一块红色石蕊试纸润湿后贴在表面皿凸面，在井穴板内滴 1 滴样品溶液和 1 滴 40% NaOH 溶液，快速将表面皿凸面朝下扣在井穴板上，观察石蕊试纸颜色的变化。若试纸变蓝，证明有 $NH_4^+$。

②奈氏试剂法 取少量样品，加适量蒸馏水溶解，滴加 2 滴奈斯勒试剂，观察现象。若有红棕色沉淀生成则为铵盐。

## 五、实验习题

1. 为什么用无水乙醇洗涤产品？
2. 本实验中哪些操作步骤对提高产品的质量和产率有直接的影响？如何影响的？
3. 硫酸锰铵和莫尔盐有什么相似点？

## 六、知识拓展

我国硫酸铵发展始于 20 世纪初，经历了从依赖进口到自主生产的转变。在 20 世纪初至 30 年代期间，我国化肥市场被外国公司垄断。1937 年，永利铔厂建成，标志着中国第一座化肥厂诞生。同年生产出第一包硫酸铵，开启了中国化肥工业新篇章。该厂采用国外先进技术和设备，由侯德榜主持建设。

硫酸铵广泛应用于肥料、纺织、皮革和医药等领域，其中肥料是主要应用领域，作为氮肥能有效促进作物生长，提高产量和品质。近年来，随着我国农作物种植面积扩大，硫酸铵需求稳步增长。

# 实验 44 纯碱的制备及含量分析

## 一、实验目的

1. 掌握制备碳酸钠的原理和方法。
2. 学习纯碱的性质和用途。
3. 了解侯德榜制碱法。

4. 练习浓缩、结晶、滴定、灼烧等操作。

## 二、实验原理

碳酸钠（$Na_2CO_3$），俗名苏打、纯碱，为白色粉末，易溶于水，微溶于无水乙醇。在潮湿的空气中会吸潮结块，部分变为碳酸氢钠。作为一种重要的无机化工原料，主要用于玻璃制品和陶瓷釉的生产，还广泛用于生活洗涤、酸类中和及食品加工等。

工业上一般应用联合制碱法制备碳酸钠，将 $NH_3$ 和 $CO_2$ 混合通入 NaCl 溶液中，先生成 $NaHCO_3$，经灼烧生成 $Na_2CO_3$。化学反应如下：

$$NH_3+CO_2+H_2O+NaCl \xlongequal{} NaHCO_3\downarrow+NH_4Cl$$

$$2NaHCO_3 \xlongequal{\triangle} Na_2CO_3+CO_2+H_2O$$

我国化学家侯德榜对联合制碱法进行了优化，$CO_2$ 被循环利用，使食盐的利用率提高到 96%以上；另外它综合利用了氨厂的二氧化碳和碱厂的氯离子，同时，生产出两种应用价值很高的产品——纯碱和氯化铵，大大降低了纯碱和氮肥的成本。

在本实验中，用 $NH_4HCO_3$ 与 NaCl 反应制备 $NaHCO_3$，反应方程式为：

$$NH_4HCO_3+NaCl \xlongequal{} NaHCO_3\downarrow+NH_4Cl$$

如表 5-3 所示，相同温度下 $NaHCO_3$ 溶解度最小，$NaHCO_3$ 首先析出，使反应向右移动。因此，控制一定温度，可使反应向右进行。

表 5-3　几种盐在不同温度下的溶解度表　　单位：$g\cdot(100g\ H_2O)^{-1}$

| 盐 | 10℃ | 20℃ | 30℃ | 40℃ | 60℃ |
|---|---|---|---|---|---|
| NaCl | 35.8 | 35.9 | 36.1 | 36.4 | 37.1 |
| $NH_4HCO_3$ | 16.1 | 21.7 | 28.4 | —① | — |
| $NH_4Cl$ | 33.2 | 37.2 | 41.4 | 45.8 | 55.3 |
| $NaHCO_3$ | 8.1 | 9.6 | 11.1 | 12.7 | 16.0 |
| $Na_2CO_3$ | 12.5 | 21.5 | 39.7 | 49.0 | 46.0 |

① 表示 $NH_4HCO_3$ 分解。

当温度高于40℃时，$NH_4HCO_3$ 会发生分解，因此反应温度一般控制在 30～35℃之间，使溶解度小的 $NaHCO_3$ 析出。

用滴定法测定 $Na_2CO_3$ 产品纯度。以酚酞为指示剂，用标准盐酸溶液滴定 $Na_2CO_3$ 溶液，离子反应如下：

$$H^++CO_3^{2-} \xlongequal{} HCO_3^-$$

滴定至终点时，溶液颜色由红色转变为无色，根据 HCl 用量计算 $Na_2CO_3$ 纯度。

## 三、实验仪器与试剂

仪器与材料：电子分析天平、烧杯、量筒、循环水真空泵、pH 试纸、磁力搅拌器、酒精灯、布氏漏斗、抽滤瓶、蒸发皿、坩埚、锥形瓶、滴定管。

试剂：$BaCl_2$($1.0mol\cdot L^{-1}$)、NaOH($2.0mol\cdot L^{-1}$)、$Na_2CO_3$($1.0mol\cdot L^{-1}$)、粗盐（或精盐）、HCl($6.0mol\cdot L^{-1}$)、$NH_4HCO_3$(s)、酚酞、HCl 标准溶液（$0.1000mol\cdot L^{-1}$）。

## 四、实验内容

### 1. 粗盐纯化

称量 5g 粗盐于烧杯中，加入 17mL 蒸馏水，加热搅拌溶解。向其中加入 $1.0mol \cdot L^{-1}$ $BaCl_2$ 溶液 1～2mL，加热至沸腾，冷却至室温，减压过滤，弃去滤渣。向滤液中加入 2～4mL NaOH($2.0mol \cdot L^{-1}$) 和 $Na_2CO_3$($1.0mol \cdot L^{-1}$) 混合溶液，煮沸 2～3min，冷却后减压过滤。用 $6.0mol \cdot L^{-1}$ 的 HCl 溶液调节滤液的 pH 为 7。

若用精盐，则取 4g NaCl，用 17mL 蒸馏水溶解，开始步骤 2。

### 2. 制备 $NaHCO_3$

将 NaCl 溶液置于温度为 30～35℃的水浴中加热，在不断搅拌下，分 5～6 次加入 6g 研细的 $NH_4HCO_3$ 粉末。溶液中逐渐有白色 $NaHCO_3$ 析出。搅拌至少 30min，保证反应完全，静置片刻，减压过滤，得到 $NaHCO_3$ 固体，用少量水淋洗，抽干。

### 3. 制备 $Na_2CO_3$

将制备的 $NaHCO_3$ 固体转移到蒸发皿中，小火烤干，然后转移到坩埚中，灼烧 10min。温度不要太高，防止 $Na_2CO_3$ 熔化。冷却至室温，称重。

### 4. 纯度检验

在电子分析天平上准确称量 0.21～0.28g 制备的 $Na_2CO_3$ 产品两份，分别置于锥形瓶中。加入 25mL 水，摇动锥形瓶使碳酸钠溶解，分别加 2 滴酚酞指示剂，溶液变红。用标准 HCl 溶液滴定至溶液的红色刚好褪去，记录消耗的标准 HCl 溶液的体积，根据下列公式计算产品纯度 $W(Na_2CO_3)$：

$$W = c_{HCl}V_{HCl}M_{Na_2CO_3}/1000m$$

式中，$c_{HCl}$ 和 $V_{HCl}$ 分别为 HCl 标准溶液的浓度和消耗的体积，单位分别为 $mol \cdot L^{-1}$ 和 mL；$M_{Na_2CO_3}$ 为 $Na_2CO_3$ 的摩尔质量，$g \cdot mol^{-1}$；$m$ 为称取的 $Na_2CO_3$ 产品质量，g。

## 五、实验习题

1. 从溶解度的角度分析为什么 NaCl 和 $NH_4HCO_3$ 不能直接生成 $Na_2CO_3$？
2. 粗盐为什么要精制？
3. 制备 $NaHCO_3$ 时，为什么水浴温度要控制在 30～35℃之间？
4. 用标准 HCl 溶液滴定 $Na_2CO_3$ 为什么生成 $NaHCO_3$ 而不生成 $H_2CO_3$？

## 六、知识拓展

侯德榜（1890—1974 年），著名科学家、化学家，侯氏制碱法创始人，中国近代化工奠基人之一。他曾留美，获麻省理工学院学士学位及哥伦比亚大学博士学位。1922 年回国任永利技师长，面对外国技术垄断，他钻研攻关，1926 年成功生产出纯碱，打破垄断。后又自主实现硫酸铵、硝酸生产。

侯德榜将索尔维制碱法与合成氨法结合，创立“侯氏联合制碱法”（又称侯氏制碱法，循环制碱法或双产品法）。此法大幅提高食盐利用率（达 96%），省去许多设备，将废弃物转为有用化肥（氯化铵），远优于索尔维制碱法，开创世界制碱工业新纪元。

侯德榜一生勤勉，打破国外技术垄断，发明制碱先进技术，为中国化工事业奋斗终生，是托起现代中国化工的“国宝”。

# 实验 45 用废旧易拉罐制备明矾及明矾净水

## 一、实验目的

1. 了解金属铝的两性。
2. 掌握由易拉罐制备明矾的原理和方法。
3. 学习明矾的净水原理。
4. 练习溶解、过滤、蒸发、结晶、洗涤沉淀等无机制备中常用的基本操作。
5. 学习处理实验室废液，践行绿色化学理念，培养环保意识。

## 二、实验原理

制造易拉罐的材料主要是金属铝。通过铝的回收循环使用，能降低材料成本，一些易拉罐消费活跃地区，在不断提高铝罐及铝质包装材料的回收率。

本实验通过废旧铝制易拉罐的主要成分铝单质来合成在医学和净水等方面有很大功用的明矾 [$KAl(SO_4)_2 \cdot 12H_2O$]。

铝为两性元素，与酸、碱都反应。将铝溶于浓 NaOH 溶液，生成四羟基合铝（Ⅲ）酸钠（$Na[Al(OH)_4]$），即偏铝酸钠。再用稀 $H_2SO_4$ 调节溶液的 pH 值，将其转化为 $Al(OH)_3$。氢氧化铝与硫酸反应，生成硫酸铝。等物质的量的硫酸铝与硫酸钾在水溶液中结合，生成同晶复盐明矾 [$KAl(SO_4)_2 \cdot 12H_2O$]。当溶液冷却后，溶解度较小的明矾会以晶体形式析出。涉及的化学反应方程式如下：

$$2Al + 2NaOH + 6H_2O = 2Na[Al(OH)_4] + 3H_2\uparrow$$
$$2Na[Al(OH)_4] + H_2SO_4 = 2Al(OH)_3\downarrow + Na_2SO_4 + 2H_2O$$
$$2Al(OH)_3 + 3H_2SO_4 = Al_2(SO_4)_3 + 6H_2O$$
$$Al_2(SO_4)_3 + K_2SO_4 + 24H_2O = 2KAl(SO_4)_2 \cdot 12H_2O$$

明矾可溶于水，不溶于乙醇。中医认为明矾性寒，味酸、涩，有抗菌、收敛等作用。还可用于制备铝盐、发酵粉、油漆、鞣料、澄清剂、媒染剂、造纸、防水剂等，生活中曾常用于净化水质。净水原理是 $Al^{3+}$ 很容易水解，生成氢氧化铝 [$Al(OH)_3$] 胶体，氢氧化铝胶体的吸附能力很强，可以吸附水里悬浮的杂质，并形成沉淀，使水澄清。所以，明矾是一种效果较好的净水剂。但明矾中含有的铝元素对人体有害。长期饮用明矾净化的水，可能会引起阿尔茨海默病，所以不建议用明矾作净水剂。

## 三、实验仪器与试剂

仪器与材料：砂纸、台秤、剪刀、烧杯、电炉、玻璃棒、循环水真空泵、抽滤瓶、布氏漏斗、滤纸。

试剂：铝制易拉罐、NaOH($2.0mol \cdot L^{-1}$)、$H_2SO_4$($9.0mol \cdot L^{-1}$)、$K_2SO_4$(s)、无水乙醇、$NaHCO_3$(s)。

## 四、实验内容

### 1. 铝片的前处理

从铝制易拉罐上剪下一块薄片（4cm×4cm），用砂纸打磨掉其表面的油漆和胶质。洗干净，擦干表面的水分。再将薄片剪成许多小片，备用。

### 2. $Na[Al(OH)_4]$ 的制备

称取 0.5g 铝小片于烧杯中，加入 25mL 2.0mol·$L^{-1}$ NaOH 溶液。水浴加热，并不断搅拌。反应剧烈，防止溶液溅出。反应一段时间，直至溶液中没有气泡冒出。

### 3. $KAl(SO_4)_2 \cdot 12H_2O$ 的制备

趁热快速向 $Na[Al(OH)_4]$ 溶液中加入 10mL 9.0mol·$L^{-1}$ $H_2SO_4$ 溶液，搅拌，使充分混合反应。如果溶液中生成 $Al(OH)_3$ 白色沉淀，稍微加热使沉淀溶解，过滤。

向 $Al_2(SO_4)_3$ 滤液中加入 2.00g $K_2SO_4$，加热，使之完全溶解。自然冷却至室温，向溶液中加入 3mL 无水乙醇，用冰水浴冷却。待 $KAl(SO_4)_2 \cdot 12H_2O$ 完全结晶析出后，抽滤，用 3mL 无水乙醇洗涤晶体两次，抽干，称重，计算产率。保留滤液待处理。

### 4. 废液处理

将上述滤液倒入烧杯中（滤液的主要成分是什么?），向滤液中加入约 2g $NaHCO_3$ 固体。用玻璃棒搅拌，$NaHCO_3$ 固体溶解产生气泡。再向溶液中加入 1g $NaHCO_3$，观察现象。最后向溶液中加入 $NaHCO_3$ 固体直至没有气泡产生为止，记录下 $NaHCO_3$ 大致的用量。然后将溶液稀释后，倒入下水道中。

### 5. 明矾净水

将一定量的 $KAl(SO_4)_2 \cdot 12H_2O$ 产品投入略浑浊的水中，一段时间后观察并记录实验现象，并思考明矾净水的原理。

## 五、实验习题

1. 步骤 3 中，两次使用无水乙醇的目的分别是什么?
2. 如果易拉罐中含有少量铁杂质，应该如何去除?
3. 废液处理的过程中发生的化学反应是什么？为什么废液不能直接倒入下水道?
4. 根据明矾净水的原理，推测还有哪些物质可以用作净水剂?

## 六、知识拓展

易拉罐是常见的饮料包装材料，具有美观、轻便、便于携带、使用方便等特点。而且，易拉罐的年产量还在不断增加。近年来，节约资源、环保意识已深入人心。因此，易拉罐的回收、再生利用也是人们关注的问题。

回收后的易拉罐，经过去除废物、粉碎等前处理工艺，熔解制成再生铝锭。再将再生铝锭制成易拉罐，可以多次重复循环使用。美国、瑞典、加拿大、日本等国家的易拉罐回收率都较高。

我国已经建立起一套较为完善的易拉罐回收体系，包括前端收集、中间流通、后端处理与再生等多个环节。国家一直鼓励和支持再生资源回收利用，出台了一系列政策措施，为易拉罐回收提供了政策保障。随着环保意识的提高，越来越多的消费者开始自觉地将易拉罐进行分类投放，为回收利用提供了便利。

我国易拉罐回收利用取得了一定的成绩，但仍面临诸多挑战。未来，需要进一步完善回收体系，加强政策支持，提高公众意识，降低回收成本，才能实现易拉罐的高效回收利用，为环境保护和资源节约做出更大的贡献。

# 实验 46　五氧化二钒的提纯

## 一、实验目的

1. 掌握 $V_2O_5$ 提纯的原理和方法。
2. 了解 $V_2O_5$ 的性质和用途。
3. 练习无机化合物提纯中的一些基本操作。

## 二、实验原理

五氧化二钒（$V_2O_5$），橙黄色结晶性粉末。溶于浓酸、碱，微溶于水，不溶于无水乙醇。广泛用于冶金、化工等行业，主要用于冶炼钒铁。2017 年，世界卫生组织国际癌症研究机构将五氧化二钒列入 2B 类致癌物清单中。

$V_2O_5$ 是两性氧化物，以酸性为主，有微弱碱性。

$V_2O_5$ 与碱反应生成钒酸盐，随着 $H^+$ 浓度的变化和钒酸盐浓度的不同，生成不同聚合度的多钒酸盐，在 $OH^-$ 浓度较高时，主要生成 $Na_3VO_4$：

$$V_2O_5+6NaOH \xlongequal{} 2Na_3VO_4+3H_2O$$

随着 $H^+$ 浓度的增大，聚合度增大，溶液的颜色逐渐变深，由淡黄色变为深红色。

钒酸盐有正钒酸盐、焦钒酸盐和偏钒酸盐三种。其中偏钒酸盐最稳定，正钒酸盐最不稳定。在煮沸时，钒酸盐溶液先转化为焦钒酸盐，最后转化为偏钒酸盐：

$$2Na_3VO_4+H_2O \xlongequal{} Na_4V_2O_7+2NaOH$$

$$Na_4V_2O_7+H_2O \xlongequal{} 2NaVO_3+2NaOH$$

向偏钒酸盐和焦钒酸盐的溶液中加入 $NH_4Cl$，可生成白色沉淀偏钒酸铵 $NH_4VO_3$：

$$VO_3^-+NH_4^+ \xlongequal{} NH_4VO_3\downarrow$$

$$V_2O_7^{4-}+4NH_4^+ \xlongequal{} 2NH_4VO_3\downarrow+2NH_3\uparrow+H_2O$$

在空气中加热 $NH_4VO_3$，分解产生纯度较高的 $V_2O_5$：

$$2NH_4VO_3 \xlongequal{\triangle} V_2O_5+2NH_3\uparrow+H_2O$$

本实验根据钒化合物的以上性质进行五氧化二钒的提纯。

## 三、实验仪器与试剂

仪器与材料：台秤、烧杯、量筒、玻璃棒、电炉、pH 试纸、表面皿、循环水真空泵、抽滤瓶、布氏漏斗、滤纸、坩埚、干燥箱、马弗炉。

试剂：NaOH(s)、粗五氧化二钒(s)、$NH_4Cl$(饱和)、$NH_4Cl$(1%)。

### 四、实验内容

称取0.4g NaOH固体于烧杯中，加入30mL蒸馏水，搅拌溶解。在边加热边搅拌下，逐渐将10g湿粗五氧化二钒加入NaOH溶液中，煮沸至粗$V_2O_5$全部溶解为止。调节溶液的pH值为8～8.5，趁热减压过滤，除去不溶性杂质。将滤液转移到烧杯中，向其中加入15mL $NH_4Cl$热饱和溶液。不断搅拌，待白色$NH_4VO_3$沉淀完全，静置一段时间，冷却至室温后，减压过滤。用1% $NH_4Cl$溶液洗涤沉淀3～4次，将$NH_4VO_3$沉淀转移到小坩埚中。先在干燥箱中于80～100℃烘1h，再在马弗炉中于450～500℃恒温灼烧1.5h，得到淡黄色或橙黄色$V_2O_5$粉末。冷却后称重，计算产率。

### 五、实验习题

1. $V_2O_5$溶于稀硫酸生成什么？
2. 在提纯$V_2O_5$的实验中，哪些因素影响产率和纯度？

### 六、知识拓展

五氧化二钒是一种用途广泛的化工原料，在催化、冶金、化工、电池等领域都有重要的应用。其中，作为催化剂是其最重要的用途。在接触法生产硫酸时，五氧化二钒是关键的催化剂，用于将二氧化硫氧化成三氧化硫，提高硫酸的产量和纯度。$V_2O_5$还可以用于石油炼制、有机合成、汽车尾气处理等。五氧化二钒本身也可用作颜料，用于陶瓷、玻璃、油漆等行业。

五氧化二钒是生产金属钒和钒铁合金的主要原料。钒作为合金元素加入钢中，可以显著提高钢的强度、韧性、耐磨性和抗腐蚀性，用于制造高强度低合金钢、工具钢等特种钢材。

随着科技的不断发展，五氧化二钒的应用领域还将不断拓展。

## 实验47　乙酰水杨酸铜配合物的制备

### 一、实验目的

1. 了解酯化反应制备乙酰水杨酸的原理。
2. 掌握乙酰水杨酸和乙酰水杨酸铜配合物的制备方法。
3. 了解乙酰水杨酸和乙酰水杨酸铜的用途。
4. 练习减压过滤、重结晶等基本操作。

### 二、实验原理

乙酰水杨酸（$C_9H_8O_4$），又名阿司匹林，为白色结晶性粉末，熔点为135～140℃，溶于乙醇、乙醚，微溶于水。主要用作解热镇痛药、非甾体抗炎药、抗血小板聚集药，经近百年的临床应用，证明对缓解轻度或中度疼痛，如牙痛、头痛、神经痛、肌肉酸痛及痛经效果较好，亦用于感冒、流感等发热疾病的退热，治疗风湿病等，能阻止血栓形成，临床上用于预防短暂脑缺血发作、心肌梗死、人工心脏瓣膜和静脉瘘或其他手术后血栓的形成。但是阿司匹林常常引起胃肠道的不良反应，较常见的症状有恶心、呕吐、上腹部不适或疼痛等。

乙酰水杨酸铜，不仅保留了乙酰水杨酸固有的特性，还融合了微量元素铜在体液组织中的某些关键效应，与乙酰水杨酸相比表现出高效低毒的药理学特点。另外，乙酰水杨酸与铜络合后，抗炎作用增强数十倍，有很强的治疗效果。乙酰水杨酸铜具有消炎、镇痛、抗风湿、抗血小板聚集、防止血栓形成、保护心脑组织缺血再灌注损伤、抗辐射活性和抗糖尿病等作用，且毒副作用小、胃肠不良反应较轻，是一种有着广泛应用前景的新药，不仅具有更高的解热、镇痛、抗炎活性，而且能预防和治疗乙酰水杨酸引起的消化道不良反应。

乙酰水杨酸的制备方法通常是由水杨酸和乙酸酐在催化剂的催化作用下合成的，本实验用无水 $Na_2CO_3$ 作催化剂，反应方程式如下：

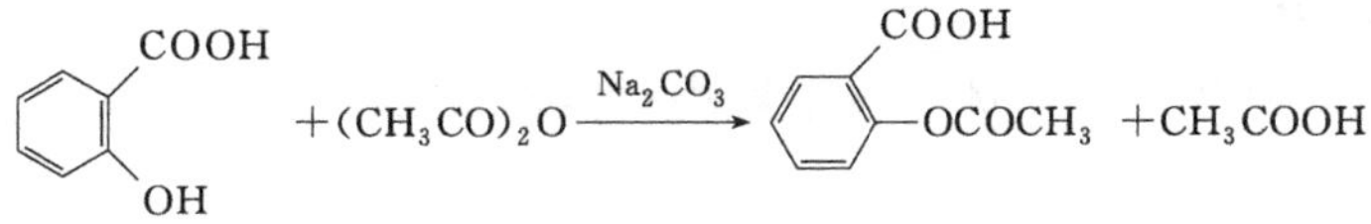


乙酰水杨酸铜是亮蓝色结晶性粉末，不溶于水、醇、醚、氯仿等溶剂，可溶于含氮或硫的溶剂。硫酸铜与碳酸钠反应生成 $Cu_2(OH)_2CO_3$ 沉淀，$Cu_2(OH)_2CO_3$ 再与乙酰水杨酸反应生成乙酰水杨酸铜。

## 三、实验仪器与试剂

仪器与材料：电子分析天平、锥形瓶、吸量管、微波炉、小漏斗、量筒、烧杯、玻璃棒、布氏漏斗、抽滤瓶、滤纸、循环水真空泵。

试剂：水杨酸(s)、$CuSO_4 \cdot 5H_2O$(s)、$Na_2CO_3$(s)、乙酸酐 (l)、乙醇 (95%)、HCl ($1.0 mol \cdot L^{-1}$)。

## 四、实验内容

### 1. 乙酰水杨酸的制备

称取 4.0g 干燥的水杨酸和 0.1g 无水 $Na_2CO_3$ 于 100mL 干燥锥形瓶中，用吸量管取 6.0mL 重新蒸馏后的乙酸酐（139～140℃馏分）加入其中。摇匀，将一放有玻璃珠的小漏斗置于锥形瓶口。把微波炉功率调到 450 W，将锥形瓶放进微波炉中，辐射 1min。取出锥形瓶，冷却 2min。加入约 40mL 蒸馏水，搅拌，用冰浴冷却，晶体析出。结晶完全后减压过滤，用少量蒸馏水洗涤乙酰水杨酸沉淀 3 次，抽干，得乙酰水杨酸粗品。

将乙酰水杨酸粗品转入小烧杯中，加入 5mL 95%乙醇，在水浴上加热片刻，加热时间不能太长，以防乙酰水杨酸水解。如果乙酰水杨酸仍未完全溶解，可补加适量的乙醇使晶体恰好溶解。趁热过滤，向滤液中加入约 15mL 热蒸馏水，冷却后析出白色结晶。抽滤，用冷蒸馏水洗涤乙酰水杨酸晶体。抽干，称量，计算产率。

### 2. 乙酰水杨酸铜的制备

称取 1.3g $CuSO_4 \cdot 5H_2O$ 溶于蒸馏水中，称取 0.7g 无水 $Na_2CO_3$ 溶于蒸馏水中，在冰

浴中混合两种溶液，生成蓝色 $Cu_2(OH)_2CO_3$ 沉淀，用蒸馏水洗涤沉淀至无 $SO_4^{2-}$。向洗涤干净的沉淀中加入 30mL 蒸馏水和 2.0g 乙酰水杨酸，在 80℃的水浴中加热，不断搅拌，制得亮蓝色乙酰水杨酸铜沉淀。减压过滤，先用蒸馏水洗涤沉淀（向洗涤后的沉淀中滴加 1～2 滴稀 HCl，应不产生气泡。若产生气泡，则要加入乙酰水杨酸让其充分反应），然后用乙醇洗涤沉淀，最后再用蒸馏水洗涤沉淀。抽干，称量，计算产率。

## 五、实验习题

1. 为什么进行酯化反应时所用的化学试剂和玻璃器皿都必须是干燥的？
2. 查阅文献，谈谈还有哪些催化剂可以催化水杨酸和乙酸酐反应制备乙酰水杨酸？
3. 哪些因素影响乙酰水杨酸铜的产率和纯度？

## 六、知识拓展

人类很早就发现了柳树类植物的提取物（天然水杨酸）的药用功能。古苏美尔、古埃及、古希腊、中国等均有使用柳树止痛和消炎的记载。据《神农本草经》记载，柳之根、皮、枝、叶均可入药，有祛痰明目、清热解毒、利尿防风之效，外敷可治牙痛。

直到 1828 年，德国药学家从柳树皮中提取黄色晶体。之后，法国和意大利的科学家，进一步将其分离得到水杨酸。但是水杨酸作为药物并不成功，味道难吃，对胃的刺激大。1897 年，德国化学家费利克斯·霍夫曼用水杨酸与醋酐反应合成了乙酰水杨酸，大大降低了水杨酸的毒性。乙酰水杨酸的商品名命名为“Aspirin”，音译为“阿司匹林”。

阿司匹林最初上市时，深受患者信赖。特别是在 1918 年西班牙大流感期间，阿司匹林作为解热镇痛药，可以有效缓解流感导致的发热及疼痛。历经百年，它已成为三大经典药物之一，至今仍是最广泛应用的解热、镇痛、抗炎药。

## 七、拓展实验资源

**资源内容**

**拓展实验 1　由钛铁矿制取二氧化钛——酸溶浸取法**

**拓展实验 2　磷酸锌的微波合成**

**拓展实验 3　由菱锌矿制备硫酸锌**

## 拓展实验 4　硫酸铝的制备

## 拓展实验 5　醋酸铬（Ⅱ）水合物的制备——易被氧化的化合物的制备

## 拓展实验 6　十二钨磷酸和十二钨硅酸的制备——乙醚萃取法制备多酸

## 拓展实验 7　无水二氯化锡的制备

# 第6章　综合设计与研究性实验

## 实验48　粗盐的提纯及纯度分析

### 一、实验目的

1. 通过粗盐的提纯，了解盐类溶解度知识在无机物提纯中的应用。
2. 理解过滤法分离混合物的化学原理。
3. 掌握溶解、过滤、离心、蒸发等基本实验操作。
4. 学习用目视比较法进行限量分析。

### 二、实验原理

氯化钠（NaCl），外观为白色晶体状，主要来源于海水，是食盐的主要成分，易溶于水、甘油，微溶于乙醇、液氨，不溶于浓盐酸。氯化钠化学性质稳定，在空气中具有轻微的潮解性。工业上，氯化钠用于制造纯碱、烧碱及其他化工产品，还应用于矿石冶炼；在日常生活中，NaCl是常用的调味品。

氯化钠试剂通常由粗盐的提纯而获得。粗盐中通常含有泥沙等不溶性杂质，以及$SO_4^{2-}$、$Ca^{2+}$、$Mg^{2+}$、$Fe^{3+}$、$K^+$、$Br^-$等可溶性杂质。不溶性杂质用直接过滤的方法除去。可溶性杂质，由于氯化钠的溶解度随温度变化较小，不适合采用重结晶法进行提纯，而应采用化学方法提纯，将可溶性杂质转化为难溶物，然后通过过滤去除。此方法的原理是：首先，利用稍过量的$BaCl_2$与$SO_4^{2-}$反应生成难溶的$BaSO_4$沉淀；然后，加入$Na_2CO_3$去除剩余的$Ca^{2+}$、$Mg^{2+}$、$Fe^{3+}$及未完全反应的$Ba^{2+}$，形成碳酸盐沉淀，过滤后，加入盐酸去除过量的$CO_3^{2-}$。

相关化学反应式如下：

$$SO_4^{2-} + Ba^{2+} = BaSO_4 \downarrow$$

$$Ba^{2+} + CO_3^{2-} = BaCO_3 \downarrow$$

$$Ca^{2+} + CO_3^{2-} = CaCO_3 \downarrow$$

$$2Mg^{2+} + 2OH^- + CO_3^{2-} = Mg_2(OH)_2CO_3 \downarrow$$

$$2Fe^{3+} + 3CO_3^{2-} + 3H_2O = 2Fe(OH)_3 \downarrow + 3CO_2 \uparrow$$

$$CO_3^{2-} + 2H^+ = CO_2 \uparrow + H_2O$$

$Fe(OH)_3$ 通常以胶体形式存在，需加热处理，促使其转化为颗粒状沉淀，以便通过过滤除去。对于无法通过沉淀剂去除的其他可溶性杂质（如 $K^+$、$Br^-$），在最终的浓缩结晶过程中，大部分将留在母液中，从而与氯化钠晶体分离。此外，在干燥氯化钠的过程中，少量残留的盐酸会以氯化氢气体的形式逸出。

## 三、实验仪器与试剂

仪器与材料：台秤、电子分析天平、循环水真空泵、电炉、烧杯、普通漏斗、布氏漏斗、量筒、漏斗架、抽滤瓶、石棉网、蒸发皿、玻璃棒、滤纸、pH 试纸、锥形瓶、滴定管、比色管。

试剂：粗盐、$BaCl_2$（$1.0mol \cdot L^{-1}$、$0.5mol \cdot L^{-1}$）、$Na_2CO_3$（$1.0mol \cdot L^{-1}$）、HCl（$1.0mol \cdot L^{-1}$、$2.0mol \cdot L^{-1}$）、$AgNO_3$ 标准溶液（$0.1000mol \cdot L^{-1}$）、淀粉溶液（1%）、荧光素指示剂（0.5%）、NaOH（$6.0mol \cdot L^{-1}$）、镁试剂、$Na_2C_2O_4$（饱和）。

## 四、实验内容

### （一）粗盐提纯

**1. 溶盐**

称取 4.0g 粗盐于 100mL 烧杯中，加入适量蒸馏水（约 30mL）加热搅拌溶解，趁热过滤（常压过滤），用少量蒸馏水洗涤两次，得滤液。

**2. 除 $SO_4^{2-}$**

将滤液置于电炉上加热近沸腾，边搅拌边加入 $1.0mol \cdot L^{-1}$ $BaCl_2$ 溶液至不再生成沉淀（注意记录 $BaCl_2$ 用量），继续加热 5min，静置，再加入 1～2 滴 $BaCl_2$ 溶液检验 $SO_4^{2-}$ 是否沉淀完全，减压过滤，用少量蒸馏水洗涤沉淀，得滤液。

**3. 除 $Ca^{2+}$、$Mg^{2+}$、$Ba^{2+}$、$Fe^{3+}$**

不断搅拌，将滤液加热至近沸腾，加入 $1.0mol \cdot L^{-1}$ $Na_2CO_3$ 溶液至不再生成沉淀（注意记录 $Na_2CO_3$ 用量），静置，再加入 1～2 滴 $Na_2CO_3$ 溶液，检查 $Ca^{2+}$、$Mg^{2+}$、$Ba^{2+}$、$Fe^{3+}$ 是否沉淀完全，减压过滤，得滤液。

**4. 除过量的 $CO_3^{2-}$**

滤液转入蒸发皿中，加热搅拌下，在滤液中滴加 $1.0mol \cdot L^{-1}$ 盐酸，调节溶液 pH 为 3～4（记录盐酸用量）。溶液经蒸发，$CO_3^{2-}$ 转化为 $CO_2$ 逸出。

**5. NaCl 浓缩与结晶**

将蒸发皿中的滤液在电炉上先用大火加热搅拌，出现少量晶体时改用小火加热并持续搅拌以防溅出。当出现较多晶体时停止加热（切勿蒸干!），冷却后减压过滤，用极少量冷蒸馏水洗涤 NaCl 晶体并尽量抽干。

**6. 干燥、称量、计算收率**

将 NaCl 晶体放入蒸发皿中，在电炉上小火烘炒，并用玻璃棒持续翻动，以防结块。待无水蒸气逸出后，得到的 NaCl 晶体应洁白松散。冷却后称量，计算收率。

### （二）产品检验

**1. NaCl 含量测定**

准确称取 0.15g 干燥恒重的产品置于 250mL 锥形瓶中，加入 70mL 蒸馏水溶解。再加

入 10mL 1%淀粉溶液，用 0.1000mol·L$^{-1}$ $AgNO_3$ 标准溶液避光滴定。接近终点时，加 3 滴 0.5%荧光素指示剂，继续滴定至溶液呈粉红色。氯化钠含量（$x$）按以下公式计算：

$$x=\frac{\frac{V}{1000}\times c\times M}{m}$$

式中 $V$——硝酸银标准溶液的用量，mL；

$c$——硝酸银标准溶液的浓度，mol·L$^{-1}$；

$m$——样品质量，g；

$M$——氯化钠的摩尔质量为 58.44g·mol$^{-1}$。

**2. 比浊法检验 $SO_4^{2-}$ 的含量**

准确称取 3.0g 产品于小烧杯中，用少量蒸馏水溶解后，转移至 25mL 比色管中。加入 3mL 2.0mol·L$^{-1}$ 盐酸和 3mL 0.5mol·L$^{-1}$ $BaCl_2$，加蒸馏水定容，摇匀，静置 5min 后与标准溶液比浊。根据混浊程度确定产品中 $SO_4^{2-}$ 杂质含量等级（表 6-1）。

实验室已预先配制好 $SO_4^{2-}$ 标准溶液，在进行比浊操作前需充分搅拌均匀。比浊后，计算样品中 $SO_4^{2-}$ 的含量区间。

表 6-1 $SO_4^{2-}$ 杂质含量的等级

| 等级 | 一级 | 二级 | 三级 |
|---|---|---|---|
| 含 $SO_4^{2-}$ 量/mg | 0.03 | 0.06 | 0.15 |

**3. $Ca^{2+}$检验**

取少量 NaCl 产品，溶于蒸馏水中，向试液中加入几滴饱和草酸钠溶液，观察有无草酸钙沉淀生成。若有白色沉淀生成，表示有 $Ca^{2+}$ 存在。

**4. $Mg^{2+}$ 检验**

往 NaCl 试液中滴加 6.0mol·L$^{-1}$ NaOH 溶液，使之呈碱性，再加入几滴镁试剂，若溶液呈蓝色，表示 $Mg^{2+}$ 存在。

## 五、实验习题

1. 溶解盐的水量过多或过少有何影响？
2. 为什么选用 $BaCl_2$、$Na_2CO_3$ 作沉淀剂？为什么除去 $CO_3^{2-}$ 要用盐酸而不用其他强酸？
3. 为什么先加 $BaCl_2$ 后加 $Na_2CO_3$？为什么要将 $BaSO_4$ 过滤掉再加 $Na_2CO_3$？
4. 为什么往粗盐溶液中加 $BaCl_2$ 和 $Na_2CO_3$ 后，均要加热至沸腾？
5. 哪些情况下会造成产品收率过高？

## 六、思政之源

20 世纪前，中国制盐工艺落后，生产的粗盐氯化钠含量低于 50%，杂质和有害物质多，影响食品质量和国民健康。1914 年，范旭东克服资金和人才匮乏等困难，筹集资金在天津创办久大精盐公司，引进先进技术，生产出达到国际标准的精盐，改善了国民健康。范旭东的成功源于他艰苦奋斗、勇于创新的精神，为中国盐业和工业现代化奠定了基础，其奋斗事迹成为民族自强的典范，激励后人努力奋斗推动国家发展。

# 实验 49　三草酸合铁（Ⅲ）酸钾的制备、性质及组成分析

## 一、实验目的

1. 制备三草酸合铁（Ⅲ）酸钾，学习简单配合物的合成方法。
2. 理解并掌握确定化合物化学式的原理与方法。
3. 练习溶解、沉淀、沉淀洗涤、离心分离、无机合成及滴定分析等基本实验操作。
4. 了解三草酸合铁（Ⅲ）酸钾的光化学性质。

## 二、实验原理

三草酸合铁（Ⅲ）酸钾为翠绿色单斜晶体，即 $K_3[Fe(C_2O_4)_3]\cdot 3H_2O$，易溶于水（0℃时，4.7g/100g 水；100℃时，117.7g/100g 水），难溶于乙醇、丙酮等有机溶剂。该配合物是制备负载型活性铁催化剂的主要原料，也是一些有机反应的催化剂，具有工业生产价值。三草酸合铁（Ⅲ）配离子较稳定，其 $K_{稳}=1.58\times10^{20}$。110℃下失去三分子结晶水而成为 $K_3[Fe(C_2O_4)_3]$，230℃时分解。该配合物对光敏感，光照下即发生分解。

目前，制备三草酸合铁（Ⅲ）酸钾存在多种工艺路线。本实验以硫酸亚铁铵为原料，与草酸在酸性溶液中反应先制得草酸亚铁沉淀，然后在过量草酸根的存在下，用 $H_2O_2$ 氧化草酸亚铁即可制得三草酸合铁（Ⅲ）酸钾配合物，加入乙醇后，从溶液中析出 $K_3[Fe(C_2O_4)_3]\cdot 3H_2O$ 晶体。主要反应为：

$$(NH_4)_2SO_4\cdot FeSO_4\cdot 6H_2O+H_2C_2O_4 \xlongequal{} FeC_2O_4\cdot 2H_2O\downarrow+(NH_4)_2SO_4+H_2SO_4+4H_2O$$

$$6FeC_2O_4\cdot 2H_2O+3H_2O_2+6K_2C_2O_4 \xlongequal{} 4K_3[Fe(C_2O_4)_3]\cdot 3H_2O+2Fe(OH)_3\downarrow$$

加入适量草酸可使 $Fe(OH)_3$ 转化为三草酸合铁（Ⅲ）酸钾：

$$2Fe(OH)_3+3H_2C_2O_2+3K_2C_2O_4 \xlongequal{} 2K_3[Fe(C_2O_4)_3]\cdot 3H_2O$$

三草酸合铁（Ⅲ）酸钾的组成可采用高锰酸钾标准溶液滴定法测定。用稀硫酸（$H_2SO_4$）溶解三草酸合铁（Ⅲ）酸钾，使其分解产生 $Fe^{3+}$ 和 $C_2O_4^{2-}$。用高锰酸钾标准溶液滴定试样中的 $C_2O_4^{2-}$，此时 $Fe^{3+}$ 不干扰测定，滴定后的溶液用锌粉还原 $Fe^{3+}$ 为 $Fe^{2+}$。过滤除去过量的锌粉，再用高锰酸钾标准溶液滴定 $Fe^{2+}$。通过消耗高锰酸钾标准溶液的量可计算得到 $C_2O_4^{2-}$ 和 $Fe^{3+}$ 的含量。主要反应为：

$$5C_2O_4^{2-}+2MnO_4^-+16H^+ \xlongequal{} 2Mn^{2+}+10CO_2\uparrow+8H_2O$$

$$2Fe^{3+}+Zn \xlongequal{} Zn^{2+}+2Fe^{2+}$$

$$5Fe^{2+}+MnO_4^-+8H^+ \xlongequal{} 5Fe^{3+}+Mn^{2+}+4H_2O$$

三草酸合铁（Ⅲ）酸钾配合物对光敏感，光照下即发生分解，变为黄色（$FeC_2O_4$）。

$$2K_3[Fe(C_2O_4)_3] \xlongequal{h\nu} 2FeC_2O_4+3K_2C_2O_4+2CO_2\uparrow$$

分解生成的草酸亚铁遇六氰合铁（Ⅲ）酸钾生成滕氏蓝，反应为：

$$3FeC_2O_4+2K_3[Fe(CN)_6] \xlongequal{} Fe_3[Fe(CN)_6]_2\downarrow+3K_2C_2O_4$$

因此，三草酸合铁酸钾配合物在实验室中可作感光纸和感光液；另外，由于它的光化学活性，能定量进行光化学反应，常用作化学光度计。

## 三、实验仪器与试剂

仪器与材料：台秤、抽滤瓶、布氏漏斗、烧杯、量筒、表面皿（或井穴板）、滤纸、循环水真空泵、玻璃棒、离心管、离心机、滴定管、锥形瓶、滴管、水浴锅。

试剂：$(NH_4)_2Fe(SO_4)_2 \cdot 6H_2O$(s，分析纯)、$H_2SO_4$($3.0mol \cdot L^{-1}$、$0.2mol \cdot L^{-1}$)、$K_2C_2O_4$(饱和、$1.0mol \cdot L^{-1}$)、$H_2C_2O_4$($1.0mol \cdot L^{-1}$)、$H_2O_2$(3%)、$KMnO_4$ 标准溶液($0.02mol \cdot L^{-1}$)、$CaCl_2$（$0.5mol \cdot L^{-1}$）、$NaHC_4H_4O_6$（饱和）、$FeCl_3$（$0.2mol \cdot L^{-1}$）、$CaCl_2$($0.5mol \cdot L^{-1}$)、$K_3[Fe(CN)_6]$（3.5%）、Zn 粉、95% 乙醇、KSCN($1.0mol \cdot L^{-1}$)、$K_3[Fe(CN)_6]$(s)。

## 四、实验内容

### （一）三草酸合铁（Ⅲ）酸钾配合物的制备

**1. 溶解**

称取 0.5g 硫酸亚铁铵置于 10mL 离心管中，加入 1.5mL 蒸馏水和 3 滴 $3.0mol \cdot L^{-1}$ $H_2SO_4$，在水浴加热条件下促使其完全溶解。

**2. 沉淀**

在上述溶液中加入 2.5mL $1.0mol \cdot L^{-1}$ 的草酸（$H_2C_2O_4$），搅拌并水浴加热煮沸。静置，得到黄色的 $FeC_2O_4 \cdot 2H_2O$ 沉淀，离心分离沉淀。洗涤沉淀：在沉淀中加入 2mL 蒸馏水，搅拌并水浴加热，离心分离（除去可溶性杂质），重复 2 次。

**3. 氧化**

在上述沉淀中加入 1mL 饱和 $K_2C_2O_4$ 溶液，水浴加热至 45℃，用滴管缓慢滴加 2mL 3% $H_2O_2$ 溶液，不断搅拌并维持温度在 45℃左右，使 Fe(Ⅱ）充分氧化为 Fe(Ⅲ）[此过程中会有 $Fe(OH)_3$ 沉淀生成]。滴加完后，水浴加热溶液至沸腾以除去过量的 $H_2O_2$。

**4. 配位**

在上述沉淀中加入过量草酸（$H_2C_2O_4$），即在溶液保持沸腾的情况下，分两次加入总计 1mL 浓度为 $1.0mol \cdot L^{-1}$ 的 $H_2C_2O_4$ 溶液（先加入 0.7mL，再缓慢滴加剩余的 0.3mL)，使沉淀溶解，得到绿色溶液。

**5. 析出结晶**

向所得绿色溶液中加入 15 滴 95%乙醇，并在暗处静置数小时，即有 $K_3[Fe(C_2O_4)_3] \cdot 3H_2O$ 晶体析出，减压过滤，往晶体上滴少量乙醇，继续抽干，称量，计算产率。

### （二）三草酸合铁（Ⅲ）酸钾配合物的组成分析（选做）

**1. 确定配合物的内外界**

称取 0.5g 三草酸合铁（Ⅲ）酸钾试样溶于 10mL 蒸馏水中，试液供下面实验使用。

① 检定 $K^+$　取少量 $1.0mol \cdot L^{-1}$ $K_2C_2O_4$ 及试样溶液，分别与饱和酒石酸氢钠（$NaHC_4H_4O_6$）溶液作用。充分摇匀，观察现象是否相同。如果现象不明显，可用玻璃棒摩擦试管内壁，稍等，再观察。

② 检定 $C_2O_4^{2-}$　在少量 $1.0mol \cdot L^{-1}$ 的 $K_2C_2O_4$ 溶液及试样溶液中分别加入 2 滴

$0.5mol \cdot L^{-1}$ $CaCl_2$ 溶液，观察现象有何不同。

③ 检定 $Fe^{3+}$　在少量 $0.2mol \cdot L^{-1}$ $FeCl_3$ 及试样溶液中，分别加入 1 滴 $1.0mol \cdot L^{-1}$ KSCN 溶液，观察现象有何不同。

综合以上实验现象，确定所制得的配合物中哪种离子在内界、哪种离子在外界。

**2. 测定 $C_2O_4^{2-}$**

称取约 0.2g 合成的三草酸合铁（Ⅲ）酸钾绿色晶体于烧杯中，加入 5mL $3.0mol \cdot L^{-1}$ 的硫酸使之溶解再转移至 50mL 容量瓶中，稀释至刻度，摇匀。移取 5mL 试液于锥形瓶中加入 4mL $3.0mol \cdot L^{-1}$ 硫酸，在 70 ～ 80℃水浴中加热 5min 后，趁热用 $0.02mol \cdot L^{-1}$ 高锰酸钾标准溶液滴定至溶液呈浅粉色，且 30s 不褪色即为终点，记下读数。平行测定三次，每次滴定完后溶液保留。

**3. 测定 $Fe^{3+}$**

往上述滴定后的每份溶液中加入 0.2g 锌粉及 1mL $3.0mol \cdot L^{-1}$ 硫酸，振荡 8～10min，过滤除去过量的锌粉，滤纸用另一个锥形瓶承接。用 7mL $0.2mol \cdot L^{-1}$ 的硫酸溶液洗涤原锥形瓶和沉淀，然后用高锰酸钾标准溶液滴定至溶液呈浅粉色，30 s 不褪色即为终点，记下读数，平行测定三次。根据滴定结果确定 $Fe^{3+}$ 和 $C_2O_4^{2-}$ 的比值。

**（三） 三草酸合铁（Ⅲ）酸钾的光化学实验**

(1) 在表面皿或井穴板上放少许产品，置于日光下光照一段时间，观察晶体颜色变化，并与放在暗处的晶体比较。

(2) 制感光纸　按三草酸合铁（Ⅲ）酸钾 0.3g、铁氰化钾 0.4g、水 5mL 的比例配成溶液，用该溶液浸湿滤纸，将剪成一定图案的厚纸片盖在滤纸上进行曝光，曝光部分呈深蓝色，被遮盖部分呈黄色。

(3) 配感光液　取 0.3～0.5g 三草酸合铁（Ⅲ）酸钾和 5mL 蒸馏水配成溶液，用该溶液浸湿滤纸，将剪成一定图案的厚纸片盖在滤纸上进行曝光，曝光后去掉厚纸片，再用约 3.5% 六氰合铁（Ⅲ）酸钾溶液湿润滤纸（或漂洗），即显出图案来。

## 五、实验习题

1. 三草酸合铁（Ⅲ）酸钾结晶过程中为什么要加入乙醇或丙酮溶液？
2. 三草酸合铁（Ⅲ）酸钾的固体和溶液应当如何保存？
3. 合成过程中，滴加完 $H_2O_2$ 后为什么还要煮沸溶液？

## 六、知识拓展

三草酸合铁（Ⅲ）酸钾 $\{K_3[Fe(C_2O_4)_3]\}$ 是一种具有光敏活性的化合物，其光化学性质主要源于其独特的分子结构和光化学反应机制。三草酸合铁（Ⅲ）酸钾的分子结构中，铁（Ⅲ）离子与三个草酸根离子通过氧原子桥联形成一个八面体配位结构。这种结构使得铁（Ⅲ）离子处于一个高自旋状态，能够有效地吸收光子并发生电子跃迁。在紫外光的作用下，一个配离子吸收一个光量子后，形成活化配离子（激发态），激发态进一步发生离子的电子转移，结果使中心离子 Fe（Ⅲ）变为 Fe（Ⅱ），$C_2O_4^{2-}$ 被氧化成 $CO_2$。反应过程可由下式表示：

$$2[Fe(C_2O_4)_3]^{3-} \xlongequal{h\nu} 2Fe^{2+} + 5C_2O_4^{2-} + 2CO_2$$

这个过程展示了三草酸合铁（Ⅲ）酸钾在光化学反应中的敏感性和高效性。生成的 $Fe^{2+}$ 与赤血盐｛六氰合铁（Ⅲ）酸钾，$K_3[Fe(CN)_6]$｝反应，生成蓝色的滕氏蓝沉淀（$Fe_3[Fe(CN)_6]_2$），这就是早期晒图工艺的基础原理。

## 七、拓展实验资源

**资源内容**

**三草酸合铁（Ⅲ）酸钾的制备（其他制备方法）**

# 实验 50　B-Z 振荡反应

## 一、实验目的

1. 了解 B-Z 振荡反应的基本原理。
2. 掌握在硫酸介质中以金属铈离子作为催化剂时，丙二酸被溴酸氧化的基本原理。
3. 通过对化学反应的实验现象观察和周期测定，认识化学振荡。
4. 初步了解自然界中普遍存在的非平衡非线性问题。

## 二、实验原理

有些自催化反应有可能使反应体系中某些物质的浓度忽高忽低，浓度随时间（或空间）发生周期性的变化，这类反应称为化学振荡反应。化学振荡直观地展现了自然科学领域中普遍存在的非平衡性问题，近年来得到普遍重视，成为化学的新领域。化学振荡反应于 1951 年首先由苏联化学家别鲁索夫（Belousov）发现，随后扎勃京斯基（Zhabotinsky）继续了该反应的研究。他们报道了以金属铈离子作为催化剂时，柠檬酸被 $HBrO_3$ 氧化可发生化学振荡现象，后来又发现了一批溴酸盐的类似反应，人们把这类反应用他们姓的第一个字母合称作 B-Z 振荡反应（B-Z oscillating reaction）。丙二酸在溶有硫酸铈的酸性溶液中被溴酸钾氧化的反应是一个典型的 B-Z 振荡反应。其 B-Z 振荡反应的机理，可简单地归纳为反应系统中存在以下三个过程：

过程 A：$BrO_3^- + 2Br^- + 3CH_2(COOH)_2 + 3H^+ = 3BrCH(COOH)_2 + 3H_2O$

过程 B：$BrO_3^- + 4Ce^{3+} + 5H^+ = HOBr + 4Ce^{4+} + 2H_2O$

过程 C：$HOBr + 4Ce^{4+} + BrCH(COOH)_2 + H_2O = 2Br^- + 4Ce^{3+} + 3CO_2\uparrow + 6H^+$

过程 A、B、C 合起来构成一个反应的振荡周期。

总反应式：$4BrO_3^- + 3CH_2(COOH)_2 = 9CO_2\uparrow + 6H_2O + 4Br^-$

体系中过程 A 和 B 受 $Br^-$ 浓度的控制，当 $Br^-$ 的浓度高于临界浓度时发生 A 过程，随着［$Br^-$］下降，当 $Br^-$ 的浓度低于临界浓度时发生 B 过程。最后通过 C 过程使 $Br^-$ 再生。因此，$Br^-$ 在振荡反应中相当于一个“选择开关”，控制着从 A 到 B 的过程。铈离子在反应中起催化作用，催化 B 过程和 C 过程的进行。

在化学反应过程中，$Br^-$、$Ce^{4+}$、$Ce^{3+}$ 的浓度随时间呈现周期性变化。由于 $Ce^{4+}$ 呈现黄色而 $Ce^{3+}$ 无色，因此反应体系的颜色会在黄色和无色之间交替变化。当向该反应体系中加入适量的邻菲罗啉亚铁溶液时，体系的颜色则会在红色和蓝色之间发生振荡。这是因为在反应过程中，铁离子与铈离子一样具有催化作用，导致［$Fe^{3+}$］与［$Fe^{2+}$］的比例也随时间发生周期性变化。$Fe^{3+}$ 与邻菲罗啉形成蓝色配合物，而 $Fe^{2+}$ 与邻菲罗啉形成红色配合物。

## 三、实验仪器与试剂

仪器与材料：台秤、量筒、玻璃棒、分光光度计、烧杯、微型试管、多用滴管、培养皿、秒表。

试剂：$CH_2(COOH)_2$（丙二酸）、$H_2SO_4$（浓）、$(NH_4)_2Ce(NO_3)_6$(s)、$KBrO_3$(s)、$FeSO_4 \cdot 7H_2O$(s)、邻菲罗啉(s)、$MnSO_4$(s)。

## 四、实验内容

### 方案一：丙二酸-溴酸钾-硫酸锰-邻菲罗啉亚铁-硫酸为体系

**1. 配制溶液**

$A_1$ 溶液：丙二酸∶水＝3g∶25mL。

B 溶液：溴酸钾∶水＝2.5g∶50mL。

C 溶液：七水硫酸亚铁∶邻菲罗啉∶水＝0.7g∶0.5g∶100mL。

D 溶液：硫酸锰∶浓硫酸∶水＝0.12g∶6mL∶19mL。

**2. 观察化学振荡现象**

用滴管依次取 $A_1$、D、B 和 C 溶液，置于直径为 7cm 的洁净培养皿中。按照 $A_1$∶D∶B∶C＝$A_1$∶(40－$A_1$)∶40∶5（其中 $A_1$ 的滴数取值范围为 25～35，确保反应总体积恒定）的比例及顺序滴加各溶液，并充分混匀。静置后，观察到形成明显的规则结构或环状振荡图案（图 6-1、图 6-2）。

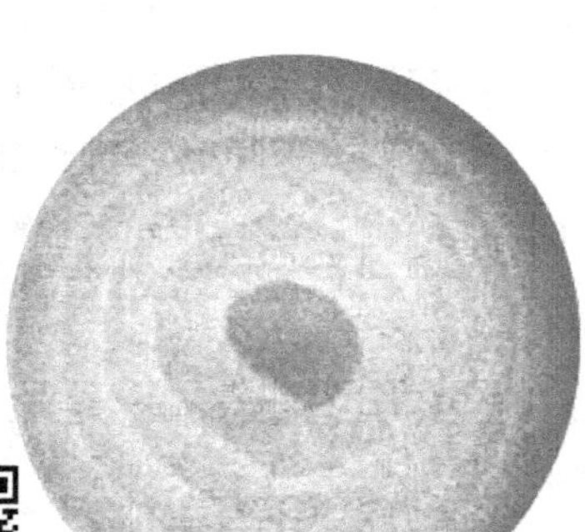

图 6-1　规则的同心环

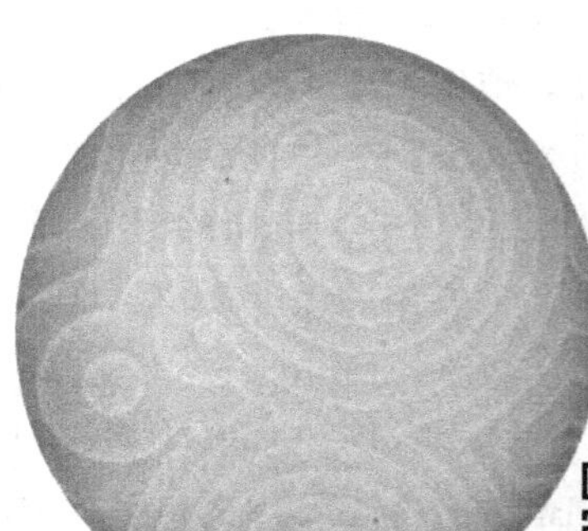

图 6-2　环状的振荡图案

**方案二：丙二酸-溴酸钾-硝酸铈铵-邻菲罗啉亚铁-硫酸为体系**

**1. 配制溶液**

$A_2$ 溶液：准确称取 3.0g 丙二酸置于 100mL 烧杯中，加入 47mL 蒸馏水搅拌至完全溶解。然后，缓慢滴加 3mL 浓 $H_2SO_4$。再加入 0.2g 硝酸铈铵，搅拌溶解。

B 溶液：准确称取 2.5g $KBrO_3$ 置于 100mL 烧杯中，加入 50mL 蒸馏水并充分搅拌至完全溶解。

C 溶液（邻菲罗啉亚铁指示剂）：准确称取 0.7g $FeSO_4 \cdot 7H_2O$ 和 0.5g 邻菲罗啉，置于 100mL 烧杯中，加入 100mL 蒸馏水，搅拌溶解。

**2. 观察化学振荡现象**

（1）在一支试管中，用滴管分别加入 64 滴 $A_2$ 溶液和 64 滴 B 溶液并充分混合。1～2min 后，观察溶液颜色从无色逐渐转变为黄色，然后又从黄色变为无色，交替变化。在此混合液中加入 2 滴邻菲罗啉亚铁指示剂，振荡摇匀，静置后观察溶液颜色在红色和蓝色之间交替变化。

（2）测定化学振荡周期　使用分光光度计，在 500nm 波长下，以蒸馏水为参比溶液。分别取 $A_2$ 溶液和 B 溶液各 64 滴于试管中，并加入 4 滴邻菲罗啉亚铁指示剂，充分混匀后，立即转移至比色皿并置于光路中。待振荡反应启动后，进行时间扫描，测量 10 个振荡周期，选取其中较为稳定的连续 6 个周期，计算其平均振荡周期。

（3）调控化学振荡　根据表 6-2 指定的比例，用滴管分别在三支试管中加入 $A_2$、B 和 C 溶液并充分混合。混合后静置 1～2min，记录颜色变化的周期（也可以按照相同比例增加溶液在培养皿中进行，观察环状振荡图案）。

**表 6-2　调控化学振荡**

| 试剂用量($A_2$∶B∶C 比例)/滴数 | 化学振荡颜色变化的周期/s |
|---|---|
| 64∶64∶12 | |
| 64∶(32＋32 蒸馏水)∶12 | |
| (32＋32 蒸馏水)∶64∶12 | |

**3. 影响振荡反应的因素**

（1）当混合溶液逐渐失去变色现象，即停止振荡，若再向溶液中加入少量固体溴酸钾并充分混合，可以观察到什么现象呢？

（2）如何调整振荡反应的周期？如向体系中加入少量浓硫酸（$H_2SO_4$）会产生什么变化？请通过实验探究哪些因素能够影响振荡反应的周期。

（3）若在反应开始前加入 10 滴含有氯离子（$Cl^-$）的溶液，会出现怎样的现象？请进行试验。

## 五、实验习题

1. 试从振荡反应的三个过程归纳出振荡的净反应方程式，从中得出振荡会衰减，并最终停止反应的原因。

2. 试讨论 $A_2$ 液与 B 液比例变化对振荡周期的影响。

3. 本实验对你有什么启示？

### 六、思政之源

B-Z振荡反应是典型的非平衡性问题，经一系列复杂化学反应，系统呈现周期性变化，此现象在化学上意义重大，还能引发深刻思考。

**1. 稳定与不稳定的辩证统一**

B-Z振荡现象反映了化学反应中的非平衡性。在某些条件下，反应体系能维持稳定平衡，其他条件下，则会出现周期性振荡，这引发我们对社会稳定与发展的思考。社会发展中，国家政策和社会结构需保持动态平衡，既要避免过度僵化，又要适应变革挑战。过度僵化会使社会发展停滞，过度动荡会破坏社会和谐秩序。

**2. 自我调节与自我完善**

B-Z振荡现象里反应物和产物相互作用，系统通过复杂反应网络自我调节，在不断调整和反馈中保持活力。这可引申为国家和社会的自我调节机制，体现社会主义核心价值观中的“自我完善”。现代社会中，国家和个体都要不断自我反思、改进，通过学习、创新、改革来适应社会变化与挑战。

## 实验51 晶体的生成和鉴定

### 一、实验目的

1. 学习晶体生长的原理和方法，掌握晶体生长的工艺参数。
2. 学习通过分析物质的晶体形态来进行物质鉴定的方法。
3. 培养学生的审美鉴赏能力，激发学生对无机化学实验的兴趣。

### 二、实验原理

晶体即晶形沉淀，是一种高度有序的固态物质，展现出规则的几何结构和有序的周期性排列。它由相同或不同的原子、离子或分子按照特定的空间顺序组成。晶体的形成及其鉴定在材料科学、化学和地质学等领域中具有重要意义。实验过程中，影响晶体生成的关键因素包括反应物浓度、反应温度、反应时间，以及溶剂和添加剂等其他条件。晶体的形态、产量和纯度是研究其性质的基础。晶体生成的一般过程是先生成晶核，而后逐渐长大。一般认为晶体从液相中形成有三个阶段：①介质达到过饱和、过冷却阶段；②成核阶段；③生长阶段。

许多晶形沉淀如$BaSO_4$、$CaC_2O_4$等，容易形成能穿过滤纸的微小结晶，因此必须创造生成较大晶形的条件。这就必须使生成晶核的速度慢，而晶体生长的速度快，为此晶体生长必须满足以下条件：

（1）稀（低浓度） 结晶过程在适度稀释的低浓度溶液中进行。此时溶液的相对过饱和度较低，均相成核现象较少发生，有利于形成较大尺寸的晶体。

（2）热（高温） 结晶反应在较高温度的溶液中进行。一方面，高温可提高晶体的溶解

度，降低溶液的相对过饱和度，从而促进大晶粒的生成；另一方面，高温能减少杂质吸附，促进纯晶体的形成。此外，升高温度能够加速构晶离子的扩散，加快晶体生长速度，更易获得大尺寸的晶体。

(3) 慢、搅（缓慢添加与搅拌）　通过持续搅拌并缓慢添加试剂，可以避免局部浓度过高或过饱和度过大引发显著的均相成核现象，防止产生过多的小晶核，确保最终得到的是颗粒较大且纯度较高的晶体。

(4) 陈（陈化处理）　当晶体完全析出后，将新生晶体连同母液一起静置一段时间。在此期间，较小的晶体逐渐溶解，而较大的晶体则继续生长，这一过程有助于优化晶体的质量和尺寸。此外，陈化作用能使晶体更为纯净，因为晶体颗粒长大，总比表面积变小，吸附杂质的量就少了，纯度提高。加热和搅拌可加速陈化作用，缩短陈化时间。

相对于晶形沉淀，无定形沉淀是由许多沉淀微粒聚集而成的，沉淀颗粒小，比表面积大，吸附的杂质多，容易胶溶。沉淀的结构疏松，体积庞大，含水量大，不易过滤和洗涤。所以，对无定形沉淀主要是设法破坏胶体，防止胶溶和加速沉淀微粒的凝聚。

无定形沉淀的沉淀条件是：

(1) 浓　沉淀作用在较浓的溶液中进行。在较浓的溶液中，离子的水合程度较小，得到沉淀的含水量少，因而体积较小，结构紧密，同时沉淀微粒容易凝聚。

(2) 热　在热的溶液中进行，离子的水化程度大为减少，有利于得到含水量少、结构紧密的沉淀。

(3) 加入适当电解质或一些能引起沉淀颗粒凝聚的胶体，防止胶体溶液的形成。

(4) 不必陈化　无定形沉淀放置后将逐渐失去水分而凝聚得更为紧密，使已吸附的杂质难以洗去。此外，沉淀时不断搅拌，迅速加入沉淀剂，对无定形沉淀也是有利的。

## 三、实验仪器与试剂

仪器与材料：小烧杯（50mL）、微型试管、载玻片、XTB-1连续变倍体式显微镜、物镜、目镜。

试剂：KCl（$0.1mol \cdot L^{-1}$）、$Na_2SO_4$（$0.1mol \cdot L^{-1}$）、KI（$0.1mol \cdot L^{-1}$）、$K_2CrO_4$（$0.1mol \cdot L^{-1}$）、$BaCl_2$（$0.1mol \cdot L^{-1}$）、$SrCl_2$（$0.1mol \cdot L^{-1}$）、$Pb(NO_3)_2$（$0.1mol \cdot L^{-1}$）、$ZnSO_4$（$0.1mol \cdot L^{-1}$、s）、$CuSO_4 \cdot 5H_2O$(s)、NaCl(s)、$K_3[Fe(CN)_6]$(s)。

## 四、实验内容

按沉淀法或溶液法选择下列物质制备并观察晶形：$PbI_2$、$BaSO_4$、$SrCrO_4$、$ZnSO_4$、$CuSO_4$、NaCl、$K_3[Fe(CN)_6]$、$PbCl_2$。

### 1. 晶体的生成

(1) $CuSO_4$、$ZnSO_4$、NaCl、$K_3[Fe(CN)_6]$，溶解度大，取适量固体于微型试管中，加入少量去离子水溶解，水浴加热并搅拌，取上层饱和溶液于载玻片上，冷却后在显微镜下观察晶体形状。温度下降，溶质的溶解度变小，晶体析出。NaCl的溶解度随温度变化不大，因此，需要等待时间较长，待溶剂水蒸发一部分后，就会有NaCl晶体析出。

(2) $PbI_2$、$PbCl_2$，溶解度较小，取相应的可溶盐在微型试管中反应制得，用蒸馏水将沉淀洗涤三次，用多用滴管吸掉上层溶液。再用蒸馏水溶解固体沉淀，在水浴中加热搅拌，取上层饱和溶液于载玻片上，冷却后在显微镜下观察晶体形状。

（3）$BaSO_4$、$SrCrO_4$，操作同（2）。

**2. 晶体的观察**

使用显微镜，先用放大倍数较小的物镜。各物质的晶体如图 6-3 所示。

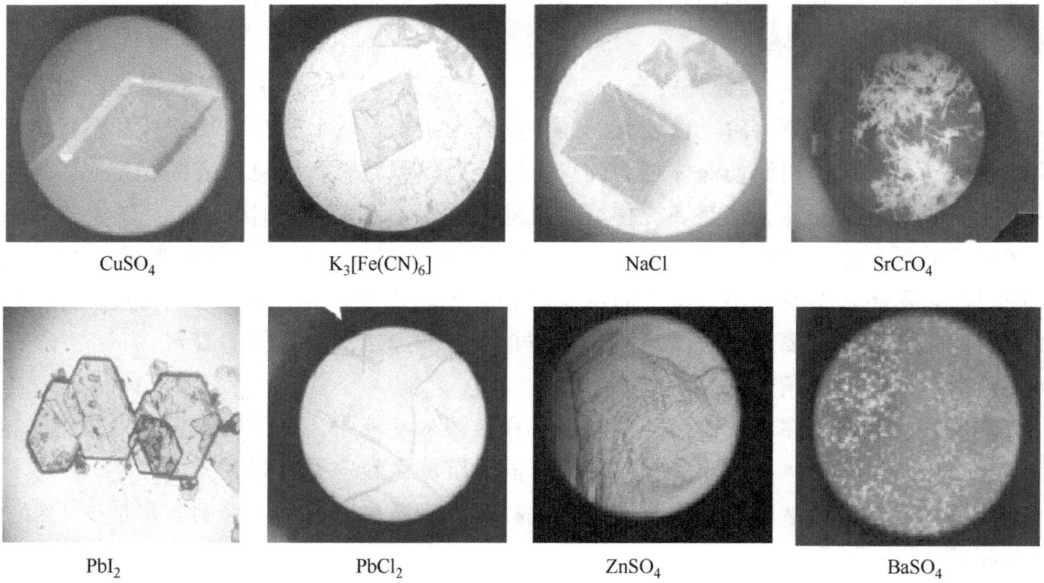


图 6-3　本实验典型晶体图

图 6-3

## 五、注意事项

1. 载玻片两面要擦拭干净。
2. 显微镜的使用先用放大倍数小的物镜观察找到晶体的位置，再使用高倍物镜观察。
3. 使用显微镜时，不要让物镜碰到载玻片。
4. 采光不宜过亮。
5. $CuSO_4$ 晶体生长时须注意控制温度和时间，温度高、时间长会发生水解。

## 六、实验习题

1. 讨论有哪些因素对沉淀的晶形有影响？它们如何影响沉淀的晶形？
2. 结合本实验谈谈化学之美。

## 七、知识拓展

### 晶体的生长方法

**1. 沉淀法**

首先，配制适当浓度的反应溶液。接着，向微型离心管中依次加入适量的反应溶液，确保沉淀生成过程稳定且适度（避免过快生成沉淀或生成过多的沉淀）。使用滴管吸取一滴沉淀液并置于载玻片上。将载玻片放置于显微镜工作台上，通过调节粗调和微调旋钮、调整光圈及反光镜，以获得清晰的显微结构图像，并通过目镜拍照记录。

**2. 溶液法**

方法一：根据溶解度数据，精确称取适量固体并配制成饱和溶液。将溶液加热至出现晶膜，随后静置自然冷却，直至大量小晶体生成。选取较大且形态规则的晶体，用滤纸吸干表面水分，备用。振荡上述溶液并再次静置（约 10min），倾倒出上层清液，投入籽晶。继续静置 5～6h，即可获得所需晶体。此法所生长的晶体具有单一性和高纯度。

方法二：对于不易吸潮的晶体，将其制成饱和溶液，并稍作加热后自然冷却至室温。取 1～2 滴溶液置于洁净的载玻片上，等待约 5min，晶体即开始析出。通过显微镜可观察到晶体的生长过程。当晶体达到所需尺寸时，使用滤纸吸去多余溶液，并进行晶体结构的观察。

方法三：针对易吸潮的晶体，先用固体制备饱和溶液，并在电炉上加热至过饱和状态（轻微加热），然后盖上表面皿，静置 12h 后取出所需尺寸的晶体。此类晶体仅适用于快速低温下的摄像或扫描。

## 八、思政之源

晶体，微观世界中具有规则几何外形与独特物理性质的物质，其生长与鉴定过程不仅是科研的重要内容，还蕴含丰富的思政元素，能为个人成长和社会发展提供启示。

**1. 坚守初心，厚积薄发**

晶体的生长漫长、微妙，适宜条件下，溶质分子或离子有序排列形成晶核，这如同我们的初心，是发展的起点。但晶核形成需溶质达到一定过饱和度，就像追求目标要通过不断积累知识等打基础。晶核形成后，晶体缓慢生长，不断从周围吸收溶质按晶格结构堆积，如同成长中坚守初心、持续汲取养分前进。晶体生长会受外界干扰，但条件合适仍会顽强生长，这启示我们人生遇到困难挫折时不能放弃初心，要坚定信念、持之以恒，相信厚积薄发能实现目标。

**2. 追求完美，精益求精**

晶体以完美几何外形和有序内部结构著称，生长中原子、分子精确排列成规则晶格。晶体鉴定时，科学家精确测定和分析晶体的结构性质，不放过微小差异，这种严谨的态度和对完美的追求是科学进步的动力，激励我们学习工作要精益求精、追求卓越。生活中，各行业都应有追求完美的精神，如工匠精心打磨工艺品细节、运动员挑战极限追求更高成绩等。人人应以精益求精的态度对待工作和生活。

# 实验 52　钴（Ⅲ）配合物的制备与组成测定

## 一、实验目的

1. 掌握制备金属配合物常用的方法——溶液取代和氧化还原反应。
2. 掌握初步推断配合物组成的方法。
3. 学习使用电导率仪。
4. 了解配合物组成测定的基本原理和方法。

## 二、实验原理

运用水溶液的取代反应来制取金属配合物，是利用水溶液中的一种金属盐和一种配体之间的反应，即用适当的配体来取代水合配离子中的水分子。氧化还原反应，是将不同氧化态的金属配合物，在配体存在下使其适当地氧化或还原制得金属配合物。Co(Ⅱ) 的配合物能很快地进行取代反应（活性的)，而 Co(Ⅲ) 配合物的取代反应则很慢（惰性的)。Co(Ⅲ) 的配合物制备过程一般是通过 Co(Ⅱ)（实际上是它的水合配合物）和配体之间的一种快速反应生成 Co(Ⅱ) 的配合物，然后氧化成为相应的 Co(Ⅲ) 配合物（配位数均为六)。通常情况下二价钴比三价钴稳定得多，但形成氨配合物后，由于三价钴与氨形成的配合物的稳定常数更大反而比二价钴稳定，而活性的 Co(Ⅱ) 氨配合物很容易形成。因此通常采用氧化二价钴氨配合物的方法来制备三价钴氨配合物。能将 Co(Ⅱ) 配合物氧化成 Co(Ⅲ) 配合物的氧化剂有多种，如卤素单质、$PbO_2$、$KMnO_4$、$K_2Cr_2O_7$、Ce(Ⅳ) 等，但这些氧化剂会引入其它离子。最好的不会引入杂质的氧化剂是空气或者 $H_2O_2$。

根据制备条件的不同，Co(Ⅲ) 与氨形成多种配合物，主要有：

三氯化六氨合钴（Ⅲ)$[Co(NH_3)_6]Cl_3$ （橙黄色晶体）

三氯化五氨·一水合钴（Ⅲ)$[Co(NH_3)_5H_2O]Cl_3$ （砖红色晶体）

二氯化一氯·五氨合钴（Ⅲ)$[Co(NH_3)_5Cl]Cl_2$ （紫红色晶体）

二氯化一氯·五氨合钴（Ⅲ）可用不同的方法制得，如将 $[Co(NH_3)_5H_2O](NO_3)_3$ 与浓 HCl 共热或将 $[Co(NH_3)_5H_2O](NO_3)_3$、$[Co(NH_3)_4Cl_2]NO_3$ 等与过量氨水及 HCl 反应。本实验在 $NH_4Cl$ 存在下，用 $H_2O_2$ 氧化 $CoCl_2$ 的氨性溶液，随后与浓 HCl 反应制得，主要反应如下：

$$2CoCl_2+8NH_3+2NH_4Cl+H_2O_2 = 2[Co(NH_3)_5H_2O]Cl_3$$

$$[Co(NH_3)_5H_2O]Cl_3 = [Co(NH_3)_5Cl]Cl_2+H_2O$$

当有催化剂活性炭存在时，其被氧化产物为橙黄色的 $[Co(NH_3)_6]Cl_3$。反应式如下：

$$2CoCl_2+10NH_3+2NH_4Cl+H_2O_2 \xlongequal{活性炭} 2[Co(NH_3)_6]Cl_3+2H_2O$$

配离子电荷的测定对于了解配合物的结构和性质具有至关重要的意义，其最常用的测定方法之一是电导法。本实验旨在初步推断配合物的结构，利用电导率仪测量特定浓度的配合物溶液的导电性，并将其与已知电解质溶液的导电性进行对比分析，以确定配合物的化学式。

电解质溶液的电导率 $\kappa$ 随溶液中离子浓度的变化而变化。为了比较不同电解质溶液的导电能力，引入了摩尔电导率这一概念。摩尔电导率定义为含有 1mol 溶质的电解质溶液在相距 1m、面积为 $1m^2$ 的两个平行电极之间的电导。当溶液浓度为 $c$（单位：$mol \cdot L^{-1}$）时，含 1mol 电解质的溶液体积为 $1/c \times 10^{-3} m^3$。此时，摩尔电导率 $\Lambda_m$ 与电导率 $\kappa$ 之间的关系为：

$$\Lambda_m = (\kappa \times 10^{-3})/c$$

式中，$\Lambda_m$ 的单位为 $S \cdot m^2 \cdot mol^{-1}$。如果测得一系列已知离子数的物质的摩尔电导率 $\Lambda_m$，并和配合物的摩尔电导率 $\Lambda_m$ 进行比较，即可求得配合物的总离子数。或者，直接测定配合物的摩尔电导率 $\Lambda_m$，由 $\Lambda_m$ 的数值范围来确定其离子数，进而可以推断配离子的电荷数。25℃下，稀的水溶液中电离出 2 个、3 个、4 个和 5 个离子的摩尔电导率 $\Lambda_m$ 的范围如表 6-3 所示。

表6-3　稀的水溶液中电离出2个、3个、4个、5个离子的 $\Lambda_m$ 范围

| 离子数/个 | 2 | 3 | 4 | 5 |
|---|---|---|---|---|
| $\Lambda_m/(S \cdot m^2 \cdot mol^{-1})$ | 118～131 | 235～273 | 408～435 | 523～560 |

本实验通过测定二氯化一氯·五氨合钴（Ⅲ）和三氯化六氨合钴（Ⅲ）溶液的电导率，计算得到摩尔电导率 $\Lambda_m$ 的具体数值，并将其与已知的标准 $\Lambda_m$ 数值进行对比分析，从而确定配合物的类型。

## 三、实验仪器与试剂

仪器与材料：电导率仪、水浴加热装置、抽滤装置、容量瓶（100mL）、移液管（25.00mL）、多用滴管、温度计（100℃）、锥形瓶（250mL）、量筒（10mL、25mL各1个）、烧杯、电子台秤。

试剂：氨水（浓）、$H_2O_2$（5%）、盐酸（浓、6.0mol·$L^{-1}$）、$CoCl_2 \cdot 6H_2O$(s)、$NH_4Cl$(s)、$SnCl_2$（0.5mol·$L^{-1}$）、$AgNO_3$(0.5mol·$L^{-1}$)、$HNO_3$(0.5mol·$L^{-1}$)、奈斯勒试剂、活性炭、冰、硫氰酸钾。

## 四、实验内容

### （一）二氯化一氯·五氨合钴（Ⅲ）的制备

在锥形瓶中，将2.0g $NH_4Cl$ 溶于2mL水中，加热至溶解，加入3.0g研细了的 $CoCl_2 \cdot 6H_2O$ 晶体，摇动使其溶解，冰水冷却。然后加入7mL浓氨水，混合均匀后生成一种黄红色的沉淀（溶液在空气中氧化缓慢变成棕色）。用滴管逐滴加入7mL 5%的 $H_2O_2$ 溶液（15min，不能太快），冰水浴静置15min，反应结束后生成一种深红色溶液（沉淀完全消失）。水浴微热（60～70℃）20～30min，并不断摇动锥形瓶。然后用冰水浴冷却至0℃，有少量紫红色晶体析出。慢慢加入3.5mL浓盐酸于溶液中，即有大量紫红色晶体析出，用冰水浴冷却后抽滤，晶体用2mL 6.0mol·$L^{-1}$ HCl洗涤，再用少许乙醇洗涤，吸干，称量，计算产率。

### （二）三氯化六氨合钴（Ⅲ）的制备

在锥形瓶中，将2.0g $NH_4Cl$ 溶于4mL水中，加热溶解，加入3.0g研细了的 $CoCl_2 \cdot 6H_2O$ 晶体，摇动使其溶解，然后趁热倒入0.2g经活化了的活性炭，混合均匀后，用流水冷却，然后加入7mL浓氨水，用冰水浴冷却至0℃，用滴管逐滴加入7mL 5%的 $H_2O_2$ 溶液（15min，不能太快）。水浴微热（60℃左右）20～30min，并不断摇动锥形瓶。然后用冰水浴冷却至0℃，抽滤，不必洗涤沉淀，直接把沉淀溶于25mL沸水中（水中含2mL浓盐酸）。趁热抽滤，慢慢加入3.5mL浓盐酸于滤液中，即有大量橙黄色晶体析出。用冰水浴冷却后抽滤，晶体用2mL 6.0mol·$L^{-1}$ HCl洗涤，再用少许乙醇洗涤，吸干，称量，计算产率。

### （三）组成的分析及鉴定

（1）检验配合物溶液的酸碱性。

（2）配合物外界、内界的检验　硝酸银检验配合物外界。过滤，加入浓硝酸破坏配合物，硝酸银检验内界。

(3) $Co^{3+}$ 的检验　加入 $SnCl_2$ 还原 $Co^{3+}$，加入硫氰酸钾生成蓝色配合物 $[Co(SCN)_4]^{2-}$。

（4）$NH_4^+$ 的检验　$NH_4^+$ 用奈斯勒试剂检验。

(5) 电导率的测定，确定所含离子数　用100mL的容量瓶分别配制浓度为0.001mol·$L^{-1}$的$[Co(NH_3)_6]Cl_3$和$[Co(NH_3)_5Cl]Cl_2$水溶液，测定其电导率。根据测量数据，计算出各种配合物的摩尔电导率，并进一步推断各配合物的离子类型。

### 五、实验习题

1. 测定溶液的电导率时，溶液的浓度范围是否有一定要求？为什么？
2. Co(Ⅲ)配合物合成中加入氯化铵的作用有哪些？

### 六、注意事项

产率高的关键：

1. 水浴微热并维持10～15min，保证反应完全。
2. 控制好温度，得到需要的产品。
3. 最后加入3.5mL浓盐酸，借助同离子效应使产品析出。
4. 慢加盐酸，慢慢冷却，保证晶体颗粒较好。

### 七、思政之源

环保意识：实验中提到最好的氧化剂是空气或者$H_2O_2$，因为它们不会引入杂质，对环境友好。这体现了化学实验中的环保理念，即在进行科学研究和实验时，要尽量减少对环境的污染。学生在今后的学习和工作中，应树立环保意识，选择环保的实验方法和试剂，为保护环境贡献自己的一份力量。

辩证思维能力：通常情况下，二价钴比三价钴稳定得多，但形成氨配合物后，三价钴与氨形成的配合物的稳定常数更大，反而比二价钴稳定。这一现象体现了事物的性质不是绝对的，而是在一定条件下可以相互转化的辩证思维。学生在学习化学知识的过程中，应学会用辩证的思维去看待问题，认识到事物的复杂性和多样性，避免片面地、孤立地看待问题。

团队合作精神：在实验过程中，学生可能需要与同学合作完成实验任务。通过团队合作，学生可以学会与他人沟通协作，发挥各自的优势，共同解决问题。这有助于培养学生的团队合作精神和社会交往能力，使他们能够更好地适应社会的发展。

## 实验53　硝酸钾的提纯与溶解度测定

### 一、实验目的

1. 学习并掌握可溶性盐的制备与提纯的方法和原理。
2. 理解结晶及重结晶的基本原理，并熟悉其操作流程。
3. 练习浓缩、结晶和减压过滤等基础实验操作。
4. 掌握测定物质溶解度的方法与技术。

## 二、实验原理

硝酸钾（$KNO_3$）是一种无机化合物，俗称火硝或土硝，是含钾的硝酸盐，外观通常为无色透明斜方晶体或菱形晶体或白色粉末，无臭，有咸味和清凉感。硝酸钾是一种无氯氮钾复合肥，具有高溶解性，其有效成分氮和钾均能迅速被作物吸收，无化学物质残留。用作肥料，宜施于蔬菜、水果和花卉及一些氯敏感作物。工业上制备硝酸钾的方法是转化法，其反应如下：

$$NaNO_3 + KCl \rightleftharpoons NaCl + KNO_3$$

由于该反应是可逆反应，难以通过该方法获得高纯度的 $KNO_3$ 晶体。根据各物质溶解度随温度变化的不同特性，可以实现 $KNO_3$ 的制备与提纯。NaCl 的溶解度受温度影响较小，而 KCl、$NaNO_3$ 和 $KNO_3$ 在高温下的溶解度显著增加（表 6-4）。因此，理论上，当加热浓缩 $NaNO_3$ 和 KCl 的混合溶液时，NaCl 会优先结晶析出，从而实现与 $KNO_3$ 的有效分离；随后，在逐步冷却溶液的过程中，$KNO_3$ 将再次结晶析出，进而得到 $KNO_3$ 产品。在实际生产中，通常将含有 NaCl 和 $KNO_3$ 的混合溶液加热至 118～120℃。此时，$KNO_3$ 的溶解度大幅增加，远未达到饱和状态，不会结晶析出；而 NaCl 的溶解度变化不大，容易达到过饱和状态并析出。通过热过滤去除 NaCl 后，将滤液冷却至室温，会有大量 $KNO_3$ 结晶析出，仅有少量 NaCl 一同析出，从而获得粗品 $KNO_3$。进一步经过重结晶处理，最终可得到高纯度的 $KNO_3$。表 6-4 为 $KNO_3$、$NaNO_3$、KCl 和 NaCl 溶解度随温度变化的具体数据。

**表 6-4　$KNO_3$、$NaNO_3$、KCl、NaCl 在不同温度下的溶解度**

单位：$g \cdot (100g\ H_2O)^{-1}$

| 盐 | 0℃ | 10℃ | 20℃ | 30℃ | 40℃ | 60℃ | 80℃ | 100℃ |
|---|---|---|---|---|---|---|---|---|
| $KNO_3$ | 13.3 | 20.9 | 31.6 | 45.8 | 63.9 | 110.0 | 169.0 | 246.0 |
| $NaNO_3$ | 73.0 | 80.8 | 87.6 | 94.9 | 102.1 | 124.0 | 148.0 | 180.0 |
| KCl | 27.6 | 31.0 | 34.0 | 37.0 | 40.0 | 45.5 | 51.1 | 50.7 |
| NaCl | 35.7 | 35.8 | 36.0 | 36.3 | 36.6 | 37.3 | 38.4 | 39.8 |

通过测量特定量的硝酸钾恰好溶解在已知水量中时的温度，可以确定某温度下硝酸钾的溶解度。以溶解度为纵轴、温度为横轴，绘制出溶解度随温度变化的关系曲线，从而可获得硝酸钾的溶解度曲线。该曲线可直观地反映温度对硝酸钾溶解度的影响规律。

## 三、实验仪器与试剂

仪器与材料：台秤、电子分析天平、循环水真空泵、马弗炉、坩埚、滤纸、试管（带塞）、烧杯、玻璃漏斗、布氏漏斗、抽滤瓶、蒸发皿、玻璃棒、量筒、温度计。

试剂：$HNO_3$(6.0mol・$L^{-1}$)、KCl(s)、$NaNO_3$(s)、$KNO_3$(s)、$AgNO_3$(0.1mol・$L^{-1}$)、NaCl 标准溶液。

## 四、实验内容

### （一）硝酸钾粗产品的制备

在台秤上称取 10g 硝酸钠和 8.5g 氯化钾（药品用量应根据化学反应方程式计算，并考虑纯度进行适当调整)，置于 100mL 烧杯中，加入 15mL 去离子水并加热至沸腾，使固体完全溶解。记录此时烧杯内的液面高度。继续加热并不断搅拌，观察到氯化钠逐渐结晶析出。当溶液体积减少到初始体积的大约 2/3 或温度达到 118℃时，趁热过滤（注意：动作要迅速)。为了避免滤液降温导致氯化钠达到饱和而析出晶体，需在接收滤液的容器中预先添加 1mL 去离子水。当滤液冷却至室温后，减压过滤，尽可能地抽干硝酸钾晶体，得粗制硝酸钾产品。称量即可得到硝酸钾粗产品的质量。

**（二）硝酸钾粗产品的提纯**

留取 0.1～0.2g 硝酸钾粗产品用于后续纯度检测，将剩余的粗产品溶解于去离子水中，保持粗产品与水的质量比为 2∶1。加热、搅拌，至晶体完全溶解。如果在溶液沸腾时仍有未溶解的晶体，可适量添加去离子水以确保晶体全部溶解。冷却过程中逐渐有 $KNO_3$ 结晶析出。冷却至室温后，减压抽滤，即可得到较高纯度的硝酸钾晶体。称量并计算收率。

**（三）硝酸钾纯度的检验**

(1) 定性检验　称取约 0.1g 硝酸钾粗产品和一次重结晶产品，分别置于两个小试管中，各加入 2mL 去离子水。然后在两个试管中分别滴加 1 滴 6.0mol·$L^{-1}$ $HNO_3$ 进行酸化处理，再各加入 2 滴 0.1mol·$L^{-1}$ $AgNO_3$ 溶液，观察并记录现象，进行对比分析。经过重结晶处理后的样品溶液应保持澄清。

(2) 样品总氯量检测（依据试剂级标准）　在电子分析天平上准确称取 1.0g 样品（重结晶提纯后的 $KNO_3$ 晶体)，置于洁净的坩埚中，放入马弗炉中加热至 400℃使其分解，然后在 700℃下煅烧 15min。冷却后，将样品溶解于去离子水中（不溶物可过滤除去)，并稀释至总体积为 25mL。然后，向溶液中加入 2mL 6.0mol·$L^{-1}$ $HNO_3$ 和 0.1mol·$L^{-1}$ $AgNO_3$ 溶液，充分搅拌后静置 10min。此时产生的浑浊程度不应超过规定的标准。

(3) 氯离子含量的标准要求　根据不同的纯度等级，称取一定氯离子（$Cl^-$）含量的 NaCl 作为参考：优级纯，0.015mg；分析纯，0.030mg；化学纯，0.070mg。分别将这些试剂溶解稀释至 25mL，并与相同体积的样品溶液同时按照相同的步骤处理（氯化钠标准溶液需按照 GB/T 602—2002 标准配制)。

本实验要求重结晶后的 $KNO_3$ 晶体中的含氯量达到化学纯级别方视为合格，若不达标则需重复重结晶过程，直至满足条件。最后，对产物进行称重，计算产率，并与之前的实验结果进行对比分析。

**（四）硝酸钾溶解度的测定**

准备一个洁净且干燥的大试管（高度约为 20cm)，配备单孔橡胶塞，并插入一支量程为 110℃的温度计，确保温度计的水银球距离试管底部约 2 mm。精确称取 5.0g 固体 $KNO_3$，放入试管中，然后加入 4mL 去离子水。试管口安装上带有温度计的橡胶塞后，将试管置于沸水浴中，使试管内的液面略低于水浴液面，振荡试管至所有固体完全溶解。若在水浴沸腾的情况下仍有未溶解的固体，需逐次向试管内补充 1mL 去离子水（注意记录每次加水量，同时避免加热时间过长导致溶液过度蒸发)，直至所有固体完全溶解。当所有固体溶解后，将试管从水浴中取出并冷却，同时振荡试管，记录溶液中首次出现晶体时的温度。

再次向试管中精确加入 1mL 去离子水，重复上述加热和冷却过程以测定另一溶解度。继续每次加入 1mL 去离子水，直到饱和温度降至 30℃或更低。最后，根据实验数据计算硝酸钾在不同温度下的溶解度，并绘制以温度为横坐标、溶解度为纵坐标的溶解度曲线。

### 五、注意事项

(1) 确保漏斗内热水的水量适中，避免在水沸腾时溢出。
(2) 提前将布氏漏斗置于水浴中进行预热处理。
(3) 采用小火加热反应液，以防止液体因剧烈沸腾而溅出。

### 六、实验习题

1. 本实验中能否用量筒取 1mL 去离子水？为什么？
2. 本试验中若冷却过程太快，将产生什么结果？

### 七、知识拓展——硝酸钾的应用

农业领域：硝酸钾是一种重要的无氯氮钾复合肥，适合作为农作物的追肥，尤其是中晚期追肥使用。硝酸钾可促进作物对氮、钾的吸收，具有促进生根发芽、提高作物产量的作用。钾元素能促进光合作用，促进糖的合成和运输。硝酸钾可提高作物的抗逆性，如抗旱、抗寒、抗倒伏、抗病、防治早衰等。果实膨大期使用可促进果实膨大，增加果实糖分和水分，提高果实的品质，增产增收。

医药领域：硝酸钾在临床上主要用于治疗低钾血症，可以有效改善低钾血症所引起的心律失常、肌肉无力等不适症状。硝酸钾可以维持体内的酸碱平衡，如果体内的氢离子丢失过多，可以遵医嘱服用硝酸钾，能够维持体内的酸碱平衡。硝酸钾还可以维持体内的渗透压，如果患者体内的血浆晶体渗透压发生异常改变，可以遵医嘱服用硝酸钾，能够维持体内的渗透压。

工业领域：硝酸钾用于制造烟火、火柴、陶瓷釉药、肥料等。工业硝酸钾还广泛应用于强化玻璃的制作工艺。

## 实验 54　含 Cr（Ⅵ）废液的处理与比色测定

### 一、实验目的

1. 了解含 Cr(Ⅵ) 废液的常用处理方法。
2. 了解比色法测定 Cr 离子的原理及方法。
3. 掌握 722 型分光光度计的使用方法。
4. 增强学生的环保意识和专业认同感。

### 二、实验原理

工业废液中的铬主要以 Cr(Ⅵ) 和 Cr(Ⅲ) 两种形式存在。其中，Cr(Ⅵ) 的毒性约为 Cr(Ⅲ) 的 100 倍，可导致皮肤溃疡、贫血、肾炎及神经炎等多种健康问题。因此，《污水综合排放标准》(GB 8978—1996) 中明确规定，Cr(Ⅵ) 浓度不得超过 $0.3mg \cdot L^{-1}$；对于生活饮用水和地表水，这一限值更为严格，要求 Cr(Ⅵ) 含量不超过 $0.05mg \cdot L^{-1}$。为了有效去除水中的Cr(Ⅵ)，常用的方法是化学还原法。具体操作是在酸性条件下，使用还原剂将Cr(Ⅵ)转化为毒性较低的Cr(Ⅲ)。随后，在碱性条件下，使Cr(Ⅲ)形成$Cr(OH)_3$沉淀，并通过过滤去除沉淀物，从而实现水质净化。

本实验采用铁氧体法处理含Cr(Ⅵ)废液。铁氧体法用于处理含铬废水的原理是在酸性环境下，利用过量的硫酸亚铁（$FeSO_4$）将废水中的重铬酸根离子（$Cr_2O_7^{2-}$）或铬酸根离子（$CrO_4^{2-}$）还原为三价铬离子（$Cr^{3+}$）。其反应方程式如下：

$$Cr_2O_7^{2-}+6Fe^{2+}+14H^+ = 2Cr^{3+}+6Fe^{3+}+7H_2O$$

$$HCrO_4^-+3Fe^{2+}+7H^+ = Cr^{3+}+3Fe^{3+}+4H_2O$$

该方法可显著降低废水中铬离子的毒性，使其转化为较为稳定的$Cr^{3+}$。此过程中生成的$Fe^{3+}$有助于进一步形成铁氧体化合物，从而实现对重金属离子的有效去除。然后，添加适量的碱液来调节溶液的pH值，并在适当控制温度的情况下，加入少量的$H_2O_2$，可以使溶液中过量的$Fe^{2+}$部分氧化为$Fe^{3+}$，从而获得比例合适的$Cr(OH)_3$、$Fe(OH)_2$和$Fe(OH)_3$沉淀物。

$$Fe^{3+}+3OH^- = Fe(OH)_3\downarrow$$

$$Fe^{2+}+2OH^- = Fe(OH)_2\downarrow$$

$$Cr^{3+}+3OH^- = Cr(OH)_3\downarrow$$

当$Fe(OH)_2$与$Fe(OH)_3$的沉淀比例约为1∶2时，能够形成磁性氧化物$Fe_3O_4\cdot xH_2O$（即铁氧体），其组成可表示为$FeFe_2O_4\cdot xH_2O$。在此结构中，部分$Fe^{3+}$可以被$Cr^{3+}$取代，从而使$Cr^{3+}$成为铁氧体的一部分并共同沉淀，经脱水等处理后，最终得到符合铁氧体结构的复合物。采用铁氧体法处理含铬废水具有显著优势：处理效果良好、成本低、操作简便，并且产生的沉渣量少且性质稳定。此外，含铬铁氧体作为一种磁性材料，在电子工业中有广泛的应用前景，这不仅有助于环境保护，还实现了资源的有效回收和利用。

为了评估废水处理的效果，在实验中通常采用比色法测定水中Cr(Ⅵ)的浓度。该方法基于的原理是在酸性条件下，Cr(Ⅵ)与二苯基碳酰二肼反应生成紫红色配合物，其最大吸收峰位于540nm波长处。溶液颜色的深浅与Cr(Ⅵ)浓度呈正相关关系。通过将样品溶液的颜色与标准系列样品进行目视对比，或利用分光光度计测量吸光度，可以准确确定样品中Cr(Ⅵ)的具体含量。为避免$Fe^{2+}$、$Fe^{3+}$及$Hg^{2+}$和$Hg_2^{2+}$等离子对测定结果产生干扰，可在溶液中加入适量磷酸（$H_3PO_4$），以消除这些离子的干扰。

## 三、实验仪器与试剂

仪器与材料：722型分光光度计、pH试纸、蒸发皿、移液管、比色管（50mL）、烧杯、容量瓶、吸量管（1mL、10mL）、磁铁、量筒（10mL、50mL）。

试剂：$FeSO_4$(10%)、$H_2O_2$(3%)、$H_2SO_4$($3.0mol\cdot L^{-1}$)、NaOH($6.0mol\cdot L^{-1}$)、硫磷混酸（15% $H_2SO_4$+15% $H_3PO_4$+70% $H_2O$）、二苯基碳酰二肼显色剂（2g邻苯二甲酸酐+0.25g二苯基碳酰二肼+50mL乙醇）。

## 四、实验内容

### （一）铬废水的处理

(1) 量取100mL $0.1g\cdot L^{-1}$的含铬废水于250mL烧杯中，在持续搅拌下，滴加$3.0mol\cdot L^{-1}$的硫酸至pH≈1。随后，逐滴加入10%的硫酸亚铁溶液，至溶液从淡黄色转变为亮绿色。

（2）向烧杯中缓慢滴加 $6.0mol \cdot L^{-1}$ 的氢氧化钠溶液，将 pH 值调至 8～9 之间，促使 $Cr^{3+}$、$Fe^{2+}$ 和 $Fe^{3+}$ 形成沉淀。然后，将溶液加热至约 70℃，在不断搅拌下滴加 6～10 滴 3%的过氧化氢，充分混合后，使溶液静置并冷却。

（3）采用倾析法将上层清液转移至另一干净的烧杯中，以测定残余 Cr(Ⅵ) 含量。沉淀物用蒸馏水多次洗涤，以去除 $Na^+$、$K^+$ 和 $SO_4^{2-}$ 等杂质离子。然后，将沉淀物转移至蒸发皿中，小火加热并持续搅拌直至完全干燥，最终获得铁氧体产物，并使用磁铁验证其磁性。

（4）用移液管准确量取 10.00mL 步骤（2）中的上层清液两份，分别于 50mL 比色管中，加去离子水定容至刻度线。向每支比色管中依次加入 1mL 硫磷混酸溶液，充分摇匀后，再加入 2mL 二苯基碳酰二肼显色剂，再次摇匀。静置 10min 后，在 540nm 波长处，使用 10mm 光程的比色皿，以水为参比溶液，测量吸光度。通过减去空白实验的吸光度，将数据代入校准曲线即可确定铬的实际含量。

**（二）配制 Cr(Ⅵ) 标准溶液、测试及绘制标准曲线**

取一系列 50mL 容量的比色管，分别加入体积为 0、0.20mL、0.50mL、1.00mL、2.00mL、4.00mL、6.00mL、8.00mL 和 10.00mL 的铬标准溶液，并用去离子水定容至 50mL。根据上述（4）所述方法进行处理。测量各溶液的吸光度，扣除空白实验的吸光度，以铬含量为横坐标、吸光度为纵坐标绘制校准曲线。

## 五、注意事项

1. Cr(Ⅵ) 的还原需在酸性条件下进行，故必须首先检查废液的酸碱性。

2. 二苯基碳酰二肼显色剂应接近无色，如已变成棕色，则不宜使用。

4. 处理含铬废液时，应按照规定进行集中处理，防止对环境造成二次污染。

5. 实验仪器应经过校准，比色皿保持清洁，避免污染影响吸光度的测定。

## 六、实验习题

1. 本实验通过吸光度测量得出的是处理后废液中 Cr(Ⅵ) 的含量。$Cr^{3+}$ 的存在是否会对测定结果产生影响？应采用什么方法来测定处理后废液中的总铬含量？

2. 在本实验的比色测定过程中，所使用的各种玻璃器皿是否可以采用铬酸洗液进行清洗？为了确保实验结果的准确性，应当如何正确清洗这些器皿？

## 七、思政之源——环保意识与人类命运共同体理念

在化学世界里，每个实验都是开启知识宝库的钥匙。含铬废液处理实验，不仅是化学知识的实践场地，更是富含思政元素的精神殿堂。铬是重要的工业元素，但其废液若处理不当，会对生态和人类健康造成巨大危害。

铬污染的全球性危害：铬及其化合物广泛用于电镀、制革等工业。含铬废液中的六价铬毒性强，具致癌性，能在环境中长期留存并通过食物链富集。含铬废水乱排，致使周边土壤和水源被污染，影响农作物与居民健康。这种污染会随水流、大气扩散，影响全球生态。

环保是人类共同的责任：开展含铬废液处理实验是为应对铬污染这一全球挑战。环保是全人类共同的责任。地球是个整体，任何地方的环境破坏都可能产生连锁反应，就像“蝴蝶效应”，一处含铬废液的不当排放可能引发生态灾难。青少年作为未来建设者，要树立人类命运共同体理念，从自身做起参与环保，保护地球家园。

# 实验 55　聚碱式氯化铝的制备及其净水应用

## 一、实验目的

1. 了解聚碱式氯化铝的制备工艺。
2. 学习测试聚碱式氯化铝的净水效能的方法。
3. 培养学生的环境保护意识和专业认同感。

## 二、实验原理

聚碱式氯化铝（简称 PAC）也称碱式氯化铝、聚合氯化铝，是三氯化铝的碱式盐，是一种无机高分子絮凝剂，其化学通式为：

$$[Al_2(OH)_nCl_{6-n}]m \quad (n=1\sim5, m<10)$$

PAC 可视为 $Al^{3+}$ 部分水解后［如 $Al(OH)^{2+}$、$Al(OH)_2^+$］通过羟基（$OH^-$）在多个 $Al^{3+}$ 之间桥联形成的多核聚合物。由于其水解产物具有优异的絮凝性能和快速沉降特性，PAC 能够有效去除水中的悬浮颗粒、胶体污染物以及微生物、细菌、藻类，并能显著降低水中高毒性重金属如铬、铅等的含量。相较于其他净水剂，PAC 表现出更强的适应性、更低的投加量和更经济的净水成本，因此被广泛应用于饮用水处理及城市、化工、冶金、石油等工业废水处理中。随着我国可持续发展战略的推进和水资源环境保护法规的实施，我国对聚碱式氯化铝的需求将逐年增加。

铝土矿中含有 30%～40% 的 $Al_2O_3$、约 50% 的 $SiO_2$、不超过 3% 的 $Fe_2O_3$ 以及少量的 K、Na、Ca、Mg 等元素。首先，将矿石进行粉碎处理，随后在 700～800℃的高温条件下煅烧，以获得熟矿粉。使用盐酸对熟矿粉进行浸取，得到 $AlCl_3$ 溶液。取部分 $AlCl_3$ 溶液并用氨水调节 pH 值至 6，使其转化为 $Al(OH)_3$ 沉淀。然后，在 $Al(OH)_3$ 沉淀中加入适量的 $AlCl_3$ 溶液促使其溶解，并在 60℃下保温聚合 12h，最终形成黏稠状液体。将该液体在 90℃烘箱中干燥后，可制得淡黄色固体产品。由于聚合铁同样可用作水处理剂，因此少量 Fe 的存在不会显著影响产品的实际应用效果。

## 三、实验仪器与试剂

仪器与材料：马弗炉、坩埚、烧杯、磁力搅拌器、漏斗架、干燥器、冷凝管、烘箱、蒸发皿、磨口平底烧瓶、普通漏斗、pH 试纸、铝土矿、塑料薄膜、泥土样品。

试剂：$HCl(6.0mol \cdot L^{-1})$、$NH_3 \cdot H_2O(6.0mol \cdot L^{-1})$。

## 四、实验内容

### （一）$AlCl_3$ 溶液的制备

将铝土矿石粉碎后，在空气气氛中于 750℃的马弗炉内煅烧 2h，得到熟矿粉。准确称取

8.0g 熟矿粉置于 100mL 磨口平底烧瓶中，加入 4mL 水润湿矿粉，并在磁力搅拌器上加热搅拌。随后逐滴加入 6.0mol·$L^{-1}$ 盐酸溶液，总加入量为 15mL，整个过程控制在 10min 内完成。继续搅拌回流 1h 后停止反应。待反应物冷却至室温后进行过滤，滤液收集于已预先称重的 50mL 烧杯中，并再次称重以确定 $AlCl_3$ 溶液的质量。滤渣用 60℃ 的热水洗涤三次，每次用量为 5mL，洗涤液统一收集在 100mL 的烧杯中。

**（二）$Al(OH)_3$ 的制备**

将上述一半的 $AlCl_3$ 溶液转移至盛有洗涤液的 100mL 烧杯中，并用水稀释至原体积的两倍。在持续搅拌的过程中，缓慢滴加 6.0mol·$L^{-1}$ 氨水，直至溶液由稠变稀，同时用 pH 试纸不断监测溶液的 pH 值，直至其稳定在 6.0～6.5 之间。过滤生成的 $Al(OH)_3$ 沉淀，并用蒸馏水洗涤至无氨味。保留滤液以回收 $NH_4Cl$，并记录所使用的氨水总量。

**（三）聚碱式氯化铝的制备**

将 $Al(OH)_3$ 转移至 50mL 烧杯中，随后加入上述步骤（一）制备的剩余的另一半 $AlCl_3$ 溶液，将烧杯口用塑料薄膜密封，在持续加热和搅拌条件下使混合物完全溶解并呈现透明状态。然后在 60℃ 条件下保持恒温聚合反应 12h。整个实验过程中必须严格防止水汽进入烧杯内，以避免影响反应效果。聚合完成后，将产物转移至蒸发皿，并置于烘箱内在 90℃ 条件下进行干燥处理。最终产物为淡黄色固体，产物具有较强的吸湿性，称重后立即密封保存于试剂瓶并放入干燥器中。

**（四）净水试验**

在两个 1000mL 烧杯中各加入 1g 泥土样品并加水至总体积为 1000mL。搅拌均匀后静置 2min。向其中一个烧杯加入两滴聚碱式氯化铝，搅拌均匀，静置 5min。观察并记录该烧杯内溶液澄清所需的时间，并与未添加聚碱式氯化铝的对照组进行对比分析。

## 五、实验习题

将制得的聚碱式氯化铝溶液陈化数天或保温数小时，往往可进一步提高其净水能力，试解释原因。

## 六、思政之源——科技创新：服务社会、造福人类

聚碱式氯化铝作为高效净水剂，其研发体现了科技创新的社会价值。这项技术不仅能改善水质、保障饮水安全，更能在环保和公共卫生领域发挥重要作用。通过该实验，我们认识到科研的终极目标是服务社会。这启示我们：科技创新要立足社会需求，青年学子应将个人理想融入国家发展，以知识和科技力量造福人类。

## 七、拓展实验资源

资源内容

拓展实验 8　废锌锰干电池的综合利用　　　拓展实验 9　铁矿石中铁含量的测定

# 附　录

附录资源内容

附录 1　无机化学实验报告的书写格式

附录 2　不同温度下水的饱和蒸气压

附录 3　一些无机化合物的溶解度

附录 4　常用酸、碱的浓度

附录 5　气体在水中的溶解度

## 附录 6　溶度积 $k_{sp}$

## 附录 7　某些离子和化合物的颜色

## 附录 8　某些试剂溶液的配制

## 附录 9　实验室常用酸碱指示剂

## 附录 10　常用有机溶剂的性质

## 附录 11　常见弱酸、弱碱的解离常数

## 附录 12　国际相对原子质量表

# 参 考 文 献


[1] 中山大学，等. 无机化学实验 [M]. 4 版. 北京：高等教育出版社，2019.

[2] 北京师范大学，东北师范大学，华中师范大学，等. 无机化学实验 [M]. 4 版. 北京：高等教育出版社，2014.

[3] 北京大学化学与分子工程学院普通化学实验教学组. 普通化学实验 [M]. 3 版. 北京：北京大学出版社，2012.

[4] 武汉大学化学与分子科学学院实验中心. 无机化学实验 [M]. 武汉：武汉大学出版社，2002.

[5] 孙尔康，张剑荣，朗建平，等. 无机化学实验 [M]. 南京：南京大学出版社，2018.

[6] 白爱民，杨水金. 化学反应速度和活化能测定实验的微型化研究 [J]. 湖北师范学院学报：自然科学版，2000，20 (2)：91-95.

[7] 周宁怀. 微型无机化学实验 [M]. 北京：科学出版社，1999.

[8] 东北师范大学，等. 化学合成实验 [M]. 北京：高等教育出版社，2005.

[9] 湖北师范学院无机化学教研室. 无机化学实验 [M]. 武汉：武汉出版社，2007.

[10] 张丽荣，程鹏，徐家宁，等. 无机化学 [M]. 5 版，上册. 北京：高等教育出版社，2024.

[11] 王莉，徐家宁，程功臻，等. 无机化学 [M]. 5 版，下册. 北京：高等教育出版社，2024.

[12] 南京大学《无机及分析化学实验》编写组. 无机及分析化学实验 [M]. 4 版. 北京：高等教育出版社，2006.

[13] 钟国清. 无机及分析化学实验 [M]. 3 版. 北京：科学出版社，2022.